호수, 비밀의 세계

호수,
비밀의 세계

커트 스테이저

김소정 옮김

까치

STILL WATERS : The Secret World of Lakes
by Curt Stager

역자 김소정(金昭廷)
대학교에서 생물학을 전공했고 과학과 역사를 좋아한다. 꾸준히 동네 분
들과 독서 모임을 하고 있고, 번역계 후배들과 함께 번역을 공부하고 있
다. 실수를 하고 좌절하고 배우고 또 실수를 하는 과정을 되풀이하고 있
지만, 꾸준히 성장하는 사람이기를 바라며 되도록 오랫동안 번역을 하면
서 살아가기를 바란다. 『새들의 천재성』, 『원더풀 사이언스』, 『악어 앨버
트와의 이상한 여행』, 『완벽한 호모 사피엔스가 되는 법』, 『만물과학』
등을 번역했다.

편집, 교정_이예은(李叡銀)

호수, 비밀의 세계

저자 / 커트 스테이저
역자 / 김소정
발행처 / 까치글방
발행인 / 박후영
주소 / 서울시 용산구 서빙고로 67, 파크타워 103동 1003호
전화 / 02 · 735 · 8998, 736 · 7768
팩시밀리 / 02 · 723 · 4591
홈페이지 / www.kachibooks.co.kr
전자우편 / kachibooks@gmail.com
등록번호 / 1-528
등록일 / 1977. 8. 5
초판 1쇄 발행일 / 2019. 9. 17

값 / 뒤표지에 쓰여 있음

ISBN 978-89-7291-696-3   03470

이 도서의 국립중앙도서관 출판예정도서목록(CIP)은 서지정보유통지원시스템 홈페이지
(http://seoji.nl.go.kr)와 국가자료종합목록시스템(http://www.nl.go.kr/kolisnet)에서 이용하실 수
있습니다. (CIP제어번호 : CIP2019034307)

댄과 조, 그리고 아버지에게 바친다.

차례

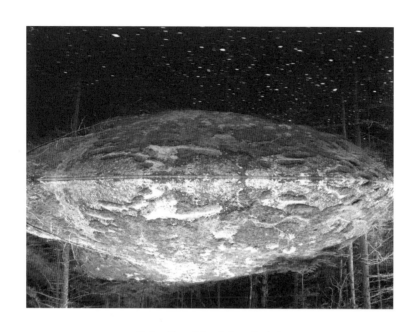

별이 없는 삶은 어떤 모습일까?

그 사이로 별을 볼 수 있는 나무가 없는 삶은?

관점을 뒤집고 세상을 뒤집어볼 수 있는 되비침이 필요할 때

차갑고 투명한 호수가 없는 삶은 과연 어떤 모습일까?

_한나 크로미

머리말

잔잔한 호수들

/

> 눈을 식히려고 물가로 다가갔다. 그러나 사방천지에서 불을 보았다.
> 부싯돌이 아닌 것은 부싯깃이었고, 온 세상이 불꽃과 화염에 휩싸여 있었다.
> _ 애니 딜라드, 『자연의 지혜(*Pilgrim at Tinker Creek*)』

호숫가로 내려가보자. 무엇이 보이는가?

배를 타고 항해해도 좋을 정도로 평평하고 평온한 반짝이는 파란 물? 낚시터? 사람들에게 호수는 괴물이나 유령이 숨어 있는 곳일 수도 있고, 물을 공급해서 도시를 상쾌하게 만드는 저장고일 수도 있고, 자연이 보존되어 있는 곳을 상징하는 소중한 장소일 수도 있다. 호수는 무엇이든지 될 수 있지만 그중에서도 가장 선명한 이미지는 거울이다. 호수를 들여다보면 자기 자신의 모습을 볼 수 있으며, 자신이 자연계와 맺고 있는 관계를 조금은 들여다볼 수 있다.

이 책에서는 바로 그 이야기를 하려고 한다.

정신없이 바람이 부는 날, 또다시 같은 호수로 나가서 가까이에서 호수를 들여다보자. 정말로 호수는 파란색인가? 바람은 호수의 표면을 수많은 출렁임으로 바꾼다. 날씨와 물과 호숫가의 색을 담고 있는 출렁임으로. 이 액체 모자이크는 너무나도 빠른 속도로 바뀌어서 미처 그 모습을 묘사할 수도 없다. 햇살이 파동을 뚫고 들어갈 때 다가

오는 물결을 들여다보면 계절과 그 속에 담겨 있는 플랑크톤의 종류에 따라서 녹색과 갈색, 다양한 색조의 파란색으로 빛나는 모습을 관찰할 수도 있다. 이 물을 한 컵 가득 떠낸다면 물은 색을 잃어버릴 텐데, 그 순간이 겨울이라면 컵 안의 물은 흔적도 없이 사라진 것처럼 보일 수도 있다.

그러나 호수에서 할 수 있는 가장 중요한 경험을 하고 싶다면, 바람은 불지 않고 수면은 잔잔할 때 호수로 나가야 한다. 그럴 때 수면은 지구에 뚫린 구멍이 되어서 지하 세계의 하늘을, 그 역시 현실을 비추는 환상을 들여다볼 수 있게 해준다. 헨리 데이비드 소로가 "천국은 우리 머리 위뿐만이 아니라 우리 발아래에도 있다"라고 했을 때 그는 은유적으로 표현한 것이지만, 실제로 지구 반대편, 발아래로 1만2,750킬로미터 떨어진 곳에는 하늘이 있다. 갑자기 당신과 당신을 둘러싼 세상은 좀더 불가사의하고 위태로운 존재로, 깊은 호수라는 공간 안에 있는 희박한 플랑크톤의 세상에 존재하는 미약한 생명으로 바뀐다.

이제 좀더 가까이 다가가 호수 가장자리에 발을 바짝 대고 서보자. 호수 바닥을 드러내는 얕은 물이 보일 테고, 평온한 파란 물은 사실 또다른 신기루임을 알 수 있게 될 것이다. 호수는 반듯하게 펴진 침대 시트가 아니라, 그 밑으로 이어지는 지형을 덮고 있는 수역(水域)이다. 호수의 물을 모두 없애고 숨어 있는 지형이 밖으로 드러나도록 하면, 호수도 우리 인생처럼 표면보다는 그 밑에 훨씬 더 많은 것들을 숨기고 있음을 깨닫게 된다. 호수 자체는 잘라서 뒤집은 후에 땅에 거꾸로 심은, 물로 된 산 모양을 하고 있다. 산에서 생물 서식지가 층상 구조인 것처럼 호수의 생물 서식지도 층상 구조를 이루고 있으며, 산소가 거의 도달하지 않는 곳은 서식하는 생물의 개체 수도 아주 적다.

호수는 평범함으로 자기의 진짜 모습을 숨긴, 세상 속에 있는 비밀의 세상이다. 손가락으로 물을 만질 수 있을 정도로 호수에 충분히 가까이 다가가면 당신이 오는 모습을 본 물고기가 재빨리 도망갈 수도 있다. 그 물고기는 물그림자 밑으로 사라져버릴 것이다. 많은 다양한 생명체가 특히 아주 작은 영역에서 모습을 감추고, 번성하고 있는 곳으로 숨어버릴 것이다. 전설 속의 생물들이 형태를 갖추고 물 밑에 살고 있는 생물들에게 님프(유충), 히드라, 키클롭스(검물벼룩) 같은 이름을 빌려주었다.

이제 젖은 손가락 끝으로 이마를 눌러보자. 손가락을 댔다가 뗀 곳이 차가워지는 이유는 존재를 이루는 주요 구성 성분(입자들)이 증발했기 때문이다. 고대 그리스 사람들은 그 입자들의 크기와 특성도 몰랐고 심지어 실제로 존재하는지조차 입증하지 못했으면서도 그것들을 "작은 물질 덩어리(분자)"와 "개별 입자(원자)"라고 불렀다. 많은 사람들이 분자나 원자라고 하면 칠판 위에 그려진 구불구불한 선이라고 생각하거나 위험한 화학물질이나 폭탄을 만드는 물질이라고 생각하지만, 사실 분자와 원자는 모든 생명과 지구 행성, 그리고 우주의 오랜 역사와 인류를 연결해주는 기본 요소이다.

물이 기체로 바뀌는 과정은 사람과 호수가 맺고 있는 가장 기본적인 관계를 보여준다. 한 번씩 숨을 들이마실 때마다 우리의 몸은 호수에서 증발한 수증기를 빨아들이며, 우리가 수분을 머금은 숨을 내

쉴 때마다 우리 폐에 있던 습기는 호수 표면으로 녹아든다. 우리는 화학 과정을 거꾸로 돌려서 기체를 물로 바꿀 수도 있다. 우리가 흘리는 전체 눈물의 10퍼센트는 공기에서 흡수한 산소로 세포가 만들어낸 "대사수(代謝水)"이다. 대기에 녹아 있는 산소 중에서 일부는 우리보다 먼저 살았던 호수 속 플랑크톤이 물 분자를 가지고 만들었을 수도 있다.

이 책이 표면에 내세우는 주제는 호수이지만 사실 호수만을 다루는 책은 아니다. 물속에서 모든 생명의 뿌리를 만들어낸 진화 과정에 관한 책이기도 하다. 생명이 없던 공기와 물과 돌이 조류(alga)가 되고 새우를 닮은 요각류(copepoda)가 되고 송어가 되고 아비(잠수 능력이 뛰어난 아비목 아비과의 새/옮긴이)가 되고 어쩌면 사람에까지 이르게 되는 진화에 관한 이야기이다. 너무나도 작아서 보이지도 않는 수중 친척과 우리가 고대에 맺은 관계를 추적하는 이야기이기도 하고, 한 줌밖에 되지 않는 조직이 꿈틀거리는 올챙이가 되었다가 나중에는 개구리로 변화하는 이야기이기도 하다. 또한 호기심 많은 아이가 결국 과학자로 성장하면서 내가 그랬듯이, 혹은 사람의 시대, 인류세(Anthropocene)라는 경이롭고도 새로운 지질시대를 맞아서 우리 사람종이 그러하듯이, 성장하는 사람들에 관한 이야기이기도 하다.

『호수, 비밀의 세계』에서 나는 이런 이야기들을 풀어나갈 생각이지만, 그외에도 내가 하고 싶은 이야기는 한 가지가 더 있다.

헨리 데이비드 소로가 호수에 관한 전 세계에서 가장 잘 알려진 책인 『월든(Walden)』을 출간한 뒤로 150년이라는 시간이 훌쩍 넘었다. 『월든』은 인간의 조건을 이야기한 구절이 널리 인용되지만, 사실 그 책에서 호수를 그저 놀이 장소나 자원으로, 혹은 사물을 반사하는 물웅덩이가 아닌 3차원의 세계로 다룬 부분도 그 자체로 충분히 읽을 가치가 있다. 나는 『월든』만큼 일반 대중을 상대로 호수를 깊이 있게 소개한 책은 없다고 알고 있지만, 이제는 우리 세기에 맞게 내용을 개선할 시간이 되었다고 믿는다. 『월든』을 업그레이드하다니, 이것이 얼마나 엄청난 선언인지 알기 때문에 잠시 이런 말을 한 이유를 간단하게 설명하고 넘어가야겠다.

호수에 관한 과학을 다룬 교재나 안내서, 과학 논문은 차고 넘친다. 이 책에도 참고 문헌 목록에 그런 자료들을 실었다. 그러나 이런 문헌들은 『월든』이 아니다. 보통 그런 자료들은 일반 독자가 쉽게 구해서 읽을 수도 없으며 너무 딱딱하고 일반 독자에게 맞는 내용도 다루지 않는다. 나는 그런 자료로는 G. 에벌린 허친슨의 네 권짜리 『호소학 논문(*Treatise on Limnology*)』과 로버트 웨츨의 『호소학(*Limnology*)』이 일반 독자들이 읽기에 가장 좋고 이해하기 쉽다고 생각한다.

독자들이 훨씬 더 쉽게 접할 수 있는 호수 관련 책들은 그 책들의 제목과 달리 호수보다는 사람에 관한 책이어서, 호수가 무엇이며, 호수는 어떤 일을 하고, 호수에는 무엇이 살고, 현대 세상에서 호수는 어떤 어려움에 직면해 있는지를 좀더 자세히 알고 싶은 독자라면 실망하게 된다. 『월든』에서 소로는 자신이 살던 시대의 최신 과학과 자신의 영적이고 미적인 통찰력을 적절하게 버무려놓았지만, 현재 우리는 그가 "천만다행으로 사람은 날지 못하니 땅과 달리 하늘은 초토화시킬 수가 없겠구나"라고 말했던 상황과는 너무나도 달라진 환경에서 살고 있다.

150년이 넘는 세월 동안 과학이 더 많은 사실을 알아낸 덕분에 우리는 이제 소로와 소로의 동시대 사람들보다 더 깊이 자연계를 들여다볼 수 있게 되었고, 자연계에서 우리가 차지하고 있는 위치를 더 잘 알게 되었다. 19세기보다 여행도 쉬워지고 필요한 문서도 쉽게 찾아볼 수 있게 된 현대인들은 지구의 대표적인 호수들에 관한 새로운 사실들을 더욱 쉽게 발견할 수 있으며, 그 발견들을 더 확고하게 우리의 삶과 연결할 수 있다. 소로는 "한 세대는 다른 세대의 업적을 난파한 배처럼 버린다"라고 했다. 소로 자신이 이렇게 허락을 했으니 소로의 글에서 가장 정확하고 통찰력 깊은 부분을 보강하는 일을 주저할 이유는 없을 것 같다.

호수는 그 어떤 곳보다도 명확하게 이 세상을 반영하고 드러낸다. 호수를 연구하면 사람의 시대에 반드시 필요한 수많은 통찰력을 얻게 된다. 현대 과학은 사람이 물질적으로도 지구 행성과 함께 지속되고 있으며 지구의 원소와 힘으로 형성될 뿐만 아니라 사람 자체가 자연을 좌지우지하는 힘이라는 점을 밝히고 있다. 이제 지구에 사는 사람들은 엄청나게 많아졌고 사람의 기술은 막강해졌으며 사람들은 모두 연결되어 있고 사람은 자신이 살고 있는 생태계와 호수와 바다의 성분을 바꾸고 있고 지구에 사는 모든 생물종을 멸종 위기로 몰아가고 있다.

과학자로서 나는 길을 찾는 사람이기보다는 지도 제자자에 가깝다. 나로서는 독자들이 이 책을 읽는 동안 떠올리게 될 실제적이고도 윤리적인 여러 질문들에 완벽하게 대답할 능력은 없다. 그저 나는 이 책을 통해서 호수에 관한 과학이 이 세상과 이 세상에서 우리가 차지하고 있는 위치를 파악할 수 있는 흥미롭고도 가치 있는 시각을 형성하는 데에 도움이 된다는 사실을 명확하고도 유쾌한 방식으로 알려주고 싶을 뿐이다.

우리 안에는 다양한 방법으로 정의할 수 있는 "자연"이 존재하는데, 그 가운데 몇 가지 정의는 이 책에 나오는 사실로부터 도전을 받게 될 것이다. 많은 사람들이 지구에 존재하는 땅과 물을 사용하고 보존하고 복구하는 방법을 결정할 때, 내세우는 자기만의 혹은 전통적인 소중한 신화를 가지고 있다. 그런 세계관을 과학적 통찰력으로 평가해볼 수 있도록 한 장(章)을 할애해서 요르단 계곡에 있는 성스러운 호수의 환경사를 살펴볼 것이다. 과학은 현실을 가장 명확하게 볼 수 있는 관점을 제시하지만 과학자도 다른 사람들처럼 틀릴 수 있다. 하늘의 물을 다룬 장에서는 내가 바로 그런 과학자임을 분명하게 보여주기도 할 것이다.

『호수, 비밀의 세계』에서 나는 이 세상에 우리의 욕망과 상상력을 덧붙인 것이 아니라, 우리가 이 세상의 가치를 제대로 이해하고 이 세상이 하는 말에 세밀하게 귀를 기울일 수 있도록 돕는 방식으로 과학을 적용하려고 노력했다. 이 책에서 내가 동물을 묘사할 때에 구사하는 언어도 이 같은 방식과 일치할 것이다. 동물을 자아성이 없는 존재로 묘사하지 않고 가능한 한 의식이 있는 존재로 묘사할 것이다. 예를 들면 배스 이야기를 할 때에도 배스가 신문 만화에 나오는 로봇이라는 듯이 혹은 이 세상에 배스가 단 한마리밖에 없다는 듯이 "배스는 둥지를 지킨다"라고 하지 않고, "배스들이 자신들의 둥지를 지킨다"라고 하거나 정확하게 성을 밝혀 "수컷 배스가 둥지를 지키고 있다"라는 식으로 묘사할 것이다(맞다, 배스 가운데 큰입우럭 수컷은 암컷이 둥지에 아주 작은 알들을 수천 개 낳으면 떠나지 않고 둥지를 지킨다). 앞으로 알게 되겠지만 흔히 간과하기 쉬운 개체들의 자아성은 실제로는 진화의 원재료로 생태와 자원 관리라는 측면에서 볼 때 아주 중요한 인자(생물학적 현상을 일으키는 조건이나 원인이 되는 요소/옮긴이)이다. 이 같은 사실은 살아 있는 생물을 주의 깊게 들여다보는 사람이라면 누구나 쉽게 알 수 있다. 언어를 이런 식으로 가장 잘 구사하는 사람은 생물학자 로빈 키머러인데 그녀가 쓴 멋진 책 『향모 꼬기(*Braiding Sweetgrass*)』에는 그녀가 언어를 사용하는 방식이 잘 드러나 있다. 이 책을 쓰는 동안 나는 키머러가 얼마 전에 대중 강연에서 한 "사소한 것은 없다!"라는 말을 모토로 삼았다.

쏟아지는 최신의 과학 정보를 이해한다는 것은 폭포에서 물을 마시려는 시도에 비유할 수 있다. 이 책은 모든 지식을 포괄하는 백과사전 같은 책이 아니라 더욱 많은 식욕을 돋우는 시식 음식 같은 책이다. 『머나먼 미래(*Deep Future*)』와 『원자, 인간을 완성하다(*Your Atomic Self*)』에서 나는 지질연대와 사람의 본성에 관한 주제들을 다루었고 이 책에서는 전통적인 관점이 아닌 새로운 관점으로 지난 60년 동안 전 세계의 호수를 돌아다니면서 내가 경험한 이야기들을 소개할 생각이다.

이 책을 읽는 동안 당신은 월든 호수에 묻혀 있는 미국 역사의 타임캡슐에서부터 잠비아의 한 악어가 과학자들을 공격한 사건을 바탕으로 소개한 자연선택 이야기에 이르기까지 다양한 경험을 하게 될 것이다. 갈릴리 해의 기적이라고 알려진 사건을 탐색하는 동안에는 당신이 지구에 존재하는 원자들을 통해서 물고기와 호수의 물에 연결되어 있음을 알게 될 것이다. 지구 둘레를 돌고 있는 인공위성을 타고 스코틀랜드의 네스 호수로 사냥을 떠나게 될 것이고, 시베리아에 있는 세상에서 가장 깊은 호숫가에서 하이킹을 하게 될 테고, 뉴욕 주의 북부에 있는 애디론댁 산맥에서 훼손되지 않은 물을 찾아보고 카메룬에서는 열대 운석공 호수로 다이빙을 하게 될 것이다. 노트북 컴퓨터로 안락하고 편안하게 전 세계의 호수에 우리가 얼마나 많은 영향을 미치고 있는지도 알게 될 것이다. 그러면서 거대한 아프리카 호수에 조류가 너무 많이 자란다는 사실을 걱정하는 과학자들이 있고, 독일의 한 호수가 너무 깨끗해지고 있다는 사실을 걱정하는 낚시꾼들이 있고, 호수를 보호한다며 광대한 호수에 살충제를 뿌리는 자원 관리자들도 있고, 그런 호수에 독성 화학물질을 뿌리지 못하도록 막는 환경보호운동가들도 있음을 알게 될 것이다. 그러나 뭐니뭐니 해도 어린 시절 코네티컷 주의 교외에서 나에게 수중 생물을 처음 소개해준 아주 작은 연못처럼, 전혀 생각지도 않았던 장소에 야성 그대로의 생명체들이 엄청나게 많다는 사실에 가장 놀라게 될 것이다.

소로와 동시대를 살았던 허먼 멜빌도 물과 사람이 강하게 연결되어 있음을 알았다. 『모비딕(*Moby-Dick*)』을 여는 장에서 멜빌은 "가장 넋이 나간 사람이 가장 깊은 상념에 빠지게 내버려두자. 그 남자

(사진 : 커트 스테이저)

가 일어나서 발길이 닿는 대로 가도록 내버려두자. 그곳에 물이 있는
지역이 있다면 그 남자는 틀림없이 당신을 물로 이끌 것이다······.
그렇다. 누구나 아는 것처럼 사색과 물은 영원히 혼인한 사이이다"라
고 했다.

이렇게 사색하고 탐험하는 동안 당신은 자기 자신과 당신이 공유
하고 있는 이 세상을 조금은 더욱 신비로운 빛 속에서 볼 수 있게
되고, 수면에 비친 물그림자를 감상하면서도 우리 선조는 결코 볼
수 없었던 방식으로 사물의 표면 아래를 들여다볼 수 있게 될 것이다.

자, 이제 들어가자. 물은 아주 좋다!

1

월든

/

풍경 속 지형 가운데 호수는

가장 아름답고 가장 표정이 풍부하다.

호수는 지구의 눈이다. 호수를 들여다보고 있는 동안

사람은 자기 본질의 깊이를 측정할 수 있다.

_ 헨리 데이비드 소로, 『월든』

2015년 5월의 고요한 아침에 나는 월든 호수에 처음 가보았다. 청량한 봄 공기와 스트로부스소나무의 향기 사이로 지난해에 떨어져서 말라버린 잎사귀의 퀴퀴한 냄새를 맡을 수 있는 날이었다. 나는 월든 호숫가를 천천히 거닐면서 가끔 허리를 숙이고 시원하고 맑은 물을 손가락으로 쓸어보았다. 내 손가락 끝에서부터 잔물결이 퍼져나가면서 하늘을 비추고 있는 거울은 잠시 동안 일그러졌다. 수십 센티미터 앞에 있는 바닥이 훤히 보이는 호수는 깨끗한 모래와 자갈이 선피시와 피라미가 노니는 곳부터 불투명하고 뿌연 파란색 물로 바뀌었다. 나는 마음의 눈으로 물 밑, 부드러운 퇴적층에 기록되어 있는 엄청난 시간의 깊이를 보았다. 월든 호수의 역사 속으로 깊숙이 들어가려면, 헨리 데이비드 소로가 그 당시에는 오직 상상만 할 수 있었던 방법을 이용해서 자연에서의 우리 위치를 탐구해야 한다. 그는 1845년

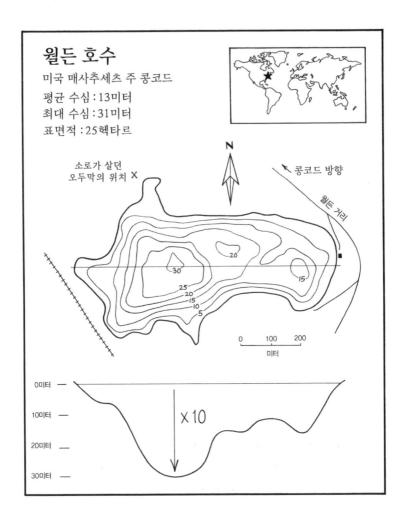

월든 호수
미국 매사추세츠 주 콩코드
평균 수심 : 13미터
최대 수심 : 31미터
표면적 : 25헥타르

소로가 살던
오두막의 위치 X

콩코드 방향

월든 거리

0   100   200
미터

0미터 —

10미터 —   ×10

20미터 —

30미터 —

에 월든 호숫가에 방 한 칸짜리 오두막을 짓고 2년 동안 살았던 19세
기 철학자이자 자연주의자로, 월든 호수를 세상에서 가장 유명한 호
수로 만들었다.

엄밀히게 말해서 월든 호수는 1만5,000년쯤 전에 매사추세츠 주
동쪽에 마지막까지 남아 있던 거대한 빙상이 녹은 직후에 빙하 퇴

적물이 움푹 파이면서 형성된 관류 케틀 호수(flow-through kettle lake)(케틀 호수는 빙하가 물러나면서 땅에 묻혀 있던 얼음이 녹아서 생긴 웅덩이/옮긴이)이다. 빙하가 녹아서 생긴 강물이 드문드문 떨어져 있던 빙하들 사이로 모래와 자갈을 퍼트리고, 일부분이 땅에 묻혀 있는 빙하는 아이스크림은 녹고 아이스크림을 담은 과자만 남듯이 천천히 녹아서 모래가 쌓인 구덩이로 바뀐다. 그리고 결국 구덩이만 남은 곳에서는 지하수면이 밖으로 드러난다. 나의 아내 캐리와 내가 월든 호수를 처음 찾아갔던 그 봄날에는 오랫동안 가뭄이 들어서 수면이 아주 낮아졌기 때문에 우리는 나무가 우거진 가파른 측면에 형성된 보행자 길이 아니라 살짝 경사진 모랫길을 따라서 월든 호수를 둘러볼 수 있었다.

보석처럼 맑은 물, 수초가 자라지 않아서 정말로 살짝 걸어 들어가고 싶게 만드는 얕은 물가, 좋은 낚시터, 바람이 부는 날에도 큰 물결이 일지 않을 정도의 25헥타르라는 적당한 넓이, 쉽게 접근할 수 있는 수영이 가능한 구역, 동력을 사용하지 않는 배를 띄울 수 있는 장소 등 월든 호수는 많은 사람들이 호수는 이랬으면 하고 바라는 특징들을 품고 있다. 이 호수는 놀라울 정도로 깊어서 지하수면의 높이에 따라서 31미터에 달하며, 매사추세츠 주에서 가장 깊은 호수라는 명성을 누리고 있다. 물론 월든 호수를 유명하게 만든 것은 이곳이 소로와 자연을 사랑하던 그의 마음을 기리는 곳이라는 데에 있다. 해마다 수십만 명이 월든 호수를 찾고, 월든 호수를 단 한번도 보지 못한 수백만 명이 이 호수를 소중하게 아끼는 것은 모두 이 때문이다.

월든 호수, 소로의 호숫가(사진: 커트 스테이저)

소로가 남긴 글 때문에 월든 호수는 사람의 손길에 의해서 훼손되지 않은 자연을 상징하게 되었다. 따라서 오늘날 월든 호수에서 흔히 볼 수 있는 일광욕을 하는 사람들, 달리는 사람들, 버스를 탄 외국인 관광객들을 보면 이상한 기분이 들 수도 있다. 매사추세츠 주의 산림 보호국은 여름이면 월든 호수 동쪽에 50만 명이 넘는 사람들을 수용할 수 있는 유원지와 샤워장을 만들어서 관리하고 있다. 그러나 그 봄날 이른 시간에는 나와 캐리가 월든 호수를 거의 독차지할 수 있다.

월든 호수의 북서쪽 호숫가에 있는 작은 기슭에는 소로의 오두막이 있던 숲이 있다. 소로는 친구이자 멘토인 랠프 월도 에머슨의 땅에서 오두막을 짓고 살았다. 소로의 오두막은 오래 전에 사라졌고 지금은 오두막의 구조를 보여주는 기둥만 서 있다. 오두막 터 옆에는 전 세계 순례자들이 조약돌을 계속 실어날라서 시간이 흐르면서 그 모양과 구조가 바뀌는 3미터 정도 높이의 조약돌 더미가 있는데, 그 속에는 매직 마커나 페인트로 글을 써놓은 조약돌들도 많다. 뒤에 있는 나무 사이로 호수가 반짝이는 동안 우리는 몸을 웅크리고 앉아서 조약돌을 가까이에서 들여다보았다.

"소로 당신에게 감사드리고 싶어요. 당신에 관해 듣는 것만으로도 나는 깨달음을 얻었어요."

"울리 월든 카 - R.I.P. 사랑해. 아빠가."

"자연에서는 우리 모두 하나이다."

『월든 : 숲속의 생활』을 꼼꼼하게 읽어보면 소로를 사랑하는 사람들이나 비방하는 사람들이 흔히 오해하는 것과는 달리 소로는 자신의 오두막을 고독한 은자의 집이라고 생각한 적이 전혀 없음을 알 수 있다. 소로의 오두막은 고독한 요새라기보다는 작가의 작업실에 가까웠고, 월든 호수에 사는 동안 소로는 콩고드에 있는 친구들과 가족을 자주 방문했으며 사람들도 오두막으로 초대했다. 호수와 숲, 야생 동식물만큼이나 얼음 채취꾼이나 나무꾼, 낚시꾼, 뱃사공, 심지어 시끄러운 기차까지도 소로의 삶을 이루는 구성요소였다. 그는 조용한 환경에서 글을 쓸 수 있는 장소로 도시보다는 오두막을 주로 활용했고, "의도적으로, 인생의 본질만을 마주하면서, 인생이 가르쳐주는 것을 내가 배울 수 없는지, 그리고 내가 죽어갈 때 내가 살지 않은 인생을 발견할 수 없는지를 알아보려고" 숲으로 들어갔다.

소로의 오두막 생활은 에머슨이 옹호했던 초월주의 철학을 실험하는 장이기도 했다. 에머슨에게 자연은 신이 자신의 모습을 드러내는 한 가지 방식으로, 시나 유사종교의 관념으로 가장 잘 묘사할 수 있는 미적 이상이었다. 자연을 진지하게 숙고해보는 과정은 평범한 일상생활을 뛰어넘어서 영혼 깊은 곳에 있는 가르침을 찾는 방법이었다. 에머슨은 자연은 "우리와 분리되어 있는 모든 것이며, 자연의 철학은 내가 아님으로써 구별할 수 있으며, 우주, 공기, 강, 잎처럼 사람이 바꿀 수 없는 본질"이라고 했다. 이 같은 에머슨의 생각은 지금도 깊은 울림을 준다. 이제는 우주선이 우주를 항해하고 있고, 사람이 화석연료에서 뽑아내는 이산화탄소가 공기와 강과 잎을 오염시키고 있다는 것을 깨달은 빌 맥키번은 지구온난화에 관한 자신의 놀라운 책 『자연의 종말(*The End of Nature*)』에서 비슷한 주장을 펼쳤다.

소로도 에머슨처럼 자연을 경건하게 바라보지만 미적 감각과 과학적 감각을 동시에 지니고 있었기 때문에 에머슨보다는 좀더 확고하게 물리적 실재에 기반을 둘 수 있었다. 소로는 일기장에 나무 그루터기에 새겨져 있는 나이테에서부터 호수 표면에서 빙글빙글 돌고 있는 반짝이는 검은색 물맴이에 이르기까지, 주변 세계의 모습을 아주 자세하게 기록했다.

봄에 아내와 함께 찾아갔을 때에는 물맴이를 한 마리도 보지 못했지만 사실 월든 같은 호수에서는 물이 잔잔할 때면 물맴이가 함께 모여서 빙글빙글 돌고 있는 모습을 쉽게 볼 수 있다. 물맴이는 겨울에는 호수 바닥에서 머물다가 봄이 되면 번식을 하려고 수면으로 올라온다. 이때 탄생한 새로운 세대의 물맴이들은 몇 주일 인에 손톱만한 크기로 자란다. 물맴이는 납작한 발을 이용해서 얇은 수면 막을 노처럼 밀면서 움직이며, 절반은 물 위에 있고 절반은 물 밑에 잠겨 있는 겹눈으로 세상을 본다. 물맴이는 쓴맛이 나는 화학물질을 분비하기 때문에 물고기들은 대부분 물맴이를 건드리지 않는다. 한번은 양식장에서 부화한 용감하고 무지한 민물송어(강송어)가 물속에서 위로 올라와 수면에서 빙글빙글 돌고 있는 물맴이를 낚아챘다가 곧바로 수박씨를 뱉는 것처럼 물맴이를 뱉어내는 모습을 본 적이 있다. 물맴이는 한 장소에 수많은 개체들이 모여 감시하는 눈을 늘림으로써 포식자의 사냥 의지를 떨어뜨릴 때가 많은데, 보기와는 달리 모여 있는 개체들이 제각각 마음대로 움직이지는 않는다. 무리 가장자리에 있는 개체들은 주로 수면에 떨어진 곤충이나 물속에서 올라오는 곤충 같은 먹이를 주로 탐색하며, 일단 먹잇감을 포착하면 레이더를 쏘는 것처럼 잔물결을 일으켜서 먹잇감을 꼼짝도 못하게 만든다. 성체가 모여 있는 무리에서는 중심부로 갈수록 짝짓기를 하려는 개체들이 모이는데, 이때는 서로 의사를 전달하고 충돌을 피하기 위해서 잔물결을 일으킨다.

흔히 소로는 자연주의자보다는 철학자이자 시인으로서 한 말과 글이 훨씬 더 많이 인용되지만, 과학자의 입장에서 보았을 때에 나는 그의 자연주의자로서의 측면이 훨씬 더 흥미롭다. 그가 1837년부터 1861년까지 쓴 일기장에는 자연사를 관찰한 내용이 가득 들어 있다. 폐 질환으로 마흔네 살에 세상을 떠나지 않았다면 소로는 자연사 연구에서 엄청난 업적을 세울 수 있었을 것이다. 소로도 그런 생각을 했던 것 같다. 사망하기 두 달 전(1862년)에 소로는 한 친구에게 "내가 살아난다면 자연사를 훨씬 더 많이 기록해야 할 것만 같네"라는

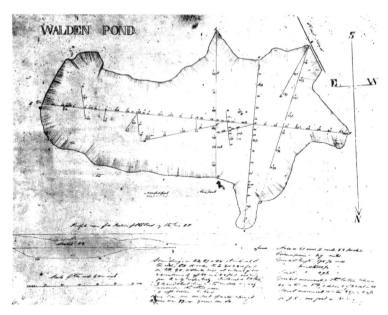

월든 호수의 수심을 표시한 소로의 지도(매사추세츠 주 콩코드의 콩코드 박물관 제공)

편지를 보냈다.

1846년에 소로는 월든 호수 위에 언 얼음에 100개가 넘는 구멍을 내고, 추를 단 줄을 내려서 미국 최초로 호수 바닥 지형도라고 할 수 있는 지도를 제작했고, 자신이 살고 있는 곳 부근인 월든 호수의 서쪽 유역이 가장 깊다는 사실을 알아냈다. 1860년 8월에는 호수의 층상 구조를 알아보기 위해서 마개로 막은 병에 온도계를 넣고 그것을 호수 밑으로 내려보내서 최초로 월든 호수의 온도 분포 상태를 공식적으로 분석했다. 호수의 위층과 아래층의 온도가 다르다는 사실에 놀란 소로는 이런 온도 분포가 수중 생물에게 어떤 영향을 미칠지에 대해서 생각해보았다. "이 호수에 사는 물고기들은 다양한 온도를 즐길 수 있다. 몇 분 안에 겨울로 가라앉았다가 여름으로 떠오를 수 있는 것이다. 이런 다양한 온도 분포는 분명히 수심별 물고기 분포에도 영향을 미칠 것이다."

1939년 8월에 호수 생태학자 에드워드 디비는 노 젓는 배를 타고 월든 호수로 나가서 다시 한번 호수의 층별 온도를 재고 소로가 내린 결론을 확인시켜주었다. 소로보다 훨씬 더 자세하게 월든 호수의 온도를 분석한 디비는 수면에서 5미터 정도 내려간 곳의 수온은 26도(이하 본문에 나오는 '도'는 모두 섭씨[°C]를 의미한다)이지만 바닥 가까운 곳의 수온은 5도까지 내려간다는 사실을 확인했다. 「계간 생물학 리뷰(Quarterly Review of Biology)」에서 디비는 소로의 호기심이 "호수를 향해 있을 때는 대단히 풍성한 결과를 냈다"라고 하면서 소로를 미국 최초 호소학자(호수 과학자)라고 불렀다.

다른 과학자들도 소로의 관찰 자료를 자신의 연구에 활용했다. 보스턴 대학교의 생태학자 리처드 프리맥은 호수의 수면에서 얼음이 녹는 날짜, 꽃이 피는 시기 같은 봄이 오는 징후를 관찰한 최근 기록을 소로의 일기장에 담긴 기록과 비교했다. 『월든 온난화(Walden Warming)』에서 프리맥은 소로의 기록과 비교한 자료를 근거로, 19세기 이후부터 얼음이 호수를 덮는 기간이 몇 주일 정도 짧아지는 기후변화가 일어나고 있음을 보여주었다. 1854년에 기록한 소로의 일기는 나의 동료인 생물물리학자 찰스 매커천을 골탕 먹이기도 했다.

얼마 전에 나는 뉴욕 북부의 플래시드 호수에 있는 매커천 가족의 땅을 방문했는데, 90대인 찰리는 물결파를 이용해서 앞으로 나아가게 하는 나무 장치나, 스프링을 장착한 용골을 이용하여 거친 바다에서도 매끄럽게 나갈 수 있는 소형 증기선을 만드는 등 은퇴한 뒤에도 여러 가지 연구와 발명을 하느라 아주 바빴다. 1970년에 찰리는 한 시냇가에 서 있다가 수면 위에서 가느다란 실 같은 물질이 물살이 흐르는 방향과 직각 방향으로 퍼져나가는 모습을 관찰했다. 훨씬 더 세밀하게 연구를 진행한 뒤에 찰리는 그 실 같은 구조가 표면막이 자체적으로 안쪽으로 접히면서 생기는 일시적인 주름임을 알아냈다. 찰리는 자신이 알아낸 사실을 「사이언스(Science)」에 발표했는데, 그후 얼마 지나지 않아서 한 과학자가 그 현상은 소로가 이미 정확하면서도 훨씬 더 아름답게 서술했다는 사실을 지적했다. 소로는 "서로 다른 표면을 구별해내는 일은 흥미롭다. 이곳은 물결이 부서지고 빛을 받아서 반짝인다……표면은 아주 매끄럽고 전혀 움직이지 않는다. 아주 뚜렷하게 구분이 되는 선이 보이는 곳도 있다. 마치 물 위에 거미줄이 쳐진 것처럼……아주 조금 솟아 있는 이음새처럼"이라고 적었다.

플래시드 호수에서 반짝이는 햇살을 보는 동안 나는 찰리가 헨리 데이비드 소로가 떠올린 생각을 음미하고 있는 것 같다는 생각이 들었다.

8월에 월든 호수로 돌아온 나는 내가 가르치는 학생인 로리와 엘리엇과 함께 카누 2척을 선착장으로 가져가서 간이 쌍동선(선체 2개를 연결한 빠른 범선/옮긴이)에 묶었다. 소로의 시대 이후로 월든 호수의 모습은 소로와 에머슨으로서는 썩 달갑지 않은 모습으로 비뀌었음을 쉽게 알 수 있었다. 가까운 호숫가에는 수영을 하러 온 사람들로 가득했고 호수의 물은 아직 맑지만 연한 녹색으로 물든 물은 호수에 앞으로 큰 문제가 생길 수 있음을 암시하고 있었다.

미국 지질조사국이 2001년에 진행한 조사에서, 수영을 하는 사람들이 몰래 방출하는 소변 때문에 여름이면 월든 호수의 인(燐) 함유량이 2배가량 증가한다는 사실이 밝혀졌다. 원소기호가 대문자 P인 인은 세포막, 에너지를 저장하는 분자, 유전자를 구성하는 주요 성분으로, 이 세상의 모든 먹이사슬들이 사용하는 공동 통화이다. 사람을 포함한 모든 생명체는 음식으로 인을 섭취하며 다른 유기체가 나중에 다시 사용할 수 있도록 노폐물을 내보낼 때 함께 방출한다. 위스콘신 대학교의 과학자 마저리 윙클러가 1979년에, 캐나다 생태학자 도르테 쾨스터 연구팀이 2000년에 각각 진행한 퇴적물 코어(지층이나 퇴적물에 원통형 채취관을 박아서 채취한 원통형 암석이나 광물덩어리/옮긴이) 연구 결과는 월든 호수의 생태계에서 사람이 새로 맡게 된 역할을 조명하고 있다. 조류에게 소변의 인을 제공하는 주요 인 공급자라는 역할 말이다. 두 연구팀은 인을 좋아하는 조류가 20세기 초부터 월든 호수의 플랑크톤성 조류계를 지배하고 있음을 확인했다. 지금 학생들과 나는 퇴적물 코어를 분석해서 호수의 최신 상태를 파악하고 미래를 향한 눈으로 기후의 역사를 좀더 면밀하게 평가하기 위해서 월든 호수에 나와 있다.

낚싯대를 들고 가던 한 중년 남자가 멈춰서더니 미끼를 끊어버릴 수도 있는 수초 밭이 어디에 있는지 물었다. 실처럼 생긴 조류 니텔라는 6미터에서 13미터 깊이의 호수 바닥에서 잔뜩 엉겨붙은 고리처럼 생긴 수초지를 만들지만 호숫가에서 훨씬 더 멀리 떨어진 곳의

월든 호수에 서식하는 니텔라(사진 : 커트 스테이저)

경우에는 빛이 깊숙한 곳까지 닿지 못하기 때문에 군락을 이루지 못한다. 『월든』에서 소로는 니텔라에 관해서 언급하면서 "심지어 겨울에도 닻에 붙어서 자라는 밝은 녹색 수초"라고 했다. 맑은 물에서 흔히 볼 수 있는 니텔라는 식물처럼 생겼지만 꽃도 없고 종자도 없으며 관이 있는 줄기도 없고 뿌리도 없다. 진짜 수생식물과 달리 니텔라의 조상은 식물과는 분류학적으로 전혀 다른 원생생물(Protista)이다. 원생생물은 대부분 단세포 생물이다. 월든 호수에 서식하는 니텔라는 아주 작은 플랑크톤이 물속으로 분비하는 인을 호수 바닥에 모아놓는 역할을 한다. 마치 지하수를 끊임없이 흘려보내는 것처럼 니텔라는 호수를 맑게 하는 데에 도움을 주지만, 생태학지들은 풍부한 영양소를 섭취한 플랑크톤 때문에 물이 더욱 탁해지면 빛이 물속까지 닿지 못하고 피막(皮膜) 같은 조류가 수면을 덮을 수도 있다고 우려한다.

그러나 우리에게 질문을 한 낚시꾼에게는 니텔라가 축복이라기보다는 재앙에 가까운 듯했다. 내가 그 사람에게 어떤 물고기를 잡고 싶은지 묻자, 그는 "무지개송어와 브라운송어"라고 답했다. 두 종 모두 소로가 살던 시대에는 없던 종이다. 무지개송어는 원래 미국 서부의 고유종이고, 브라운송어는 19세기에 독일에서 북아메리카 대륙으로 들여왔다. 월든 호수는 야성을 상징하는 소중한 장소이지만 미들섹스 카운티 당국은 소로에게는 익숙했던 메깃과 물고기나 강꼬치고기 같은 "잡어"를 제거하고 외래종을 잡을 수 있는 기회를 제공하겠다며 1968년에 로테논이라는 살충제를 호수에 뿌렸다.

나는 월든 호숫가를 따라서 조금 걷다가, 하마터면 인류가 이 행성에 생물종을 어떤 식으로 퍼트리고 있는지를 보여주는 또 하나의 상징물이자 호숫가에서 일광욕을 하고 있던 자라를 밟을 뻔했다. 암컷 자라의 부드럽고 평평한 등껍데기는 너비가 30센티미터 정도인데, 얼룩이 있는 황갈색 원반은 주변에 있는 모래와 잘 어울렸다. 내가 가까이에서 보려고 무릎을 꿇자 자라는 비행접시처럼 깊은 물속으로 스르르 미끄러져 들어가버렸다. 자라는 뉴잉글랜드 지방에서는 거의 보기 힘든 생물로 월든 호수의 고유종이 아니다. 아마도 누군가의 애완동물이었을 이 외로운 암컷 자라는 가끔 뒷다리로 모래를 파고 알을 낳지만, 월든 호수에서 함께 살아갈 배우자가 없으니 이 암컷의 알은 결코 부화하지 못할 것이다.

우리는 자라나 무지개송어, 브라운송어가 월든 호수에 들어오게 된 경로를 알고 있다. 그러나 표면에 드러난 유입구나 유출구가 없는 상태에서 월든 호수의 고유종 물고기들은 처음에 어떻게 이곳에서 살게 되었을까? 아직 정확하게 밝혀지지 않은 사건의 진상을 알아내는 것보다 이런 질문에 대답하는 과정이 훨씬 더 재미있을 수도 있다. 고유종 물고기들은 빙하가 녹으면서 생긴 물이 여전히 이 지역을 덮고 있을 때, 월든 호수에서 군집을 이루며 살게 되었을까? 아니면 먹이를 물고 가던 새들이 우연히 호수에 물고기를 떨어뜨린 것일까? 내 친구는 애디론댁 산맥의 등산로를 걷다가 물수리의 발톱에서 벗어나서 산 채로 바닥에 떨어져 파닥거리고 있는 물고기를 본 적이 있다고 했다. 어쩌면 북아메리카 원주민이 구석기시대에 식량을 저장하려고 물고기를 월든 호수에 풀어놓았는지도 모른다. 아무튼 아직까지 월든 호수는 그 비밀을 밝히지 않고 있다.

프리다이빙(호흡 기구를 사용하지 않고 무호흡으로 하는 다이빙/옮긴이)을 하는 사람이 나에게 다가오더니 자신의 휴대전화에 저장되어 있는 고프로 비디오를 보여주었다. 비디오에서 그는 두 손으로 안내 줄을 잡고 수십 미터 아래에 있는 어두운 분지로 이동하고 있었다. 그 사람은 월든 호수에서 가장 깊은 곳은 가파른 암초에 둘러싸여 있고, 거대한 악어거북이 그 구덩이의 가장자리를 공룡처럼 천천히 헤엄쳐 다닌다고 했다. 또한 "그곳은 빛이 전혀 없어서 바닥이 어디인지 알 수 없어요. 어디로 가고 있는지 전혀 알 수가 없어서 가끔은 머리를 진흙에 박을 때도 있어요"라고 했다. 다행히 우리가 코어를 채취하는 장소는—물론 우리의 바람일 뿐이지만—머리를 진흙에 박을 걱정은 많이 하지 않아도 되는 가까운 곳이었다.

우리를 태운 배가 호수 중심부로 나가는 동안 흰머리수리가 하늘 높은 곳에서 호수로 급강하했다. 아마도 송어를 노리는 듯했다. 그 커다란 새가 다시 하늘로 날아올라서 나무 너머로 날아가는 동안 내 관심은 밑으로 향했다. 우리의 밑에는 빙산의 아랫부분이 만든 모습을 그대로 보여주는 지형이 넓게 퍼져 있었다. 소로는 월든 호수의 서쪽 끝에는 30미터에 달하는 분지가 있으며 사람들이 수영하는 곳에서 가까운 동쪽 끝에는 16미터 너비의 분지가 있다는 사실을 알아냈지만 서쪽과 동쪽 사이에 또다른 분지가 있다는 사실은 알지 못했다. 그로부터 10년이 지난 뒤에 미국 지질조사국은 월든 호수 한가운데 부근에서 너비가 20미터에 달하는 세 번째 분지를 찾았다. 우리는 바로 그곳으로 가고 있었다.

로리와 엘리엇이 닻 2개를 내리고 줄을 팽팽하게 잡아당기는 동안 나는 뒤에서 끌고 오던 원뿔형 그물을 걷어올렸다. 그물망은 나일론 스타킹보다 촘촘하기 때문에 우리 밑에 있는 호수에서 아주 넓게 퍼져서 사는 플랑크톤을 걸러낼 수 있다. 유리병을 높이 들어올리자 햇살을 받은 먼지 입자처럼 반짝이며 마구 움직이는 크림색 알갱이들이 보였다. 이런 작은 알갱이들, 새우처럼 생긴 요각류와 지각류가 월든 호수에 서식하는 손가락만 한 물고기들과 피라미들의 주된 먹잇감이다. 이 플랑크톤들은 밑으로 갈수록 좁아지는 복부를 방향키처럼 이용하고 마디가 진 여러 쌍의 다리를 노처럼 움직여 헤엄치면서 부속지(附屬肢)로는 아주 작은 조류를 삼키기 위해서 물을 끌어당긴다. 건강한 동물성 플랑크톤 개체군은 며칠이면 전체 호수의 물을 완전히 걸러낼 수 있는데, 이는 동물성 플랑크톤의 먹이인 식물성

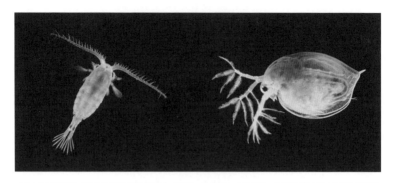

소금 알갱이만 한 동물성 플랑크톤. 왼쪽: 요각류, 오른쪽: 지각류(사진: 마크 워런)

플랑크톤의 증식 속도가 엄청나게 빠르다는 사실을 의미한다. 나는 이렇게 잡은 동물성 플랑크톤들을 대부분 호수로 돌려보내는데, 호수에서 물을 마실 때나 수영을 하고 물기를 닦을 때마다 동물성 플랑크톤을 수없이 많이 죽이게 되는 나이지만, 어쩔 수 없이 표본으로 몇 마리를 가져가야 할 때는 늘 미안함을 느낀다.

내 주위에는 먹고 번식하고 죽고 결국에는 호수 바닥으로 가라앉는 이런 작은 생명체가 수조 개체나 있다. 바닥에 가라앉은 플랑크톤은 숲에서 온 나뭇잎과 나뭇가지, 꽃가루와 한데 섞인다. 버섯의 포자, 곤충의 날개, 호숫가에서 밀려온 반투명한 모래 알갱이와 한데 섞인다. 물고기와 거북의 유전자와 뼈, 아주 조그마한 규조류(diatom algae)의 번쩍이는 유리질 껍데기와 한데 섞인다. 카누 밖으로 몸을 내민 나는 내 그림자를 감싼 채로 요동치고 있는 햇살을 보면서 내 밑에서 눈처럼 가라앉고 있는 생명의 파편들을 떠올려보았다. 호수 밑에 쌓여 있는 퇴적층들은 긱 층마다 호수와 호수 주변의 역사를 기록한 역사책의 한 페이지를 이룬다. 프리다이빙을 하는 그 친구가 다음번에 또다시 분지에 쌓인 부드러운 갈색 퇴적물에 머리를 박게 된다면, 그의 두피는 수십 년 동안 쌓인 쓰레기 더미를 통과하게 될 것이다. 만약 그가 손목이 잠길 만큼 쓰레기 더미 속으로 손을 쑥 집어넣으면 150년 전에 헤엄을 치다가 소로의 손길에 닿은 플랑크톤을 만지게 될 수도 있다.

일단 코어를 채취하는 통이 니텔라의 식물성 섬유에 막히지 않게 하기 위해서, 이 통이 니텔라 군락이 형성된 곳에서 멀리 떨어져 있다는 사실을 확인하려고 코어 표본을 아주 조금만 채취해보았다. 코어를 채취하는 관은 떠낸 진흙의 양을 쉽게 확인할 수 있도록 투명한 플라스틱으로 만들었고, 자체의 무게만으로 바닥에 가라앉을 수 있도록 통의 일부를 무거운 황동 원뿔로 감쌌다. 채취관에서 가장 독특한 부분은 고무 고리로, 채취관에 달린 흰색 플라스틱 공이 입구를 막는 손처럼 재빨리 정해진 자리로 돌아가게 해준다. 채취관은 비밀 요원이 나오는 첩보 영화 속 조립 무기처럼 여행 가방에 넣을 수 있을 정도로 조각조각 분리할 수 있다. 그 때문에 나는 이 멋지고 작은 기구를 가지고 전 세계로 탐사 여행을 다닐 수 있었다. 나의 채취관에 관한 불만이라면 딱 한 가지밖에 없다. 모양이 너무 이상하게 생겨서 공항 보안 요원이 한쪽 눈썹을 추켜세우고 "그러니까 이걸 가지고……, 뭘 한다고요?"라고 물을 때가 많다는 것이다.

로리와 엘리엇은 줄이 축 늘어졌다고 느낄 때까지 표본 채취관을 밑으로 내리고 또 내렸다. 나중에 채취관을 다시 배 위로 끌어올릴 때에는 자유롭게 흩어져 있는 각 층의 표면이 섞이지 않도록 로리가 채취관을 똑바로 잡고 있었다. 로리의 팔뚝만 한 코어는 흡사 초콜릿

월든 호수에서 퇴적물 코어를 채취한 학생들(사진 : 커트 스테이저)

푸딩처럼 보였다. 배를 세운 곳에는 니텔라가 없음을 확인한 우리는 첫 번째 표본을 안전하게 보관한 뒤에 우리가 직접 제작한 더욱 길고 무거운 장비를 물 밑으로 내려보냈다. 이 기구에는 바닥을 감지해서 코어 통의 밑바닥이 진흙에 닿기 직전에 이탈 장치를 작동시키는 균형추가 달려 있다. 잠시 뒤에 호수의 역사는 84센티미터만큼 그 표면이 깨졌다.

앞서 진행한 코어 연구에서 이 표본은 1,500년 정도 쌓인 퇴적물이라는 추론을 했는데, 이 추론은 나중에 탄소 14 동위원소 연대측정법을 통해서 사실임을 확인했다. 소로의 시대에 쌓인 퇴적물층은 코어의 표면에서 20센티미터에서 24센티미터 정도 아래에 있다. 지금은 우리 시대와 소로 시대의 지층을 손바닥 두 뼘으로 잴 수 있지만 물기를 머금은 새 진흙이 호수 바닥에 점점 더 쌓여서 더 무거운 무게로 내리누르면 두 층의 간격은 더욱 좁아질 것이다. 소로의 글을 읽으면 쉽게 19세기로 돌아간 것 같은 상상을 하게 되지만, 월든 호수에서 채취한 퇴적물 코어 같은 물질은 "그 전에는 무슨 일이 있었지?"라는 질문을 하게 해서 훨씬 더 먼 과거로 우리를 돌려보낸다. 이렇게 월든 호수의 과거를 품고 있는 수많은 유물들이 차례대로 쌓여 있는 모습을 보면, 역사를 보는 인류의 자기중심적인 역사관과 끝없는 시간의 강물 속에서 우리가 차지하는 위치는 일시적이라는 점을 이해하지 못하는 우리 자신의 마음을 들여다보게 된다.

나는 나 스스로를 환경운동가라고 생각하면서 성장했고, 에머슨과 소로의 글을 읽으면서 자연을 향한 어린 시절의 열정을 키워나갔다. 이제 나이 든 과학자로서 나는 여전히 야생을 사랑하지만 시간이 흐르면서 내가 어렸을 때에 품었던 몇몇 생각은 생태계의 역사와는 어울리지 않으며, 그 풍경 속에 사람이 있다고 해서 호수를 "비자연적"이라고 생각하는 것이 과연 옳은 일인지도 확신이 서지 않는다.

월든 호수는 이미 19세기에도 사람의 영향을 많이 받고 있었으며 소로 자신도 자기 이전에 월든 호수를 알았던 사람들이 있었음을 인지하고 있었다. 소로는 호수 근처에서 도자기 조각과 돌로 만든 창살촉을 발견했다는 글을 썼지만 그가 출판한 책에서는 과거 월든 호수 근처에 살았던 사람들에 관해서는 거의 언급하지 않았다.

콩코드는 1635년, 식민지 정착민들이 매사추세츠 연방(코네티컷 강부터 현재 보스턴이라고 불리는 지방에 이르는 지역에서 살던 부족들의 연맹) 사람들에게 구입한 땅에 건설되었다. 그 당시 매사추세츠 연방 사람들은 그 땅을 무스케타퀴드(Musketaquid)라고 불렀다. 어처구니없게도 매사추세츠 부족의 후손들은 그 이름을 딴 주(state)가 공식적으로 인정하는 부족이 아닌데, 이런 식으로 아메리카 대륙에서 오래 전부터 살았던 인류에 대한 문화적인 무지함이 드러나는 사례들은 아주 많다. 역사를 근시안적으로 들여다보는 이런 자세는 전혀 새로운 일이 아니며, 소로가 일기장에 적어놓은 콩코드 역사박물관 개관에 관한 냉소적인 논평을 보면 그 사실을 분명히 알 수 있다. "우리는 이 땅이 인디언 거주지에서 백인 거주지로 바뀌는 모습을 지켜본 몇 그루 남지 않은 떡갈나무를 베어내고, 1775년에 한 영국 군인이 가져온 탄약통을 가지고 박물관을 개관했다." 소로가 오두막을 짓기 200년 전에 실제적으로나 문화적으로 매사추세츠 부족이 거의 사라졌다는 사실 역시, 그렇지 않아도 희미했던 뉴잉글랜드 지방의 역사관을 훨씬 더 혼탁하게 만들었다.

1614년부터 1633년 사이에 천연두 같은 외부에서 들어온 전염병이 엄청나게 유행하면서, 콩코드 지역에서 살던 아메리카 대륙 원주민 중에서 거의 90퍼센트가 사망했다. 그 뒤로 나라간세트족, 미크맥족, 모호크족과의 전쟁 또한 콩코드 지역 원주민에게 타격을 가했다. 콩코드를 건설한 사람들은 장발과 전통 의학 같은 원주민의 고유문화를 대부분 불법으로 규정하고 금지했다. 식민지 정착민들이 토지를 불법으로 점유하고 원주민을 학대하자 1675년에 "필립 왕 전쟁"이리고 알려진 짧은 소요 사태가 일어났는데, 그때 식민지 정착민들은 "기도하는 인디언"이라고 불렸던 평화로운 콩코드 원주민까지도 보스턴 항구에 있는 섬에서 겨울을 나게 했다. 그 섬에서 많은 콩코드 원주민이 가혹한 날씨에 얼어 죽고 굶어 죽었다. 그 끔찍했던 한 세기 동안 수많은 생명이 사라졌기 때문에 유럽에서 온 새로운 정착민들은 별다른 노력 없이도 드넓은 들판과 개간지를 차지할 수 있었다.

계속해서 뻗어나가는 도시 중심부에서 멀찌감치 떨어져 있는 뉴잉글랜드 지방은 소로가 살았던 시대부터 지금까지 더욱더 푸르러지고 있다. 미국인들이 나무가 아니라 화석연료를 주요 에너지원과 원자재로 사용하면서 많은 숲이 회복되고 있기 때문이다. 그러나 안타깝게도 호수는 숲에 비해서 매우 심한 대접을 받고 있다. 인구가 늘어나고 새로운 기술이 등장하면서 산성비, 영양분 오염, 물고기 양식, 로테논 살포, 외래종 유입, 토양 침식, 도로에 뿌리는 소금, 기후변화 같은 여러 요소가 호수들이 괴롭히고 있다. 그런데 사람이 생태계에 영향을 미친 것은 어제오늘 일이 아니다. 온타리오 주에 있는 2.5헥타르에 달하는 한 케틀 호수에 축적된 퇴적물 기록은, 만약 월든 호수의 주변 토양이 농사짓기에 적합했다면 몇 세기 전에 월든 호수에서 일어났을지도 모를 상황을 보여주고 있다.

토론토에서 남서쪽으로 50킬로미터 떨어진 곳에 있는 크로퍼드 호수는 비옥한 구릉지에 있다. 750년쯤 전에 이 부근에서 나무껍질로 덮인 집을 짓고 생활한 이로쿼이족은 비옥한 구릉지에 곡물을 심었는데, 농사는 그보다도 수백 년 전에 중앙아메리카 대륙에 살던 사람들이 시작했던 새로운 삶의 방식이었다. 농사는 이로쿼이족의 문화와 땅, 그리고 호수를 바꾸었다.

2001년에 미국과 캐나다의 연구팀은 결빙 코어 장비를 이용해서 크로퍼드 호수의 바닥에서 퇴적물을 채취했다. 결빙 코어 채취법은 드라이아이스와 알코올이 가득 든 금속 용기를 호수 바닥에 내려놓은 다음 엄청난 냉기로 진흙 표면의 횡단면을 얼리는 방법이다. 결빙 코어 채취법을 이용하면 부드러운 미세 적층구조물을 채취할 수 있는데, 크로퍼드 호수 바닥에 있는 진흙은 표면에서부터 60센티미터 깊이까지는 모두 미세 적층구조물로 이루어져 있었다. 박층퇴적흔(varve)이라고 부르는 띠 모양의 퇴적층을 보면 호수에서 일어난 계절의 변화를 알 수 있다. 눈에 띄게 밝은 띠 부분은, 개체 수가 늘어난 플랑크톤이 물에 녹아 있는 화학물질을 바꾸어서 석회질 광물 결정이 호수 바닥에 가라앉는 여름에 형성된다. 전이대(transition zone) 아랫부분에는 굴을 파고 사는 벌레들, 곤충의 유충, 먹이를 찾는 물고기들이 퇴적물을 흐트러뜨리고 퇴적층의 경계를 모호하게 만들기도 한다. 그러나 하나의 퇴적층 위에 전혀 손상되지 않은 뚜렷한 박층퇴적흔이 있다는 사실은 그 밑에 층에 있는 퇴적물에서 살던 거주자들은 완전히 사라져버렸다는 뜻이다. 그 거주자들은 왜 사라졌을까? 질식해서 죽었기 때문이다. 호수 바닥 부근에서는 영양분이 과도하게 축적되면서(즉, 부영양화[eutrophication]되면서) 플랑크톤이 엄청나게 증식하기 때문에 물에 녹아 있던 산소가 모두 사라진다.

크로퍼드 호수 코어에서 채취한 가장 오래된 박층퇴적흔에는 콩과 식물, 호박, 해바라기, 옥수수 꽃가루가 들어 있었다. 호수 바닥의 진흙에 이런 꽃가루들이 많이 묻혀 있다는 사실에 과학자들은 처음에 상당히 놀랐다. 왜냐하면 콩, 호박, 해바라기 꽃가루는 벌 같은 곤충이 옮기며, 옥수수 꽃가루는 바람이 옮긴다고 하더라도 너무 무거워서 호수 가운데까지 날아오기는 힘들기 때문이다. 그때 한 과학자가 이 꽃가루들이 대부분 이상하게 생긴 유기물질 덩어리 안에 들어 있다는 사실을 눈치 챘고, DNA를 분석해서 이 유기물질 덩어리가 기러기 배설물이라는 것을 확인했다. 들판에서 식물 종자를 먹던 기러기가 자신도 모르는 사이에 먹은 꽃가루를 호수에 빠뜨린 것이다. 새의 배설물과 사람의 배설물, 호숫가에서 쓸려온 표토는 한데 섞여서, 크로퍼드 호수의 미생물 공동체에게 하늘에서 내려온 만나(manna)가 되어주었다.

생물이 제공하는 인 원자는 곡물에서 사람과 기러기에게, 그리고 플랑크톤에게 전해진다. 플랑크톤들은 이 만나를 놓고 시아노박테리아와 별돌말(*Asterionella*)이나 시네드라(*Synedra*)와 같은 빠른 속도로 성장하는 가느다란 규조류와 경쟁을 벌인다. 분해되고 죽어가는 엄청난 양의 세포는 저 깊은 어두운 물속에서 박테리아의 먹이가 되고 다량의 산소를 소비하여 바닥에 사는 생물들이 질식해서 죽게 만든다. 부영양화가 진행되는 호수 상층부는 플랑크톤 때문에 점점 더 걸쭉해지고, 얕은 물의 바닥에 서식하는 규조류 위로는 녹색 구름이 드리운다.

크로퍼드 호수 이야기는 사람이 야기한 변화가 영구적일 수 있다고 경고한다. 일반적으로 진행되는 단기 생태학 연구에서는 오직 추측밖에는 할 수 없는 사실을 알려주는 것이다. 크로퍼드 호수에서 채취한 코어는 사람들이 떠난 뒤에도 부영양화된 플랑크톤 군집이 수백 년 동안 사라지지 않음을 알려준다. 과학자들은 용존산소가 사라지면서 호수 내부에서 자가−부양 주기(self-fertilizing cycle)가 시작된다고 추론하고 있다. 자가-부양 주기란 호수 바닥에 있는 진흙에서 방출되는 인이 계속해서 조류를 성장하게 하는 "내부 부하(internal loading)" 현상을 가리킨다. 1800년대 중반에 영국에서 건너온 정착 민들이 크로퍼드 호수 유역에서 땅을 개간해서 농사를 짓기 시작하자 호수의 부영양화는 더욱 악화되었다. 심지어 지금도 크로퍼드 호수의 절반 아랫부분은 여름이 되면 산소가 사라져버림으로써 선사시대 사람들이 자연에 미쳤고, 훗날 그 자리를 대체한 사람들 때문에 더욱 강력해진 영향력을 증언하고 있다.

사실 오래 전에 아메리카 대륙에서 살았던 사람들이 바람직하지 못한 방식으로 주변 환경을 변화시켰다고 해서 놀랄 이유는 없다. 우리처럼, 그리고 다른 모든 생물들처럼 고대인도 자원을 소비하고 쓰레기를 생산했으며, 자연과 동떨어져서 살기보다는 개체 수와 생활 방식에 따라서 자연에 상당한 영향력을 행사했다. 아메리카 대륙에 존재하는 호수는 대부분 콜럼버스 시대 이전에 살았던 사람들의 흔적을 퇴적물에 거의 간직하고 있지 않지만 그렇다고 해서 크로퍼드 호수 같은 곳이 또 없는 것은 아니다.

과테말라와 온두라스에 있었던 마야 문명은 그보다 더 북쪽에 있던 문명들보다 훨씬 전에 옥수수 농업을 시작했는데, 도시 규모가 점점 더 커지면서 어쩔 수 없이 호수에도 지워지지 않는 흔적을 남겼다. 기원전 1,000년에서 기원후 900년까지 아주 많은 표토가 깎여서 중앙아메리카 대륙의 호수로 흘러들었는데, 과학자들은 이 시기의 퇴적층에서 채취한 코어를 "마야 점토"라고 부른다. 과테말라의 한 호수에서 채취한 코어를 분석한 결과, 한 해 동안 인근 시골 지방에서는 1제곱킬로미터당 1,000톤의 토양이 유실되었음을 알 수 있었다. 그러나 다행히 마야 농부들은 선조들의 실수를 교훈 삼아서 토양 유실은 줄이면서도 더 많은 인구가 살아갈 수 있는 지속가능한 농업 방식을 찾아냈던 것 같다.

농사를 짓지 않는 사람들도 자신들의 호수를 오염시킬 때가 있다. 캐나다 북극해에 있는 한 해안가 호수는 인의 함량이 특이할 정도로 높은데 그 이유는 800년 전에 이누이트족 고래 사냥꾼들이 사냥해온 고래를 그곳에서 해체하고 소비했기 때문이다. 온타리오 주의 퀸스 대학교 과학자들이 채취한 코어에서 육지의 무성한 이끼 위에 남아 있던 고래 조직이 늪에 서식하는 빗살돌말에 영양을 공급했다는 증거를 찾았다. 퇴적물 코어를 보면 그곳에서 고래를 처리하는 것을 멈춘 이후에도 400년이 넘는 시간 동안 부서진 뼈에서 영양분이 흘러나왔음을 알 수 있다.

지난 1,000년 동안, 농업이 보편화되기 전까지는 아메리카 대륙 원주민이 땅이나 호수에 남긴 흔적은 거의 없었다. 그러나 호수 퇴적물에는 한 가지 광범위하고 변혁적인 변화가 기록되어 있는데, 논쟁의 여지가 있지만, 많은 과학자들은 그런 변화가 생긴 이유를 1만 2,000년 전쯤에 살았던 고대 사냥꾼 때문이라고 생각한다. 빙하기가 끝날 무렵이었던 그때는 이전 빙하기에 비해서 훨씬 더 큰 규모로 많은 생명이 죽었는데, 이상하게도 아주 큰 포유류가 집중적으로 죽었다.

한때 북아메리카 대륙에는 매머드, 마스토돈, 동굴사자, 낙타, 거대 나무늘보, 거대 들소, 거대 비버, 짧은얼굴곰, 검치호랑이 같은 거대 포유류가 많이 살았다. 말도 함께 살았지만 다른 거대 포유류처럼 어느 순간 사라져버렸다. 스페인 사람들이 다시 말을 들여온 16세기 이후에나 북아메리카 대륙에서 다시 말을 볼 수 있었다. 흔히 털북숭이 매머드와 마스토돈은 빙하기 기후에서나 살 수 있는 동물이라고 생각하지만, 그런 동물들보다 훨씬 더 작고 털도 거의 없는 포유류가 북아메리카 대륙으로 들어오지 않았더라면 지금도 북아메리카 대륙의 숲과 초원에서는 두 동물을 볼 수 있었으리라고 믿는 과학자들이 많다.

이런 동물들의 운명에는 인간의 힘이 강하게 작용했다. 발굴한 뼈를 보면 매머드와 마스토돈이 알래스카에서부터 플로리다에 이르기까지 다양한 기후와 서식지에서 살았음을 알 수 있다. 아메리카 대륙에서 살았던 다른 거대 포유류처럼 매머드와 마스토돈의 조상도 여러 차례 기후변화를 겪었고 좋아하는 서식지까지 먼 거리를 이동하지 못할 이유도 없었다. 캐나다에서 얼음이 사라지면서, 그 초식동물들의 조상은 훨씬 더 남쪽에서 뜯어먹어야 했던 식물들이 방대한 캐나다 땅에서 자라기 시작했다. 마지막 빙하기가 끝날 무렵에 북아메리카 대륙에서 일어난 가장 독특한 환경 변화는 아시아에서 사람이 도착했다는 것이다. 그 사람들 가운데 뛰어난 사냥꾼이 있었다는 증거는 그들이 남긴 독특한 창날과 도살 장소뿐만 아니라 호수에도 남아 있다.

북아메리카 대륙 전역에 있는 호수에는 거대 포유류의 운명을 알리는 작은 포자들이 들어 있다. 모두 배설물에서 번식하는 균류가 물속으로 뿜어낸 포자이다. 수천 년 동안 북아메리카 대륙에는 스포로미엘라(*Sporormiella*)가 서식하는 배설물을 분비하는 거대 초식동물이 몇 종 살았다. 1만2,000년 전쯤에 이런 초식동물의 수가 감소하자 이들의 서식지 근처에 있던 호수에 쌓이는 스포로미엘라 포자의 양도 함께 감소했다.

동물의 사체를 간직한 호수도 있다. 나는 몇 년 전에 올버니에 있는 뉴욕 주립박물관에서 대니얼 피셔가 한 강연을 잊을 수가 없다. 그때 피셔는 오대호 지역에 있는 한 늪의 바닥에서 정기적으로 진행하는 마스토돈의 뼈 발굴 과정을 설명해주는 것으로 강연을 시작했다. 피셔의 연구팀은 그 늪에서 일단 물을 충분히 흘려보내서 뼈와 상아가 흩어져 있는 진흙 구덩이가 외부로 드러나게 했다. 그런데 어째서 애초에 그 얕은 늪 바닥에 마스토돈이 가라앉게 되었을까? 현생 코끼리처럼 마스토돈도 분명히 헤엄을 칠 수 있었을 것이다. 혹시 겨울에 얇은 얼음 위를 걷다가 얼음이 깨지는 바람에 물에 빠진 뒤 물에서 빠져나가지 못한 것일까?

피셔는 곧 마스토돈의 뼈가 독특한 형태로 쌓여 있으며, 갈비뼈는 이곳, 대퇴골은 저곳, 이런 식으로 비슷한 뼈끼리 한데 모여 있다는 것을 알았다. 기이한 소용돌이 모양의 모래가 함께 있거나 썩은 나무 토막이 뼈들 사이로 삐죽 튀어나온 더미도 있었다. 공통점이 없는 것처럼 보였던 여러 단서들을 끼워 맞추자, 아주 놀라운 그림이 서서히 드러났다. 그 늪은 구석기시대의 고기 저장고였다는 사실이 말이다.

소용돌이 모양의 모래는 늪에 있는 모래와 동일했는데, 어쩌면 위쪽을 덮고 있는 퇴적물 때문에 고기 저장고가 붕괴되고 동물 내장에 모래가 채워지면서 그런 모양이 되었을 수도 있었다. 뼈 더미 위에

꽂혀 있던 나무토막은 저장고의 위치를 표시하던 긴 장대가 부러지고 썩어서 남은 흔적일 수도 있었다. 그런데 고기를 물속에 아주 오랫동안 보관한 뒤에도 먹을 수 있었을까? 피셔는 가을에 작은 호수 바닥에 있는 진흙에 말고기를 묻고 겨울에 얼게 내버려두었다가 봄에 꺼냈다. 몇 달 동안 호수 밑에 내버려둔 말고기의 표면은 식욕이 떨어질 정도로 불쾌한 노란색을 띠고 있었지만 절단면은 그날 호수에 묻었을 때처럼 신선한 붉은색이었다. 호수 바닥에 있는 진흙 속은 산소도 없고 빛도 통하지 않고 어둡기까지 해서 고기는 썩지 않고 신선도를 유지할 수 있었다.

피셔의 해석이 옳다면 늪 주변에 살던 마스토돈 사냥꾼들에게 겨울은 풍요의 계절이었을 것이다. 월든 호수에 처음 도착한 사람들도 그와 비슷한 방식으로 호수의 얕은 물가를 활용했을 것이다. 구석기 시대 아메리카 대륙의 길고 혹독한 겨울 동안, 얼음 위에는 수많은 장대들이 꽂혀 있었을 것이다.

고대 원주민도 현대인처럼 자신이 생태계에 미치는 영향을 의식하지 못할 때가 있었다는 사실은 그들도 우리처럼 사람이었구나 하는 생각을 하게 한다. 또한 사람이 환경에 영향을 미치는 것은 현대인이 처한 독특한 문제가 아니라 대체적으로 영원히 적용되는 자연의 법칙이 작용한 결과임을 알게 한다.

나는 2016년 12월에 다시 월든 호수를 찾았다. 겨울답지 않게 따뜻하고 바람 한 점 없는 날이었고, 선명하게 비추는 구름의 그림자가 부드러운 호수 표면을 따라서 천천히 미끄러지듯이 나아가는 날이었다. 지난해에는 학생들과 함께 코어 표본을 분석하느라 바쁘게 보냈지만 오늘은 표본 채취를 하기 위해서가 아니라 그저 호수 옆에 앉아 있고 싶어서 찾은 것이다.

『월든』에서 소로는 "우리가 현실이라고 부를 수 있는······단단한 바닥에 닿을 때까지······의견, 편견, 전통, 망상이라는 진흙과 진창을" 가로지르며 나갈 수 있는 "진실을 재는" 기발한 "도구"가 있었으면 좋겠다고 했다. 나는 어떻게 하면 진실을 재는 나만의 도구를 만들 수 있는지 조언을 구하려고 월든 호수에 왔다. 고대 퇴적물이라는 기록 보관소를 가지고 있으며, 훨씬 더 큰 관점으로 삶을 보게 해주는 아름다운 호수에게 조언을 구하려고 말이다.

작은 호숫가에 있는 얕은 물은 모래톱을 드러내어 그 위를 걸어보라고 유혹한다. 나는 허리를 숙이고 물가를 들여다본다. 내 눈이 물속을 층별로 탐색할 수 있도록 내버려둔다. 호수의 표면은 공기처럼 고요하고, 물에 비친 구름 사이로 밝은 햇살이 반짝였다가 사라지기를 반복한다. 이제는 바닥에 시선을 고정한다. 모래 사이로 편마암과 규암으로 이루어진 동그란 자갈을 찾으면서 빙하 강에서 굴러가는 조약돌을 상상해본다. 좀더 가까이 다가가서 먹이나 짝짓기 상대를 찾아서 정신없이 돌아다니는 아주 작은 요각류 한 마리를 간신히 알아볼 수 있을 정도로 물속이 또렷하게 보일 때까지 기다린다.

소로와 함께 앉아서 월든 호수를 바라본다면 어떤 기분이 들까? 정말로 궁금했다. 우리는 같은 것을 보게 될까? 아마도 아닐 것이다. 그러나 무엇을 보든지 우리는 서로가 느낀 감정을 공유하고 이야기를 하면서 즐길 것이다. 『월든』에서 소로는 "시간은 그저 내가 낚시

소로의 호숫가 입구에 있는 모래톱(사진 : 커트 스테이저)

를 즐기는 시냇물에 불과하다. 그곳에서 나는 물을 마신다. 물을 마시는 동안 나는 모래가 깔린 바닥도 보고 시냇물이 얼마나 얕은지도 파악한다. 지금 흘러가는 얇은 물은 슬며시 사라지지만 영원은 남는다'라고 했다. 오늘 나도 바로 그런 기분을 느꼈다. 나는 내 상상력이 지금 이 순간 가라앉고 있는 퇴적층에 도달한 뒤에 더욱더 깊은 곳으로 가라앉게 내버려두었다.

월든 호수에는 수많은 이야기들이 층층이 쌓여 있고, 증가하는 진흙은 모두 존재했던 사람이 써내려간 두툼한 서사시의 단 한 페이지일 뿐이다. 그런 퇴적층을 생각하고 있으면 나는 모든 생명은 유한하며 죽음을 맞닥뜨리게 된다고 하더라도 그렇게 외롭지는 않으리라는 기분이 든다. 사람은 자연계와 깊은 관계를 맺고 있다. 이 사실을 보여주는, 월든 호수가 간직하고 있는 기나긴 지질의 역사도 나를 평온하게 해준다. 사람은 자연과 떨어져 있어야 한다고 생각했던 에머슨 같은 철학자는 이런 감정을 완전히 이해할 수 없을 것이다. 북아메리카 대륙에 사람의 손이 전혀 닿지 않은 야생은 없었다. 적어도 거대 포유류가 사라진 뒤로 그런 장소는 존재하지 않았다. 호모 사피엔스가 옆에 없는 월든 호수는 지금보다 더 맑았을지는 몰라도 수영장만큼이나 인위적이었을 것이다. 수면 밑에 쌓인 퇴적물의 기록을 생각해보는 동안 나는 이 같은 사실과 말로는 설명할 수 없는 세상과 나 자신의 관계를 좀더 분명하게 이해하게 된다.

세일럼 주립대학교의 지질학자 브래드 휴베니가 얼마 전에 음파측심(echo sounding)을 실시한 결과, 월든 호수의 동쪽 분지에 6미터 두께의 퇴적물이 쌓여 있다는 것이 밝혀졌다. 코어 채취관을 월든 호수의 동쪽 퇴적물 위에서 바닥까지 푹 꽂은 뒤에 똑바로 세워서 1층 주택 옆에 놓으면 채취관 꼭대기는 주택의 처마에 닿을 것이다. 이제 사다리를 놓고 지붕으로 올라가서 코어 기둥의 길이를 재어보자. 이때 단위는 센티미터나 미터가 아니라 생애여야 한다. 다시 말해서 60년 동안 지속된 생애를 기본 단위로 하는 길이를 재는 것이다.

생소한 이 시간 단위를 조금은 쉽게 이해할 수 있도록 이 단위와 친숙한 시간의 길이를 재어보자. 예를 들면 소로의 시대와 우리 시대는 2.5생애만큼 떨어져 있고, 미국 독립혁명이 끝난 뒤로는 4생애가 흘렀다. 플리머스에 청교도들이 도착한 시간으로부터는 6생애 내지 7생애가 흘렀고, 콜럼버스가 히스파니올라 섬에 상륙한 뒤로는 8생애 내지 9생애가 흘렀다. 많은 사람들에게 이런 몇 가지 생애는 미국의 역사를 반영하지만 가상의 퇴적물 기둥의 경우에는 오해를 버리고 더욱 명확한 시각을 가지게 해준다. 퇴적물 기둥은 200번이나 끊어지지 않고 이어진 사람들의 생애를 반영한다.

가장 밑에서부터 엄지손가락 길이만큼 올라온 곳이, 1만3,000년 전쯤 이 케틀 호수가 처음 형성된 뒤로 가장 먼저 월든 호수를 찾아온 사람들이 살았던 시기에 해당하는 코어 지점일 것이다. 콩코드 지방에 묻혀 있던 석기 창촉을 비롯한 유물과 뉴잉글랜드 지방에 있는 호수에서 찾은 꽃가루는, 이 초기 정착민들이 지금의 캐나다 북극 지방과 비슷한 툰드라 지대와 가문비나무 덤불이 드문드문 자생하던 환경에서 순록을 사냥했음을 말해준다. 그곳에서 엄지손가락 2개만큼 더 올라가면 이제는 그 모래톱에서 영혼이 되어서 우리와 함께하고 있는 첫 정착민들의 아이들과 손자들의 시대까지 아우를 수 있다.

이런 식으로 층층이, 생애를 거슬러올라가서 가슴 높이까지 도달하면 수렵, 채집인들이 활동했던 3,000년의 시간을 지날 수 있다. 예수가 태어나고 지금에 이르기까지의 시간의 1.5배에 달하는 시간이다. 뉴잉글랜드 지방의 "후기 홍적세의 아메리카 원주민(Paleo-Indian)" 시기라고 부르는 이 긴 기간은 마지막 빙하기의 얼음이 물러날 무렵에 시작되었다.

바닥에서 70센티미터 조금 넘게 올라오면, 거의 75생애가량을 지나서 따뜻하고 건조한 기후 때문에 불이 잘 붙는 초원의 풀, 리기다소나무, 떡갈나무가 번성하던 시기에 도착한다. 이 시기에 쌓인 진흙에는 호수로 물을 마시러 오는 동물을 잡으려고 돌촉이 달린 창을 들고 있던 사슴 사냥꾼이 재채기를 하게 해서 수사슴이 놀라 달아나게 만든 떡갈나무 꽃가루가 들어 있을지도 모른다. 이 지역 "고대" 문명의 일원이었던 그 사슴 사냥꾼은 주로 근처 숲에서 얻을 수 있는 사슴, 야생 칠면조, 도토리 등을 먹었을 것이고, 이집트 피라미드의 역사보다도 더 긴 7,000년 뒤에나 이곳에 도착할 옥수수, 콩, 호박 같은 식물은 이름도 들어본 적이 없었을 것이다.

코어의 4분의 3쯤까지 올라오면 "고대" 문명이 끝나고 "삼림지대" 문명이 시작될 무렵에 살았던 사람들이 월든 호수 옆에서 야영지를 세우고 초기 토기를 가지고 요리를 만들어 먹었던 3,000년 전 무렵에 도달한다. 코어의 꼭대기에서 70센티미터쯤 내려온 곳은 현재보다 16생애 전의 시기이다. 이 1,000년 된 퇴적물에는 진흙 연표에서 불과 몇 센티미터쯤 전에야 "콩코드"라고 부르게 될 장소에서 계절에 맞춰서 숲속 덤불과 옥수수 밭이 타고 남은 숯이 들어 있다.

아직 생생하게 떠올릴 수 있을 때, 월든 호수에서 사람은 자연 질서의 일부인지를 자기 자신에게 질문해보자.

최초로 이곳에서 옥수수를 심은 농부들은 이 호수를 어떤 이름으로 불렀을까? 그 농부들보다 먼저 이 땅에서 살았던 삼림지대 도기 제작자들은, 고대 사슴 사냥꾼들은, 순록을 사냥했던 후기 홍적세의 아메리카 원주민은 어떤 이름으로 이 호수를 불렀을까? 만약 그 사람들이 아침을 먹는 이들이었다면 호숫가에서 아침을 먹으면서 무슨 말을 했을까? 소로의 호숫가 입구에 있는 모래톱에서 물에 비친 그림자를 보면서 몽상에 잠기기도 했을까?

이런 질문에 대한 답은 절대로 정확하게는 알지 못하겠지만 월든 호수가 간직하고 있는 진실을 재는 도구는 이 특별한 순간에 내가 강건하게 존재할 수 있도록 돕는다. 빙하 주기를 기준으로 해도, 선거 주기를 기준으로 해도 변화는 생기기 마련이며 삶은 지속된다. 나는 화염으로 진화해가는 고대 불꽃 가운데 존재하는 또 하나의 불꽃이다. 그 속에서 나는 안심할 수 있는 영원의 척도를 조금은 들여다볼 수 있다. 소로와 다른 많은 사람들이 알고 있었던 세상의 극히 조그마한 단편들이 아직도 이곳에서, 부드러운 퇴적물 사이에서 쉬고 있다. 이제부터는 내 인생에서 발췌한 조각들도 월든 호수라는 멈추지 않을 이야기 속에 섞여 들어가서 보존될 것이다.

호수 밑에 쌓인 퇴적물의 도움을 받아서 시간의 강으로 깊이 들어가면 "과거에는 무슨 일이 있었을까?"라는 질문만 하게 되는 것은 아니다. "앞으로 무슨 일이 생길까?"라는 질문도 하게 된다. 오늘이 월든 호수의 마지막 장이 아니고 월든 호수가 존재하는 한 우리가 살면서 쌓아놓은 퇴적물 위로 계속해서 새로운 퇴적물이 쌓일 것이다. 꾹꾹 눌러가며 쌓이는 퇴적물이 현재 월든 호수의 수면에 닿으려면 31미터가 남았다. 퇴적물이 모두 쌓이면, 수만 년 전에 끝난 마지막 빙하기 이후의 긴 역사처럼 보이던 부분도 책의 첫 장에 지나지 않는 것처럼 보이게 될 것이다.

당신이 이 책을 읽는 동안에도 새로운 퇴적물이 우리 세기가 전 세계의 호수 바닥에 남긴 기록들을 덮어서 우리가 알고 있는 세상의 이야기를 미래의 기억으로 바꾸고 있다. 그런 퇴적물 위에 지금 무엇이 새겨지고 있는지를 직접 볼 수 있다면 우리는 과연 무엇을 찾게 될까? 이 경우는 코어를 상상해볼 필요가 없다. 이미 살펴볼 수 있는 코어가 있으니까. 우리가 월든 호수에서 채취한 코어가 바로 그것이다.

손가락에 살짝 묻혀본 월든 호수의 진흙에는 화려한 규조류, 황조류의 유리질 박편, 황금색 꽃가루 알갱이가 수백만 개 들어 있다. 진흙 표본을 현미경으로 관찰하는 일은 해변에서 미세한 조개 화석을 찾는 일과 비슷하다. 국립과학재단의 지원을 받는 우리 연구의 주요 대상은 규조류이고 주목적은 규조류를 이용해서 과거 기후와 수질을 밝히는 것이다.

식물처럼 빛을 이용해서 영양분을 만드는 규조류는 물속에서 떠다니는 플랑크톤과 달리 바닥에서 생활하기 때문에 햇빛이 충분히 닿는 얕은 물가에서만 산다. 호수 수면이 낮아지면 얕은 물가가 좀더 분지의 중심 쪽으로 이동하기 때문에 코어를 채취하는 곳에 있는 진흙에서는 호수 바닥에서 서식하는 생물과 플랑크톤들이 한데 섞이게 된다. 긴 코어의 꼭대기에서 50센티미터에서 65센티미터 아래 지점에 얕은 물에 사는 규조류가 들어 있다는 사실은, 기원후 1100년부터 1300년 사이에 월든 호수의 수면이 크게 낮아질 정도의 극심한 가뭄이 수십 년 동안이나 지속되었다는 뜻이다. 지금은 아주 가끔씩만 모습을 드러내는 소로 호숫가의 모래톱이 그때는 수년 동안 사라지지 않는 고정된 특징이었던 것이다. 오늘을 살아가는 우리에게 더욱 중요한 사실은 당시 월든 호숫가에서 있었던 긴 시간 지속된 가뭄은 "중세 온난기" 또는 "중세 기후 이상 현상"이라고 부르는 시기에 일어났다는 점이다. 이와는 대조적으로 기후 모형은 대부분 사람이 배출하는 탄소 때문에 이 행성이 장차 따뜻해지는 동안에도 뉴잉글랜드 지방은 건조해지지 않고 습해질 것이라고 예측한다. 호수의 역사와 컴퓨터 모형 간의 이런 분명한 차이는 사람이 야기하는 온난화 때문에 이 세상이 다시 더워지는 동안, 월든 호수 지역의 기후는 예측할 수 없는 방향으로 나아갈 수도 있다는 뜻이다.

월든 호수에서 맨 처음 코어를 채취한 과학자들은 18세기와 19세기에 쌓인 퇴적물에서, 떡갈나무와 소나무 꽃가루 외에 유럽돼지풀의 꽃가루와 철도 옆에 지은 이민자들의 판잣집과 숲에서 난 불이 남긴 숯을 찾아냈다. 호숫가에서 쓸려간 실트(모래보다 미세하고 점토보다 거친 토양 입자/옮긴이)는 그곳에서 사람들이 나무를 베고 집을 짓고 농사를 지었음을 말해준다. 그러나 소로의 오두막이 있었을 때, 호수 바닥에 가라앉은 플랑크톤성 규조류의 잔해는 그보다 1,000년은 더 전에 가라앉은 규조류들과 아주 많이 닮았다.

과학자로서 내가 코어를 연구할 때에 소로 시대의 진흙이나 다른 시대의 진흙을 동일하게 취급하는 것이 당연하다. 그러나 소로 시대의 진흙으로 현미경 표본을 만들고 1,000배율 렌즈를 이리저리 돌리면서 초점을 맞출 때면 왠지 특별한 감정이 느껴진다. 소로 시대의 진흙 표본을 마지막으로 들여다보았을 때는 밝은 원반 위에 눈송이처럼 흩뿌려져 있는 아름다운 기하학 무늬를 보았다. 그럴 때에 현미경 렌즈는 소로가 알고 있는 월든 호수로 나를 데려다주는 시간 여행을 하는 통로가 되어준다.

코어에서 찾을 수 있는 규조류 가운데 내가 가장 좋아하는 종은 가장 쉽게 발견할 수 있는 종이기도 하다. 디스코스텔라(*Discostella*)의 껍데기(피각[frustule])는 가장자리에 미세한 줄무늬가 있고 중심에는 별이 폭발하는 것 같은 계란형 무늬가 있는 것이 마치 작은 유리 단추처럼 보인다(그래서 명칭도 "원반 항성[disc-star]"이다). 진흙 속에 묻혀 있는 이 사랑스러운 원반은 한때 살아 있는 세포를 담고 있던 이산화규소 상자의 뚜껑이거나 밑바닥이다. 내 눈으로 직접 보고 있는 규조류는 150년도 전에 월든 호수를 떠돌던 플랑크톤으로, 자신의 황갈색 색소에 19세기에 지구로 내려온 햇빛을 담아서 물과 공기, 무기질을 전혀 다른 물질로 바꾼 생명들이다. 바로 이 규조류들이 소로가 저은 노에 휩쓸려서 빙글빙글 돌거나 그가 『월든』에서 묘사한 물그림자 밑에서 떠다니고 있었는지도 모르겠다.

코어의 표면에서 몇 센티미터 정도를 차지하는 가장 윗부분에는 전혀 다른 플랑크톤들이 있다. "소로 시대" 표본을 치우고 1930년대 후반에 쌓인 퇴적물 표본을 보자, 이번에는 별돌말과 시네드라가 주로 보였다. 두 규조류도 유리질 껍데기를 가지고 있지만 디스코스텔라와 달리, 끝부분에 마디가 있는 보행용 지팡이와 이쑤시개처럼 생긴 이 규조류들은 상당히 수수해 보인다. 크로퍼드 호수에서 그랬듯이 이런 규조류들은 월든 호수의 부영양화 오염과 관계가 있으며, 이들이 코어에서 갑자기 모습을 드러냈다는 사실은 1939년에 에드워드 디비가 수영 가능 구역의 수질이 뿌옇게 흐려졌다고 기록한 내용과 일치한다.

1930년대에 자동차가 증가하고 찾아오는 사람이 늘어나면서 월든 호수는 바크스데일 메이너드가 『월든 호수: 역사(*Walden Pond : A History*)』에서 묘사한 것처럼 "보스턴과 보스턴 교외 사람들을 위한 공중목욕탕"이 되어버렸다. 샤워장이나 인근 화장실에서 흘러든 수

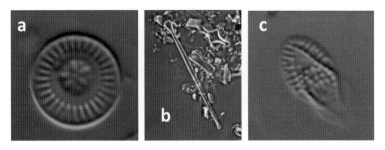

월든 호수의 퇴적물 코어에 들어 있는 미화석(微化石). 왼쪽 : 디스코스텔라,
가운데 : 별돌말, 오른쪽 : 황조류 박편(사진 : 커트 스테이저)

영하러 온 사람들의 배설물, 주변 마을의 쓰레기장을 뒤지고 날아온
갈매기들의 배설물, 쉽게 침식되는 호수 옆면을 빙 둘러서 만든 인도
에서 떨어져 나온 토양 같은 영양분들이 호수로 흘러들었다. 1957년
에는 미들섹스 카운티 공무원들이 수영이 가능한 지역을 정비한다며
호숫가 주변의 나무를 베고 호숫가 주변의 경사면을 불도저로 밀어
버리자 엄청난 양의 영양분이 호수로 쏟아지면서 월든 호수를 사랑
하는 사람들의 분노를 일으켰다. 살충제 로테논을 투여하고 낚시용
물고기를 방류하면서 월든 호수에는 더욱더 많은 쓰레기가 쌓였고
먹이사슬이 망가지면서 더욱 많은 조류가 증식하게 되었다.

　수영을 하러 온 사람들을 교육하고 콩코드 쓰레기 매립지를 폐쇄
하는 등, 월든 호숫가를 보존하고 다시 식물을 심으려는 노력을 하자
호수를 망가뜨리던 최악의 환경은 조금씩 개선될 수 있었고 1970년
대를 기점으로 코어에서 보이던 별돌말과 시네드라는 그 수가 거의
일정하게 유지되고 있다. 니텔라 수초지가 사람에게서 나온 인을 다
량 흡수해서 부양 조류가 증식하는 상황을 막아주고는 있지만, 이

또한 월든 호수가 보이는 것보다 훨씬 더 심각한 영양 과잉 상태에 처해 있음을 의미할 수도 있다. 여름이면 호수 깊은 곳에 있는 분지의 산소 농도가 낮아진다는 사실은 플랑크톤의 수가 조금만 증가해도 폭발할 가능성이 있는 시한폭탄을 안고 있다는 뜻이다. 미래의 월든 호수 지킴이들이 니텔라 수초지를 낚시 미끼를 잡아채는 골치 아픈 수초로 볼 것인지, 생태계를 함께 지키는 동맹자로 볼 것인지, 그리고 사람의 활동에 의지하는 번식력 강한 플랑크톤 군집이 크로퍼드 호수에서처럼 영구적인 호수의 일원이 될 것인지는 오직 시간만이 말해줄 수 있을 것이다.

지난 몇십 년간 쌓인 퇴적물에는 황조류의 잔해가 이상할 정도로 많이 들어 있다. 황조류도 규조류처럼 황갈색이며 빛을 이용해서 영양분을 생성하지만 채찍처럼 생긴 편모(鞭毛)가 있기 때문에 무겁고 운동성이 없어서 바닥으로 가라앉는 다른 조류들과는 달리 주로 햇빛이 도달하는 따뜻한 위쪽에서 생활한다. 황조류는 전 세계적으로 많은 호수에서 그 수가 점점 더 늘어나고 있는데, 그 이유를 지구 온난화 때문에 길어진 여름에서 찾는 과학자도 있다. 기후변화도 최근에 월든 호수에서 황조류가 증식하게 된 이유일 수 있지만, 사람이 월든 호수에 미치는 영향이 다양하고 복잡해지면서 여러 가지 요소들이 상충된 효과를 불러오기도 했다. 예를 들면 1968년에 살충제를 살포하면서 물고기가 집단 폐사하고 얼마 지나지 않아서 황조류가 급증했는데, 황조류가 급증한 주요 원인이 기후변화 때문인지 먹이사슬 효과 때문인지는 정확하게 판단하기 어려우며, 이 때문에 앞으로 호수에 생길 변화도 정확하게 예측하기 어렵다.

월든 호수에서 일어난 황조류 증가 현상은 시기적으로나 특징적으로 아주 독특하고, 지난 1,500년간 월든 호수의 퇴적물에 기록된 그 어떤 사건보다 극적이지만 사실 다른 호수에서도 같은 일이 일어나고 있다. 오늘날 많은 호수에서 일어나고 있는 영양분 오염, 외래종 침입, 생물 멸종, 토양 침식 등의 현상은 지질학적 과거에 있었던 몇 가지 아주 극적인 환경 파괴 현상에 맞먹을 정도로 심각하다. 현대 지구의 수중 퇴적물이라는 자연환경에서 나타나는 독특한 특성은 현생 지질시대를 지칭하는 "인류세"가 만들어내는 특징이라는 사실에 동의하는 과학자가 날로 늘고 있다. 그러나 인류세가 언제 어떻게 시작되었는지에 관해서는 과학자마다 의견이 다르다.

빙하기가 끝난 뒤에 거대 포유류가 멸종한 시기를 인류세의 시작이라고 생각하는 과학자도 있다. 그러나 거대 포유류의 멸종 원인을 둘러싼 논쟁에 대해서는 아직도 결론을 내리지 못하고 있다. 더구나 아프리카 대륙에는 아직도 거대 포유류가 살고 있으니 거대 포유류 멸종 사건은 전 지구적이라고 볼 수 없으며, 거대 포유류가 사라진 기간도 수세기에 걸쳐 있기 때문에 지질 기록이 어느 시기에 갑작스럽게 단절되었다고 볼 수도 없다.

1만 년쯤 전에 중동 지방에서 농사를 짓기 시작했을 때를 인류세의 시작이라고 보는 과학자도 있다. 마야 점토나 크로퍼드 호수의 퇴적물이 증언하듯이 농업이 전 세계로 확장되면서 산림이 훼손되고 토양이 침식되고 도시 문화가 환경을 바꾸었다. 그러나 이런 변화들도 거대 포유류의 멸종처럼 전 세계에서 동시다발적으로 일어나 단일 사건은 아니다.

2015년에 영국의 지구과학자 사이먼 루이스와 마크 마슬린은 인류세의 시작 시기를 두 사건 가운데 하나로 "확정할" 수 있을 것이라고 주장했다. 하나는 1600년대 초반에 북극의 얼음 코어의 이산화탄소 농도가 급감한 사건으로, 이는 매사추세츠 부족을 비롯한 수백만 명이 넘는 아메리카 대륙의 원주민이 외부에서 들어온 질병 때문에 사망한 시기와 일치한다. 두 과학자는 농부들이 사망하면서 기존 경작지가 다시 숲으로 돌아가자 새로 생긴 숲이 이산화탄소를 흡수해서 결국 대기 중의 이산화탄소 함유량이 줄어들었다고 했다.

인류세 시작 시기의 두 번째 후보는 1960년대 초반이다. 이때 지구는 냉전 기간 동안 진행된 열원자력 무기 실험 때문에 대기가 방사성 낙진으로 심하게 오염되어 있었다. 이 시기에 쌓인 호수 퇴적물에는 전 세계적으로 세슘137이 많이 들어 있어서 이미 과학자들은 퇴적물 코어에 들어 있는 세슘의 양으로 연대를 추정했는데, 우리도 월든 호수에서 연대를 측정할 때에 세슘 원자를 이용했다. 우리가 채취한 긴 코어의 표면에서 10센티미터 아랫부분에는 방사성 원소가 비정상적으로 많이 함유되어 있다. 이 부분에 들어 있는 동위원소를 분석해준 미네소타 박물관의 한 공학자는 방사능 동위원소가 호수 퇴적물에 쌓인 시기를 인류세가 시작된 시기라고 확정할 수는 없다고 하더라도, 이 시기는 원자력시대가 시작되었음을 알리는 분명한 신호가 되는 때라고 했다. 왜냐하면 이때부터 지구에 사는 한 생물종이 이전까지 지구의 역사에는 없었던, 전적으로 다른 쓰레기를 만들어내기 시작했기 때문이다. 사람은 기존에 있던 원소들을 그저 재배열한 것이 아니라 인공으로 만든 항성의 격렬한 심장부에서 새로운 원자를 만들어냈다.

캐나다의 생태학자 알렉스 울프 연구팀은 최근에 전 세계의 오지에 있는 호수 코어에서 나타나는 다양한 변화를 요약 발표했다. 화석연료와 인공 비료를 사용하는 생활 방식이 현재 전 세계 질소 순환 방식에 가장 큰 영향을 미치고 있기 때문에 최근 호수에 쌓인 퇴적물은 사람들이 만든 질소화합물로 가득 차 있다. 얼마 전부터 여름이면 얼음이 사라져버리는 북극 호수에서는 수천 년 만에 처음으로 퇴적물에 흔적을 남기는 플랑크톤성 규조류가 증식하고 있다. 이는 최근에 진행되고 있는 온난화가 자연스러운 기후변화의 주기에 따른 결과가 아니라 이상 현상 때문에 일어나는 것이라는 강력한 증거이다. 캐나다 앨버타 주에서부터 안데스 산맥에 이르기까지 고위도에 있는 호수에 황조류가 증가하고 있는 이유는 질소 오염과 지구온난화가 함께 작용한 결과라고 여겨진다.

우리가 자연계에 엄청난 영향력을 행사하는 이유는 우리가 자연과 깊은 관계를 맺고 있기 때문이다. 불행하게도, 자연의 그림자를 비추는 호수 표면이 그 깊은 내면을 가리고 있는 것처럼 우리가 가진 감각의 한계가 그 같은 관계를 감춰버릴 때가 너무나도 많다. 우리는 공기와 물, 토양과 다양한 유기체를 이루고 있는 원자들이 우리 몸을 이루고 있음을 깨닫지 못할 때가 너무 많으며, 원자들이 우리를 쓰레기라고 여긴다면 어떤 일이 벌어지게 될지도 알아채지 못한다. 그러나 우리가 정확하게 인지하고 있는지와 상관없이 우리보다 앞선 사람들이 그러했고 우리 뒤에 올 사람들이 그렇듯이 원자는 우리를 지구의 모든 생명체, 그리고 지구와 연결해준다. 우리와 다른 모든 존

(사진 : 커트 스테이저)

재가 원자로 연결된다는 사실을 깨닫고 존중하는 일이야말로 인류세가 지속되는 동안 인류가 풀어나가야 할 수많은 과제들 가운데 하나가 될 것이다.

12월의 오후, 내가 소로 호숫가의 모래톱을 떠날 준비를 하고 있을 때, 옅은 구름이 조용히 다가오더니 월든 호수를 덮었다. 나는 월든 호수에 작별 인사를 하려고 다시 한번 몸을 웅크리고 앉아서 거울 같은 호수에 손가락을 담갔다.

우리는 자연과 따로 떨어져 살 수 없다. 우리가 **바로** 자연이다. 호수의 눈으로 바라볼 때 우리는 고대에서 내려온 진리를 가장 분명하게 볼 수 있다.

2

삶의 물, 죽음의 물

/

"생물 공동체의 아름다움, 안정성, 진실성을 보존하는 데에
도움이 되는 일이라면 옳다. 그러나 그렇지 않다면 옳지 않다."
_ 알도 레오폴드, 『모래 군의 열두 달(A Sand County Almanac)』

1997년 9월의 아름다운 아침에 나는 뒤늦은 물놀이를 하기 위해서
카누를 타고 블랙 호수로 나갔다. 블랙 호수는 뉴욕 주 북부의 애디
론댁 산맥에 자리한 한적한 호수로 우리 집에서 가까운 곳에 있다.
호수 주변에 있는 숲에서는 단풍나무와 자작나무의 잎이 붉은색, 주
황색, 금색으로 바뀌고 있었고 시원한 바람은 상쾌하고 산뜻했고 하
늘은 구름한 점 없는 진한 파란색이었다. 숲과 하늘의 색이 호수 위
에서 한데 섞였고, 노란퍼치(농엇과 민물고기/옮긴이)가 카누 옆으
로 물보라를 일으키면서 요란하게 수면 위로 뛰어올랐다. 이전에도
갑자기 나타난 곤충을 잡아먹으려고 튀어오르는 물고기를 본 적은
많았지만, 이 퍼치들은 사냥을 하는 물고기들이 아니었다. 죽어가는
물고기였다.

옐로스톤 국립공원, 요세미티 국립공원, 글레이셔 국립공원, 그랜
드 캐니언 국립공원을 모두 합한 것보다 더 큰 애디론댁 주립공원은
미국 본토에서 가장 큰 공원으로 전체 넓이가 600만 에이커에 달한

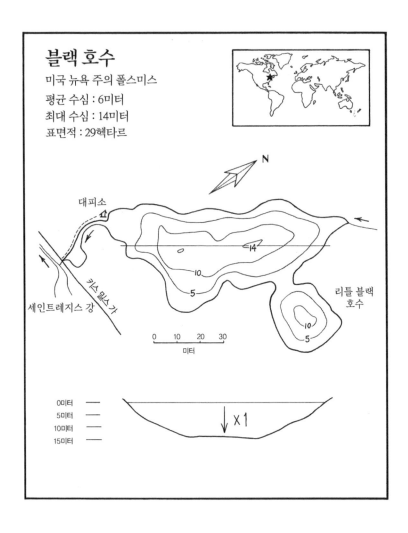

블랙 호수

미국 뉴욕 주의 폴스미스
평균 수심 : 6미터
최대 수심 : 14미터
표면적 : 29헥타르

N

대피소

세인트레지스 강

키스밀스가

리틀 블랙
호수

0   10   20   30
미터

0미터 —
5미터 —
10미터 —
15미터 —

↓ X 1

다. 고대 사장암 위에 넓게 펼쳐진 이 울창한 공원은 험준한 봉우리
와 수많은 호수로도 유명하지만 호수가 직면한 생태 문제로도 유명
하다. 1980년대에 산성비 때문에 심각한 피해를 입은 애디론댁 주립
공원에서는 산성비의 원인과 결과를 규명하기 위한 연구를 신행했
다. 그러나 산성비와의 투쟁이 감동적이면서도 교육적인 성공 스토

리로 소개되기 전에 기후변화에 관한 기사가 미국 전역에서 신문 1면을 차지해버렸다. 이 때문에 과학자들은 아직도 내가 애디론댁 호수를 연구하고 있다는 것을 알게 되면 "거기 산성비 어때요?"라는 질문을 많이 한다.

그러나 블랙 호수에서 죽어가는 퍼치는 먼 곳에 있는 굴뚝과 배기관에 희생된 것이 아니다. 애디론댁 주립공원의 물과 생물 서식지를 보호할 책임이 있는 뉴욕 주립환경보존국(DEC)에서 독약을 살포했기 때문에 죽어가고 있는 것이다.

사실 블랙 호수 이야기는 모두 호수와 지구를 보살피려는 여러 가지 노력들이 어떤 식으로 충돌하고 있는지를 잘 보여준다. 이 충돌은 단순히 선과 악으로 나눌 수 있는 충돌이 아니다. 모든 충돌 당사자들은 호수에 엄청난 애정을 가지고 있으며 스스로를 "좋은 사람들"이라고 생각한다. 바로 이 때문에 극적이면서도 비극적인 이야기가 만들어진다. 그곳에 있기를 원하지 않는 생물종을 제거하겠다는 목적으로 로테논 같은 살충제를 뿌려서 물고기를 죽이는 행위는 누군가에게는 필요한 악이고 또다른 누군가에게는 명백한 악이다. 1987년에 애디론댁 산맥으로 이사를 온 뒤부터 나는 이 논쟁을 지켜보았는데, 가끔은 내가 두 진영의 폭격을 동시에 맞을 때도 있었다. 이제부터 그 이야기를 하면서 퍼치를 죽이는 것이 옳은지, 죽일 때는 어떤 방법을 사용해야 하는지 같은 문제보다 우리의 미래에 훨씬 더 근본적인 영향을 미치리라고 믿는 문제를 함께 살펴볼 생각이다. 바로 사람의 시대에 우리가 자연에서 어떤 위치를 차지하고 있는지를 이해하는 문제 말이다.

삶이 있는 곳에는 언제나 죽음이 있으며 삶과 죽음이 한데 뒤섞여서 우리가 생태계라고 부르는 존재의 사슬을 만든다. 사람들은 그 사실을 어느 정도는 알고 있지만 우리 사회가 점점 더 도시화되고 구획화되면서 우리가 지구라는 직물과 연결되어 있다는 사실을 쉽게 잊고 만다. 현대 과학과 기술이 우리가 자연과 분리되어 있다는 망상을 기르는 데에 상당한 역할을 했지만, 모든 생명체가 공유하고 있는 구성 성분인 원자를 비롯해서 우리 조상들은 상상만 할 수 있었던 자연과의 관계를 밝혀내기도 했다.

그러나 우리 가운데에 상당수는 원자라는 개념이 너무 새롭고도 낯설어서 우리가 원자로 이루어져 있다는 사실을 충분히 이해하지 못하고 있는데, 우리가 자연과 연결되어 있지 않은 것처럼 보인다면 그 이유는 대체적으로 우리와 자연을 잇는 개별 원자들이 너무 작아서 쉽게 볼 수 없다는 데에 있다. 하지만 우리가 그 입자들에 관해서 더욱 잘 알게 되면 원자의 눈으로 일상생활을 하면서 원자를 좀더 분명하게 인식할 수 있는 방법을 배울 수 있을 것이다.

따뜻했던 2016년 여름에는 블랙 호수에서 그런 관계를 많이 찾아냈다. 그때 나는 모든 생태계에 적용할 수 있는 세 가지 단계별 질문을 활용했다.

그곳에는 누가 사는가?

그들을 구성하는 원소는 어디에서 왔는가?

그들을 구성하는 원소는 앞으로 어디로 갈 것인가?

폴스미스 대학에 있는 집무실에서부터 블랙 호수에서 로어세인트레지스 호수의 배출구로 물이 나가는 지점에 있는 흙이 깔린 주차장까지는 차를 타고 구불구불한 시골길을 조금만 달리면 도착한다. 강과 호수를 가로막은 댐 때문에 강에 사는 물고기가 호수로 헤엄쳐서 들어올 수 없고 1997년에 마지막으로 살포한 로테논도 해독되지 않고 있다. 블랙 호수 주차장 옆에는 블랙 호수가 뉴욕 주립환경보존국에서 다른 곳에 치어를 방류해서 기를 수 있도록 애디론댁 민물송어 고유종의 난자와 정자를 채집하는 장소라고 적힌 표지판이 있다. 표지판에는 아주 작은 글씨로 애디론댁 민물송어는 한 사람당 두세 마리까지만 잡을 수 있다고 적혀 있다. 그러나 이제는 민물송어 낚시 규칙을 읽고 가는 사람은 없다. 이곳은 가뭄 때문에 수위가 아주 낮아져서 동력 장치가 없는 배만 탈 수 있는데, 얕은 하구에서 배를 타고 블랙 호수로 올 수 있는 방법은 없다. 나는 배를 타지 않고 숲속에 나 있는 400미터 길이의 산책로를 걸어서 호수로 갔다.

강의 하구도 일부가 댐에 막혀서 물이 흐르지 않았기 때문에 시내라기보다는 가느다란 연못처럼 바뀌어 있었다. 강가에는 흰색 수련과 꿀 냄새가 나는 자주색 물옥잠이 잔뜩 피어 있었고 곤충이 부지런히 움직이고 있었다. 강의 왼쪽에는 마지막 빙하가 남기고 간 가파르고 나무가 우거진 산등성이가 있었고, 하구 반대편으로 15미터 떨어진 곳에는 같은 빙하에 의해서 매끄럽게 다듬어진 사장암 노두(암석이나 지층이 지표면 밖으로 드러난 부분/옮긴이)가 물과 물에 비치는 물그림자와 맞닿아 있었다. 물맴이와 소금쟁이가 거울 같은 수면에 빗방울 같은 파문을 일으켰다. 호숫가 가까이 있는 얕은 물은 부드러운 바닥을 헤엄쳐 다니는 흙색 피라미가 보일 정도로 아주 맑았다. 그 맑음을 훼손하는 것은 오직 피라미의 그림자뿐이었다. 이런

블랙 호수(사진 : 커트 스테이저)

풍경 속에는 1950년대부터 지금까지 로테논을 다섯 번이나 살포했음을 말해주는 흔적이 하나도 없었다.

몇 분 뒤에 나는 블랙 호수 바로 옆에 있는 통나무 대피소에 도착했다. 활엽수와 침엽수가 뒤섞여서 다양한 녹색을 더하고 있는 숲이 정확히 800미터 너비의 솔송나무 숲을 둘러싸고 있는 곳에 자리한 대피소였다. 나는 물가로 가서 그곳에서 보고 들을 수 있는 생명체 목록을 작성하기 시작했다.

물옥잠 사이에서 잠자리가 사냥을 하고 통통한 올챙이들이 바닥에서 쉬고 있는 동안, 호숫가에 난 사초과 식물 위에서는 개구리들이 낮게 혹은 높게 울고 내 뒤에 있는 솔송나무 숲에서는 은방울이 굴러가는 듯한 갈색지빠귀의 노랫소리가 들려왔다. 호숫가에서 좀더 떨어진 곳에서는, 이 시기면 얕은 물은 피라미에게 넘겨주고 좀더 시원한 깊은 물에 머무는 송어를 찾아서 물속으로 자맥질하는 아비가 보였다. 이 동물들은 모두 먹이를 찾고 있으니 그곳에 가면 분명히 더 작은 유기체도 볼 수 있을 것이다.

나는 물가로 좀더 다가가서 사초과 식물 사이에 있는 바위로 올라가서 손을 뻗었다. 반들반들한 녹색 개구리 한 마리가 날카로운 소리를 내더니 바위 밑에서 훌쩍 튀어나갔고, 덩달아 내 심장도 펄쩍 뛰었다. 나는 차가운 물에 깊숙이 손을 넣고 호수 바닥에 있던 나무껍질을 뒤집었다. 졸지에 몸이 노출된 다리가 많이 달린 등각류와 꼬리가 포크처럼 갈라진 하루살이 유충이 숨을 곳을 찾아서 야단법석을 떨었다. 들어올린 나무껍질을 좀더 가까이에서 들여다보자, 식물 속으로 더욱 깊숙이 숨으려고 빠르게 움직이는 양귀비씨만 한 크기의 아기 소금쟁이가 보였다. 모두 포식자들의 점심이 될 수 있는 생물들이었다.

수면 밑으로는 작은 생명체가 살고 있다는 징후가 조금도 보이지 않았다. 그러나 나는 그곳에 작은 생명체들이 살고 있음을 안다. 플랑크톤 그물에 걸린 모습으로 확인할 수 있기 때문이다. 나는 포식자들이 찾아내기 어렵도록 낮이면 훨씬 더 멀리 떨어진 호수 깊은 곳에서 여기저기 조금씩 무리를 지어서 모여 있는 동물성 플랑크톤을 상상해보았다.

초심자에게는 이 정도 목록으로 충분하다. 다음 질문을 위해서는 피라미를 골랐다. 이 작은 물고기를 구성하는 원소는 어디에서 온 것일까?

검은코데이스(blacknose dace)일 것 같은 이 피라미는 물에 사는 곤충의 유충이나 물에 떨어진 숲에 사는 곤충을 주로 먹고 살 것이다. 피라미의 입으로 들어간 곤충은 분자로 분해되어 혈관 속으로 들어가고 수많은 세포들 속으로 나누어져 들어간 뒤에 좀더 작게 나누어질 것이다. 그 분자를 이루는 원자들은 재배열되어서 효소로, 호르몬으로, 체지방으로, 비늘로, 어쨌거나 피라미에게 필요한 형태로 바뀔 것이다. 그런 과정을 거치면서 물과 공중에 사는 다양한 곤충들이 피라미가 되어간다. 그저 은유적으로가 아니라 문자 그대로 말이다. 검은코데이스는 벌레들을 재활용해서 만들어진 생명체이다.

곤충의 살이 물고기의 살로 바뀔 수 있는 이유는 단 하나, 곤충과 물고기가 서로 교환할 수 있는 동일한 원소로 이루어져 있기 때문이다. 곤충과 물고기 모두 다시 조립해서 다른 모형을 끊임없이 만들 수 있는 일종의 레고 블록(원소)으로 이루어져 있다. 곤충과 물고기를 구성하는 몇 가지 레고 블록은 사람을 비롯한 블랙 호수 주변에 있는 모든 동물의 구성 원소이기도 하다. 이 놀라운 사실이야말로 우리가 자연과 분리되어 있다는 생각을 잠재우는 결정적인 증거이다. 우리 주위를 둘러싸고 있으며 우리를 구성하는 원자가 무엇인지를 알게 되면, 우리와 자연이 분리되어 있다는 생각은 자신을 구성하는 원소는 물과 전혀 관계가 없다는 만화 속 눈사람의 주장만큼이나 어리석은 주장임을 알게 될 것이다.

방금 검은코데이스의 입으로 들어간 먹이를 구성하는 원자 가운데 많은 수는 원래 규조류 같은 조류 덕분에 블랙 호수의 먹이사슬로 들어올 수 있었을 것이다. 나는 간신히 피라미가 재활용된 곤충일

뿐만 아니라 가공된 호수 찌꺼기라는 데까지 생각이 미쳤다. 그렇다면 조류 전에는 무엇이 있었을까? 아주 중요한 변화가 있었다. 무생물이 지구에 사는 생명체로 바뀌는 거의 기적에 가까운 변화가 있었던 것이다.

물속에 가라앉은 나뭇가지 주위를 보슬보슬하고 부드러운 녹색 조류가 감싸고 있었다. 좀더 가까이에서 물속을 들여다보자, 거미줄처럼 반짝거리는 얇은 실들이 보였다. 내 뒷목을 따갑게 만드는 햇살은 이 가느다란 실들이 물속에 녹아 있는 무기질과 기체를 흡수할 수 있도록 돕는다. 「구약성서」에 나오는 창조 이야기에서는 신이 젖은 퇴적물로 사람의 형상을 만들어서 숨을 불어넣자 첫 번째 사람이 되었다는 이야기가 나온다. 바로 이곳에 있는 조류에서도 비슷한 일이 벌어지고 있다. 조류에게서 시선을 거두고 잔잔한 호수의 수면에 비친 내 얼굴을 바라보자, 내 얼굴에서도 조류를 구성하는 공기와 물과 토양의 원소들이 보였다.

지구에 있는 모든 물의 환경, 땅의 환경이 그렇듯이 블랙 호수에서 살아가는 모든 생물도 원자를 공유함으로써 어느 정도는 연결되어 있다. 학자들이 생태학(ecology), 생태계(ecosystem), 경제(economy) 같은 용어를 만들 때에 그리스어로 거주지나 가족을 의미하는 오이코스(oikos)에서 온 접두사 "eco"를 떠올린 것은 이런 상호연결성 때문이다. 과학자들은 생명체와 주변 환경이 주고받는 물질과 에너지의 흐름을 묘사할 때, 그리스어로 "영양분을 주는 존재, 혹은 먹이는 존재"를 뜻하는 트로포스(trophos)를 많이 쓴다. 조류와 식물은 무생물 재료를 가지고 자기 몸을 만든다. 그래서 독립영양생물(autotroph)이라고 부른다. 동물은 영양분을 직접 만들지 못하고 다른 생명체의 에너지와 원소를 취하기 때문에 종속영양생물(heterotroph)이라고 한다. 먹는다는 행위는 다른 생물의 몸을 강탈하는 일이다. 사람이 먹는 음식도 다른 생명체의 몸을 구성하는 부분이라고 분류할 수 있다.

다른 언어보다 훨씬 더 분명하게, 식사를 뜻하는 단어에 오이코스와 트로포스라는 의미가 들어 있는 언어도 있다. 스와힐리어(예로부터 아프리카 대륙 동부에서 쓰는 역사적인 상업 언어)로는 야생동물을 냐마(nyama)라고 부르는데, 고기를 뜻하는 말이기도 하다. 이와는 대조적으로 영어 사용자들은 음식을 가리키는 단어를 통해서 실제 의미를 숨기는 경우가 많다. 많은 사람들에게 치킨이라는 단어는 새의 이름이거나 그 새의 근육 조직이 아니라 "치맥" 같은 단어로 말할 수 있는 아무 의미 없는 무생물적인 요소, 슈퍼마켓에서 살 수 있는 포장된 재료나 배달해서 먹을 수 있는 음식의 이름일 뿐이다. 돼지의 근육은 "양지"나 "안심"이라는 이름으로 포장되며, "유제품"은 좁은 곳에 갇혀서 젖을 쥐어 짜이는 소가 아니라 그저 냉장고에서 꺼낼 수 있는 흰색 물질이 된다.

그런 불성실한 단어는 메뉴판에서나 식료품점에서 판매하는 음식의 이름을 너무나도 평이하게 만들 뿐만 아니라 아주 중요한 사실을 반영하기도 한다. 우리를 구성하는 원소가 다른 생명체들과 관계가 있음을 의도적으로 가리기 때문에 다른 생명체들과 우리의 연결점을 깨닫기가 더욱 힘들어진다는 사실 말이다. 먹고 마시는 일이 생태학적으로 어떤 중요한 의미가 있는지를 알지 못하는 삶은 자연은 물론 현실과도 멀어진다.

블랙 호수를 구성하는 생물의 다양성은 움직이는 부품들이 뒤섞여 있는 것처럼 보일 수 있지만 여기에는 생태계와 경제에 모두 똑같이 적용되는 기본 구조가 있다. 한 계(系)가 지속되려면 그 계가 작동하고 유지될 수 있도록 누군가는 계속해서 원료를 공급해야 한다. 공기와 물, 무기질, 햇빛을 가지고 직접 자원을 만들 수 없는 동물들은, 먹이사슬을 지탱하는 중요한 근원인 조류, 시아노박테리아, 식물과 같은 생명체에게 의존할 수밖에 없다. 독립영양생물이 왕성하게 서식하는 장소에서는 트로포스라는 용어가 훨씬 더 일반적인 의미로 쓰인다. 호소학자들은 조류와 식물이 많이 서식하는 호수를 부영양화(영양소가 풍부한) 상태의 호수라고 하고, 이보다는 덜 생산적이면서 깨끗한 호수를 빈영양화(oligotrophic) 상태의 호수 또는 중강중영양화(middling mesotrophic) 상태의 호수라고 한다.

블랙 호수의 생명 공동체는 호수 바닥에 있는 조류에서, 플랑크톤에서, 얕은 물에서 서식하는 물옥잠에서, 심지어 주변 숲에서도 모습을 드러낸다. 호수는 주변 환경과 밀접하게 연결되어 있으며, 토양과 기반암, 낙엽, 썩어가는 통나무, 공중에서 날아온 꽃가루, 새나 개구리, 물고기가 먹은 뒤에 배설한 육지 곤충의 원자가 블랙 호수의 수중 영양 그물(trophic web)에 영양분을 제공한다. 물질과 에너지는 숲으로도 다시 흘러든다. 숲에 사는 새들 가운데에는 에너지 필요량의 25퍼센트에서 50퍼센트 정도를 육지 생활과 수중 생활을 모두 하는 곤충에게서 얻는 종이 있으며, 갈색지빠귀는 결국 죽어서 배고픈 나무 뿌리나 야생화 뿌리를 위해서 자신의 원자를 방출하기 전까지는 자신의 깃털 안에 수생 곤충의 원자를 품고 다닌다.

물그림자가 비치는 블랙 호수 하구(사진 : 커트 스테이저)

    내가 예를 들어서 설명한 검은코데이스의 구성원자들이 어디로
갈 것인지에 관한 질문에는 송어나 아비가 다음 목적지일 가능성이
크다고 하겠다. 나중에 수면이 상승해서 낚시꾼들이 다시 블랙 호수
로 온다면 물고기를 구성하는 원자들 중의 일부는 사람의 몸을 구성
하는 데에 쓰일 것이다. 블랙 호수에 있는 동안 낚시꾼이 들이마시는
공기에는 물 밑에서 조류가 만들어낸 산소가 포함되어 있을 것이며,
낚시꾼이 잡으려고 애쓰는 물고기도 조류가 만든 산소의 일부를 들
이마실 것이다. 물고기의 세포로 들어간 산소는 대사수로 합성된 뒤
에 숨을 쉴 때마다 함께 나와서 아마도 호수로 되돌아갈 것이다.
유기체를 이루는 원자들은 결국 소화되거나 분해되기 전까지는 어
떤 존재의 일부이며, 소화되고 분해된 뒤에는 독립영양생물인 문지

기들이 다시 한데 모아서 유기체의 영역으로 되돌리기도 한다. 개별 개체는 이 세상에 왔다가 가지만 훨씬 더 넓게 퍼지는 원자적 자아 (atomic self)는 사실상 영원히 죽지 않는다.

원자와 빛은 생명이라는 직물을 생명이 살고 있는 행성과 그 행성이 속한 항성과 이어준다. 이 오래된 진리가 자연주의자 존 뮤어에게 "우리가 무엇인가를 단독으로 뽑아내려고 할 때마다 이 우주에서는 모든 것이 연결되어 있다는 사실을 알게 된다"라는 글을 쓰게 했다. 지구에 있는 호수 대부분이 그렇듯이, 이제는 지구 생태계에 가장 많은 영향을 미치는 구성원 가운데 하나인 호모 사피엔스는 여러 가지 방법으로 애디론댁 산맥 호수의 영양 그물 형태를 결정하고 있다.

블랙 호수는 주변 숲과 토양에서 씻겨온 타닌 같은 탄소화합물 때문에 보통 갈색을 띠어서 안개가 끼는 아침이면 마치 김이 모락모락 나는 포레스트 티처럼 보인다. 그러나 1990년대 초반에는 시아노박테리아 때문에 호숫물은 완두콩 같은 초록색이었다. 식물이나 조류처럼 시아노박테리아도 태양 에너지를 이용하는 독립영양생물로 호수의 먹이사슬에 절실히 필요한 유용한 물질을 많이 만든다. 그러나 아나바에나(*Anabaena*)의 경우에는 좋은 물질을 지나치게 많이 만들어서 물고기를 비롯한 다른 수생생물들을 곤란하게 만들 수도 있다.

남조류인 시아노박테리아가 호수에서 지나치게 많이 번성하면 그 뿌연 표면 아래에서 쏟아져 내리는 부패한 세포를 맞으며 살고 있는 다른 박테리아들이 너무나 많은 산소를 소비하기 때문에 물고기들은 표면으로 밀려 올라오거나 질식해서 죽는다. 아나바에나는 자신을 보호하기 위해서 플랑크톤을 먹는 포식자들을 병들게 하거나 죽일 수 있는 독성물질을 분비하므로, 아나바에나가 많은 호수에서는 불쾌한 냄새나 맛이 날 수 있다. 사람들이 즐겨 찾는 호수에서 아나바에나가 지나치게 많이 번식하면 그 호숫물은 마실 수도 없고, 심지어 수영도 하지 못하게 될 가능성이 크다.

아나바에나가 지나치게 증식하면 남조류들은 집단행동을 하는데, 나는 그 행동을 로어세인트레지스 호수에 배를 타고 나갔다가 처음 목격했다. 어느 날, 나는 점심을 먹고 오후 수업이 시작될 때까지 상당히 많은 시간이 남아서 학교 배를 타고 아주 먼 호수로 나갔다가 돌아왔다. 호수를 가로질러 갈 때는 칙칙한 녹색이었던 물이 절반쯤 되돌아왔을 때에는 완전히 투명해져 있었다. 마치 미생물들이 서로 상의해서 숨어버리기로 결정한 것처럼 기이해 보이는 현상이었다. 나중에 나는 동료인 코리 랙슨에게서 그때 일어난 사건의 전모를 들을 수 있었다.

현미경으로 들여다보면 아나바에나는 마치 녹갈색 구슬을 꿴 목걸이처럼 보인다. 각 구슬은 광합성을 하는 세포가 들어 있는 작은 주머니(vesicle)로, 모두 기체가 채워져 있기 때문에 물 위에 떠 있을 수 있다. 이 공기주머니는 층을 이룬 따뜻한 수면에서는 유리한 점으로 작용한다. 특히 유리질 껍데기 때문에 무거워서 햇빛을 받아서 광합성을 하려면 물의 순환 작용의 도움을 받아야 하는 규조류와 경쟁할 때에 유리하게 작용한다. 그러나 햇살이 아주 밝은 날에는 광합성을 하는 세포에 당분이 과하게 쌓이기 때문에 공기주머니가 터질 수 있다. 공기주머니가 터지면 남조류는 수면 밑으로 가라앉아서 새로운 주머니가 생성될 때까지 기다려야 한다. 코리는 아나바에나가 사라진 이유에 관해서 남조류들이 특별한 의도가 있어서 다른 곳으로 이주한 것이 아니라, 동일한 외부 조건으로 인해서 한꺼번에 공기주머니에서 기체가 빠져나가면서 가라앉았기 때문이라고 했다.

블랙 호수가 시아노박테리아의 천국이 된 이유를 이해하려면 다른 식물성 플랑크톤보다 아나바에나의 생장에 특히 유리한 주요 원소 공급원이 무엇인지부터 파악해야 한다. 살아 있는 유기체에게는 다섯 가지 종류의 원자가 특히 많이 필요하다. 그 가운데 상위를 차지하는 세 가지 원소는 탄소, 수소, 산소이다. 이 원소들은 공기와 물에 풍부하게 들어 있기 때문에 어렵지 않게 구할 수 있다. 나머지 두 가지 원소는 인과 질소로, 이 원소들은 구하기가 훨씬 어렵기 때문에 흔히 호수를 녹색으로 물들이는 주범으로 지목되고 있다.

동물 같은 종속영양생물은 인과 질소를 다른 유기체에게서 얻지만 독립영양생물은 대부분 원재료를 가지고 훨씬 더 창의적인 방법으로 인과 질소를 획득해야 한다. 특별한 암석에서 천천히 흘러나오는 인은 생태계에서 가장 얻기 힘든 주요 구성 원소이다. 조류와 시아노박테리아는 땅 위를 흐르는 빗물이나 지하수, 노폐물, 썩은 세포를 만나기만 하면 용액 속에서 인을 빼낸다. 질소는 공기뿐만 아니라 호수의 물에도 풍부하게 들어 있는 기체 원소이지만, 이 질소를 "고정해서" 유기체가 쓸 수 있는 형태로 바꿀 수 있는 생명체는 몇몇 박테리아 종뿐이다. 아나바에나는 이형세포(heterocyst)라고 하는 구슬처럼 생긴 세포 속에서 질소를 고정한다. 결국 아나바에나는 살아

애디론댁 산맥의 부영양화된 호수에서 엄청나게 증식한 식물성 플랑크톤
(사진 : 커트 스테이저)

가는 데에 필요한 다섯 가지 필수원소 가운데 네 가지를 주변에 있는
물에서 직접 얻는다는 뜻이다. 따라서 호수에서 성장을 제한하는 마
지막 한계 원소인 인이 호수에 유입되면 플랑크톤 공동체는 질소 고
정 능력이 있는 시아노박테리아에게 왕좌를 넘겨주어야 한다.

  독일 화학자인 유스투스 폰 리비히는 생태계에서 생장을 제한하
는 이런 원소들의 역할을 처음으로 발견한 사람들 가운데 한 명이다.
19세기 중반에 리비히는 정원과 밭에서 자라는 식물의 생장은 구할
수 있는 전체 자원이 아니라 가장 희소한 자원이 결정한다고 주장했
다. 리비히의 "최소의 법칙(Law of the Minimum)"은, 생태계는 길이
가 다른 판자를 이어붙여서 만든 나무통과 같다고 설명하는 "리비히
의 물통(Liebig's barrel)" 개념 덕분에 널리 알려졌다. 리비히의 물통

에 물을 넣으면 물은 길이가 가장 짧은 판자의 높이까지만 채워진다. 많은 호수에서 인은 그런 가장 짧은 판자 역할을 한다.

그렇다면 블랙 호수의 그 많은 인은 어디에서 왔을까? 보통 호수에 흘러드는 인은 침식된 토양, 잔디밭이나 농장의 밭, 골프장에 뿌린 비료, 정화조에서 흘러든 액체, 아니면 월든 호수처럼 수영하는 사람들이 배설한 노폐물로부터 온다. 블랙 호수에서 몇 킬로미터 떨어진 새러낵 호수는, 문제를 바로잡기 전까지 뉴욕 주립환경보존국이 운영하는 물고기 부화장에서 오랫동안 호수의 지류에 폐수를 방류했기 때문에 넓은 지역에 시아노박테리아가 다량 증식했다. 그러나 블랙 호수에는 그런 식으로 인이 유입된 적이 없었다.

호수 바닥에 가라앉아 있는 퇴적물도 인 원자를 공급할 수 있다. 호수 바닥에 있는 물에 산소가 많이 녹아 있으면, 진흙 속에 들어 있는 철을 함유한 무기질이 산화되면서 그 밑으로 죽은 플랑크톤의 원소를 가두는 퇴적층이 형성된다. 길고 무더운 여름에는 층상 구조를 이루고 있는 호수 깊은 곳의 산소가 부족해질 수 있는데, 그럴 때면 산화된 무기질 층이 물속으로 녹아들면서 그 밑에 묻혀 있던 인이 물에 용해된다. 그러나 기후만이 유일한 원인이라면 같은 지역에 있는 다른 호수에도 블랙 호수처럼 아나바에나가 많이 증식해야 하는데, 다른 호수에서는 아나바에나 증식 현상이 나타나지 않는다.

나는 블랙 호수에 로테논을 여러 차례 살포했다는 사실을 알고, 남조류 증식을 유도했을 수도 있는 또다른 가능성이 생각났다. 물고기에는 인이 다량 들어 있어서 아메리카 원주민 농부들과 유럽에서 온 이주민들은 예로부터 물고기를 농작물에 천연비료로 뿌렸다. 썩은 물고기가 토양을 기름지게 만들 수 있다면 호수도 과도할 정도로 기름지게 만들 수 있지 않을까? 나중에는, 크로퍼드 호수에서 그랬던 것처럼 호수 바닥에 있는 퇴적물들은 긴 시간 동안 인이 먹이사슬을 순환하게 하는 공급원이 될 수도 있다.

이런 가능성을 염두에 두고 나는 로테논을 조사하기 시작했다. 로테논은 한 식물에서 추출한 물질로 만든 살충제로, 남아메리카 대륙 원주민은 아주 오래 전부터 이 물질을 식물에서 추출하여 시냇물에 집어넣고 수면으로 떠오르는 물고기를 잡는 데에 이용했다. 이 독성물질은 물고기의 아가미로 들어가서 혈관을 타고 다니면서 문제를 일으키지만, 사람처럼 아가미가 없는 생명체에는 어떠한 영향도 미치지 못했다. 호수에 살포한 로테논은 며칠 내지 몇 주일 정도면 분해되기 때문에 뉴욕 주립환경보존국은 대개 분해될 때까지 시간이 좀더 걸리는 서늘한 가을에 로테논을 호수에 뿌린다. 로테논을 가을에만 뿌리는 이유는 또 있다. 봄에는 양서류가 호수에서 알을 낳고 여름이면 아비가 새끼를 기를 수 있도록 호수에 많은 물고기들이 살아야 하기 때문이다. 또한 산책을 하거나 배를 타거나 낚시를 하는 사람들이 살충제를 살포한다는 사실을 알게 될 수도 있기 때문에 관광객이 많이 몰리는 여름에는 로테논을 뿌리지 않는다. 겨울이 끝날 무렵이 되면 로테논은 호수에 새로 자리를 잡은 물고기들에게 더는 위협이 되지 않는다.

로테논을 살포한다는 사실을 알고 있는 사람들은 그 정책을 옹호하거나 혐오한다는 정반대되는 입장을 취하는데, 논쟁하는 양쪽 모

윈드폴 호수에서 잡은 애디론댁 산맥의 고유종 민물송어(사진 : 커트 스테이저)

두 격한 감정으로 자기주장을 강하게 내세우고 있다. 로테논을 옹호
하는 사람들은 외래종은 고유종 물고기에게 위협이 되며, 로테논은
그 위협을 값싸고 효과적으로 물리칠 수 있는 방법이라고 말한다.
뉴욕 주립환경보존국은 외래 침입종에게서 호수를 되찾는다는 목표
를 강조하기 위해서 로테논 살포 행위를 "교정(reclamation)"이라고
부르며, 애디론댁 산맥의 호수들은 1950년대부터 지금까지 100번이
넘는 교정 치료를 받았다.

　뉴욕 주립환경보존국이 로테논을 살포한 이유는 원래 무지개송어
나 브라운송어 같은 인기 있는 외래종 낚시 물고기를 증식하려는 데
에 목적이 있었지만 이제는 민물송어 같은 고유종을 보호하려고 같
은 방법을 사용하고 있다. 지금까지 애디론댁 산맥에서만 볼 수 있는

독특한 유전자형을 가지고 있다고 알려진 생물은 모두 9종인데, 이들은 모두 황금잉어나 노던파이크 같은 외래종 경쟁자나 천적에게 위협을 받고 있다. 수질 문제, 기후 문제, 지나친 남획 또한 9종의 생존을 위태롭게 하고 있다. 로테논 옹호자들은 어장을 관리하는 사람들이 교정 노력을 하지 않는다면 고유종인 송어는 결국 생존하지 못할 것이라고 주장한다.

그 사람들의 반대편에 환경보호단체가 있다. 로테논을 반대하는 사람들은 대량 살상이라는 윤리적인 문제를 제기하며 로테논이 결국에는 생태계에 의도하지 않은 문제를 야기할 것이라고 말한다. 이 사람들은 야생 호수를 교정하는 일은 물 밑이 손상되고 있음을 숨기는 행위로, 숲을 개벌(모든 나무를 일시에 잘라내는 임목벌채 방법/옮긴이)하는 일과 같다고 했다. 환경보호단체는 호수를 교정했을 때, 호수의 전체 생태계가 받을 영향을 상세하게 연구한 자료는 거의 없으며 돈이 되는 낚시용 물고기만을 중점적으로 보존할 경우 다른 종에게 의도하지 않게 해를 미치거나 다른 종을 호수 생태계에서 사라지게 만들 수 있다고 주장한다.

이런 걱정들에 대한 근거가 없지는 않다. 반세기 전에 캐나다의 브리티시컬럼비아 주에 있는 드래곤 호수를 "회복(캐나다판 교정 행위)했을" 때, 어업 관계자들은 죽어서 떠오른 물고기들 사이에서 흰송어 2종을 찾아냈다. 과학계에서는 생소했던 이 2종은 모두 드래곤 호수에서만 서식하는 종인데 어쩌면 멸종 위기에 처해 있는 외중에 세상에 알려지세 된 최초의 물고기종일 수도 있다. 이와 마찬가지로 월든 호수를 관리하는 사람들 또한 월든 호수는 독특한 도밋과 물고기인 브림(bream)을 비롯해서 이곳만의 독특한 유전자형을 가진 생물종이 있다는 소로의 보고서를 무시하고, 낚시용 물고기 수를 늘리기 위하여 1968년에 독성물질을 호수에 살포했다.

나는 뉴욕 주립환경보존국이 다시 한번 블랙 호수를 교정하겠다는 계획을 세운 1997년에 이 문제에 더욱 깊이 관여하게 되었다. 뉴욕 주립환경보존국은 그 당시에 블랙 호수의 물고기계를 장악하고 있던 노란퍼치를 제거하고 블랙 호수의 고유종인 민물송어를 되살리기를 원했다. 노란퍼치가 애디론댁 산맥의 고지대에서 외래종으로 분류된 이유는 19세기에 고지대에서 물고기 조사를 할 때, 단 한마리도 발견하지 못했기 때문이다. 이 강건하고 생식력이 풍부한 물고기는 공식적으로 혹은 비공식적으로 블랙 호수에 풀어졌거나 서로 연결된 하천을 타고 직접 헤엄쳐서 들어왔을 것이다. 민물송어와 먹이를 두고 경쟁을 하고 민물송어의 알까지 먹는 노란퍼치는 특별한 상황에서는 민물송어를 호수에서 밀어낼 수 있다. 그러나 최근에 진행된 블랙 호수의 남조류 녹조 현상을 보면서 나는 거듭되는 교정 때문에 호수 퇴적물에 인이 과도하게 쌓이는 것은 아닌가 하는 생각을 하게 되었다. 썩은 물고기 때문에 호수에서 시아노박테리아가 쉽게 증식할 수 있는 것처럼 교정 작업이 수질에 오랫동안 영향을 미치면 블랙 호수의 고유 유산인 민물송어는 도움을 받기는커녕 해를 입을 수도 있다.

뉴욕 주립환경보존국이 애디론댁 산맥에 있는 호수에서 교정 작업을 하려면 또다른 정부 기관(애디론댁 공원관리국[APA])의 승인을 받아야 한다. 지금까지 공원관리국은 환경보존국이 교정 작업을 신청하면 대부분 승인을 해주었지만 이번에는 여론 때문에 주저할 수밖에 없었다. 지난번 교정 작업이 진행되는 동안 반대쪽 사람들의 저항은 거세졌고, 이 문제는 연일 신문에 보도되었다. 뉴욕 주립환경보존국 대변인은 이 같은 상황을 수산업 관련 공무원들에 대한 공격이라고 말했고, 교정 작업에 항의하기 위해서 나섰던 한 사람의 변호사는 자신의 의뢰인이 나무를 안은 자세로 묶이는 바람에 얼굴이 나무에 긁히면서 미끄러져 내려와야 했다고 했으며, 한 환경 단체는 환경보존국의 교정 신청을 승인한 공원관리국의 결정이 부당하다며 고소를 하겠다고 협박했다. 결국 뉴욕 주립환경보존국의 신청을 처리하기 전에 공원관리국은 5월에 공개 청문회를 열겠다고 선언했고, 과학 자문을 받기 위해서 폴스미스 대학의 학장인 피트 린킨스와 교수인 나를 불렀다.

청문회에서 나는 로테논 살포가 수질에 나쁜 영향을 미칠 수 있다는 우려를 표시하고, 교정한 호수의 생태계를 오랜 기간 상세하게 살펴본 연구가 거의 없음을 지적했다. 그러자 한 공원관리국 관리가 로테논 살포 전과 후를 비교해서 학생, 교수, 환경보존국 직원이 함께 로테논의 영향을 연구하는 체험 학습의 기회로 삼는다는 조건으로 로테논 살포를 승인하면 어떻겠느냐는 제안을 해왔다. 그는 린킨스 학장에게 그런 체험 학습을 조직하고 연구를 진행할 교수가 있느냐고 물었고, 학장은 이미 세워놓았던 나의 여름 계획은 포기하는 것이 좋겠다는 의미심장한 눈길로 나를 쳐다보았다.

폴스미스 대학과 뉴욕 주립환경보존국은 몇 차례 회의를 했고, 로테논 연구 프로젝트는 시작할 준비를 마쳤다. 우리 연구팀은 다음

한 해 동안 호수 생태계를 면밀하게 조사하고 상태를 기록할 예정이었다. 가을에는 교정 작업을 진행하고, 그후 로테논 때문에 호수에 커다란 변화가 생기거나 수자원이 사라지는지 여부를 몇 년에 걸쳐서 광범위하게 연구해나갈 생각이었다. 학생들은 소중한 경험을 쌓고 송어는 새끼를 낳아서 기를 호수를 가지게 되고 정통 과학으로 양편의 주장을 제대로 검증해볼 수 있는 기회를 마련할 생각이었다. 내가 보기에 그것은 모든 사람들에게 이득이 되는 계획이었다. 그러나 9월에 한 동료가 전화를 해왔다. 우리가 조사를 시작하기도 전에 뉴욕 주립환경보존국이 호수를 교정하려고 한다고 말이다.

지금 생각해봐도 그때 나는 로테논 살포 허가만 받으면 뉴욕 주립환경보존국이 합동 연구 따위는 무시할 것이라는 조짐을 전혀 느낄 수 없었으며, 그 누구도 그런 위반 사항에 법적으로 항의할 생각을 하지 못한 이유를 알 수가 없다. 어떤 이유에서인지는 모르겠지만 그때 우리에게 남은 선택지는 단 하나, 그저 교정 작업이 진행되는 과정을 지켜보고 그 뒤에 우리가 할 수 있는 일이 무엇인지를 알아내는 것뿐이라고 생각했다.

분명히 말하지만 내가 로테논을 사용해서 물고기를 죽이는 일에 전적으로 반대하는 것은 아니다. 특히 사람들이 즐기려고 만든 인공 저수지에는 사용할 수 있다고 생각한다. 더구나 완전한 야생처럼 보이는 애디론댁 산맥의 호수들도 전적으로 태고의 모습 그대로 보존된 것은 아니어서 공기 오염, 외래종의 침입, 사람이 미치는 여러 가지 영향 등에 노출되어 있다. 내가 생각하기에는 각 호수에 사는 독특한 고유종 송어에게 피난처를 만들어주어야 한다면, 필요할 때 적당한 장소를 마련해주는 것이 좋을 듯하다. 더구나 나는 낚시 활동을 하기 위해서는 많은 재원이 필요한 이 북쪽 지방에서, 사람들을 야외로 이끄는 일이 얼마나 중요한지를 분명하게 이해하고 있다. 그러나 나는 한 곳의 호수를 로테논을 사용해서 "구하기로" 결정했다면, 우리는 스스로가 하고 있는 일이 어떤 일인지를 분명히 알고 있어야 하며, 과학과 윤리에 기반을 둔 철저한 조사를 바탕으로 결정을 내려야 한다고 믿는다.

블랙 호수 이야기는 우리가 호수와 아주 복잡한 방식으로 상호작용하고 있음을 말해준다. 이 문제는 곧 또다시 살펴볼 것이다. 그러나 바람직한 호수를 구성하는 요소가 무엇인지, 어떻게 해야 호수를 가장 잘 돌볼 수 있는지에 관한 폭넓은 관점을 가지려면 먼저 애디론댁 산맥에 있는 또다른 호수를 살펴보는 것이 좋을 듯하다.

1980년대에 내가 애디론댁 산맥을 처음 찾았을 때, 베어 호수는 지역 주민을 현혹하는 은밀하고도 아름다운 장소였다. 베어 호수로 가려면 배를 타고 어퍼세인트레지스 호수로 가서 언덕을 오르고 작고 늪이 많은 호수를 지나서 다시 한번 좁은 분수령을 지나야 한다. 그래야 숲에 둘러싸인 호숫가에 도달할 수 있다. 그곳에서 낚시를 하는 행운은 한번도 누려본 적이 없지만 그 무렵 우리 대부분이 베어 호수에 가는 이유는 낚시하고는 상관이 없었다. 베어 호수의 물은 수영장 물처럼 놀라울 정도로 파랗고 투명했다. 빵처럼 생긴 커다랗고 매끈한 거석(巨石)은 다이빙을 하거나 호숫가에서 일광욕을 할 수 있는 근사한 장소를 만들어주었고, 사랑스러운 베어 호수에 오는 것만으로도 데이트 상대나 멀리서 온 친구를 감탄하게 만들 수 있을 정도였다. 그러나 우리 대부분은 어째서 호수의 물이 그렇게까지 맑은지 그 이유를 알지는 못했다.

순수한 물은 산성도가 pH 7로 중성이다. 베어 호수의 pH는 거의 5로 순수한 물보다 산성도가 100배 정도 높다. 산성 호수의 pH는 낮으면 낮을수록 그 속에서 살아갈 수 있는 생명체의 수도 적어진다. 베어 호수의 pH가 낮다는 사실은 플랑크톤이 거의 살지 않을 정도로 강한 산성을 띠고 있다는 뜻으로 호숫가에서 멀리 나간 깊은 지역에서는 거의 먹이사슬이 형성되지 않았다는 사실을 의미한다. 황산과 질산이 섞인 비가 오면 숲속 토양에 들어 있는 알루미늄 이온이 빗물에 녹아 나오기 때문에 그렇지 않아도 산성 호수에서 부족한 먹잇감으로 근근이 버티는 물고기들은 중금속으로 약해진 아가미를 사용해서 간신히 호흡을 하면서 견뎌야 한다. 송어에게 이런 상황은 굶주리고 질식한 채로 서서히 죽어가야 한다는 사실을 의미한다.

오염된 공기는 물고기만 해치는 것이 아니다. 애디론댁 산맥의 가문비나무 숲도 병들기 시작했으며 사람도 영향을 받고 있다. 나는 1980년대에 레이크플래시드 마을을 둘러싼 높은 봉우리를 자주 가로막던 회색빛 안개를 기억하고 있다. 많은 것들을 알고 있는 친구가 제대로 알려주기 전까지 나는 그 회색 안개가 그저 습한 여름 기후 때문에 생긴다고 믿었다. 그 친구는 "저건 미국 중서부에서 발생하는 오염물질 때문에 생기는 거야. 햇빛이 증기에 닿으면 독성 스모그로 바뀌는 거지"라고 했다. 회색 안개가 끼는 날이면 폐를 해치는 오존의 농도는 로스앤젤레스보다 고지대 야생 지역이 훨씬 더 높기 때문에 하이킹을 나온 사람들은 건강에 특히 유의해야 한다는 경고를 듣는다.

산성비를 둘러싸고 격렬하게 벌어진 공개 논쟁은 현재 지구온난화를 둘러싸고 벌어지는 논쟁과 상당히 비슷했다. 과학자들은 석탄 연료를 때는 발전소와 자동차 배기 가스가 산성비를 내리는 주요 원인이라고 했다. 산성비를 걱정하는 시민들과 환경 단체가 화석연료 사용을 엄격하게 규제해야 한다는 요구를 했지만 산업계와 정치계는 그 요구를 거부했다. 산업계와 정치계에는 화석연료를 규제하는 것은 미국 경제를 파괴하려는 시도이며 공기 오염은 호수의 산성화하고는 전혀 관계가 없다고 주장하는 사람이 많았다.

산성비를 둘러싼 논쟁에 새로운 기술로 무장한 전문가들이 뛰어든 것이 오염 방지법을 반대하는 근거 없는 주장을 물리치는 데에 도움이 되었다. 과학자들은 오래 전부터 호수의 역사를 연구할 때 퇴적물 코어를 이용했지만, 비교적 최근까지는 가장 나중에 쌓인 진흙층은 제대로 살펴보지 않았다. 그런 진흙층은 흐트러뜨리지 않은 상태로 채취하기도 어려웠고 퇴적된 시기를 밝히기도 어려웠기 때문이다. 퇴적되기 시작한 지 300년이 지나지 않은 퇴적물은 방사성탄소 연대측정법을 실시해도 정확한 생성 날짜를 알 수 없었다. 그러나 지금은 납 210과 세슘 137을 이용한 새로운 연대측정법이 개발되면서 최근에 쌓인 퇴적물의 역사도 상세하게 재구성할 수 있게 되었다. 새로 개발한 표본 채취 기술 덕분에 가장 위층에 있는 느슨한 퇴적물도 훼손되지 않은 상태로 채취할 수 있게 되었으며, 강력한 통계 도구 덕분에 pH 변화를 이용하여 코어에 있는 규조류를 비롯한 여러 조류를 재구성할 수 있게 되었다. 크게 향상된 연구 결과 덕분에 애디론댁 산맥에 있는 많은 호수가 실제로 화석연료가 야기한 오염으로 산성화되었으며 베어 호수도 그런 호수 가운데 하나라는 것을 밝힐 수 있었다.

이것이 바로 우리 대부분이 놓쳤던 이야기의 요점이다. 1990년대에는 지구온난화가 주요 언론의 이목을 끌면서 산성비는 대부분의 사람들의 뇌리에서 잊혀갔다. 사람들의 관심은 너무나도 급격하게 바뀌었기 때문에 애디론댁 산맥에서 산성비를 측정하려고 설치한 장비는 예산 부족으로 숲속에 그대로 버려지고 말았다. 그리고 이제더는 그 이야기를 들으려는 사람이 없기 때문에 많은 사람들이 산성비 이야기에서 가장 중요한 부분을 놓친 셈이 되었다.

퇴적물 코어 연구를 비롯한 여러 조사 덕분에 의회는 산성물질의 배출을 줄이려고 1990년에 대기오염 방지법을 개정했다. 미국 환경보호국(EPA)은 주 정부와 전력 회사들과 협력해서 배출권거래제(cap-and-trade)를 마련했으며 오염물질을 가장 많이 배출하는 지역과 오염물질 때문에 가장 크게 고통을 받는 지역이 서로 협력할 수 있도록 애썼다. 회사의 수익에 크게 영향을 미치지 않는 저렴한 오염물질 정화 장치를 발전소와 자동차에 설치하자 황과 이산화질소 배출량이 계속해서 많이 줄어들면서 도시와 호수를 덮은 스모그가 사라지고 산성화되었던 많은 호수들도 회복되기 시작했다.

산성비 줄이기의 성공 사례는 적절한 과학을 정치권에서 사려 깊게 설계한 강력한 법안과 결합하면 경제를 해치지 않고도 중요한 환경문제를 해결할 수 있다는 사실을 분명히 보여준다. 산성비 이야기에서는 연방 정부가 전체 과정을 이끌었기 때문에 생각이 다른 여러 집단이 합리적이면서도 효과적으로 결정을 내릴 수 있었다. 이제 우리는 산성비처럼 화석연료 때문에 발생하지만 훨씬 더 큰 문제인 탄소 배출이라는 문제를 해결해야 한다. 산성비 문제를 해결했던 경험은 이번에도 문제가 있음을 부정하고 해결 노력을 지연시킬 정치권에 맞서 어떤 식으로 탄소 배출 문제를 해결해야 하는지 알려준다.

여기까지가 산성비에 얽힌 짧고도 명확한 이야기이지만, 최근에 베어 호수에서는 새로운 반전이 등장했다. 한때 베어 호수는 사람의 마음을 끄는 매력적인 장소였지만 이제는 아니다. 모두 베어 호수를 산성비로부터 구하려는 노력이 실패해서가 아니라 성공해서 나타난 결과였다. 1980년대를 거치는 동안 좀더 따뜻해지고 습해진 기후 때문에 토양에 들어 있던 유기물이 호수로 녹아들고, 물의 pH 농도가 식물성 플랑크톤이 살기에 적당해지면서 맑고 투명하던 호수는 점점 더 갈색을 띠었고 호수의 절반 이상 탁해졌다. 생물이 살기에 적당한 곳이 되자 관광객을 끌어모았던 베어 호수의 매력은 반감이 되고 말았다.

생태계를 책임 있게 관리하는 일이 어려운 데에는 몇 가지 이유가 있다. 한 호수가 우리가 싫어하는 방향으로 변하면 당연히 원래대로 되돌려놓고 싶어진다. 그러나 환경을 복구하는 일은 행동하는 것보다는 말하는 것이 훨씬 더 쉬울 때가 많다. 우리가 가장 좋은 호수라고 생각하는 호수는 사실 현실을 정확하게 반영할 수도 있고 반대로 제대로 반영하지 않을 수도 있는 사람의 지각에 의해서 형성되는데,

우리가 그렇게 행동하는 이유를 설명하려고 사용하는 언어는 호수보다는 우리 자신에 관해서 더 많은 사실을 드러낼 때가 많다.

예를 들면 산성비 논쟁이 가장 격렬했을 시기에 환경운동가들은 산성화 때문에 맑아진 호수는 "죽은" 호수라는 표현을 자주 썼다. 인이 호수를 탁하게 만드는 것을 막으려고 애쓰는 활동가들도 부영양화된 탁한 호수를 "죽은" 호수라고 불렀다. 그런 수식어는 의도는 좋지만 오해를 불러일으키기 쉽다. 당연히 부영양화된 호수에서는 물고기가 질식해서 죽지만 호수 자체는 생명으로 가득 차 있다. 빈영양화 상태인 산성 호수에도 물고기는 없지만 햇빛이 바닥까지 도달하는 맑은 호수에는 산성에서도 살아갈 수 있는 조류, 식물, 조그마한 생명체가 있을 수 있다. 다시 말해서 부영양화 상태의 호수에는 물에 떠 있는 생명체가 가득하고, 빈영양화 상태의 호수에는 바닥에 사는 생명체가 많을 수 있는 것이다. 두 호수에 붙은 "죽은"이라는 수식어는 그저 상업적으로 가치가 있는 물고기에만 초점을 맞춘 표현이다. 사람들이 플랑크톤이나 곤충이 아닌 돈을 주고 거래를 할 수 있는 물고기를 훨씬 더 중요하게 생각하기 때문에 나올 수 있는 표현이다. 따라서 우리가 호수를 복구하려는 이유를 호수를 위해서라고 생각하는 것은 망상일 뿐이고 사실은 우리 자신을 위해서라는 것이 진실일 수도 있다.

이와 마찬가지로 호수를 관리하는 사람들이 로테논을 사용해서 호수를 "교정하거나" "회복한다"는 표현을 할 때, 그들의 언어 사용 방식은 그들이 세상을 보는 관점을 드러낸다. 예를 들면 1990년대에 애디론댁 산맥에서 진행한 한 연구는 교정 작업이 호수의 생물 상태를 원래대로 돌려놓는다는 결론을 내렸다. 이 연구는 연구 기간이 짧다는 것과 대조군으로 설정한 호수들에 이전에 교정한 호수를 포함하는 등 몇 가지 문제점이 있었는데, 이 연구에서도 호수를 사람에게 종속된 하인처럼 묘사하는 언어가 사용되었다. 우리가 호수의 가치를 주로 낚시터에만 둔다면, 생태학적으로 넓은 의미에서 볼 때에는 전혀 그렇지 않은데도 사람들이 원하지 않는 물고기를 없애고 좀 더 인기가 많은 물고기의 수를 늘리는 것만으로도 생물 상태가 회복된 것처럼 느낄 수도 있다.

낚시와 어장 관리는 전 세계 수백만 명의 사람들이 예로부터 자연과 교감하는 아주 중요한 행위이지만, 호수는 그저 물고기를 낚는 곳이 아니다. 나의 아내 캐리는 얼마 전에 호수를 관리하는 방식을 두고, 서로 대립되는 관점들을 음악가인 자신의 경험에 비추어서 묘사하는 아주 유용한 방법을 제시했다. "그건 여러 악기들이 음악을 연주하는 것과 같은 거야"라고 말이다.

블랙 호수에서 어장 관리인들이 먹이사슬을 구성하는 다른 생명체들을 배제하고 전적으로 민물송어만을 살리려고 노력하는 일은 피아노의 흰 건반만으로 음악을 연주하는 것과 같다. 매력적인 양서류와 아비에게 가해질 위험을 줄일 수 있는 적절한 시기에 교정을 하는 것은 검은 건반을 쳐서 중간 음을 몇 개 더 보태는 것과 같다. 말하자면 교정 프로젝트를 검은색과 흰색으로 분명하게 정의할 수 있게 되는 것이다.

이외는 대조석으로 많은 호소학자들은 생태계 구성원 전부를 중요하게 다루는 훨씬 더 폭넓은 접근법을 선호한다. 건반에서 사용할 수 있는 몇 가지 음만을 가지고 음악을 연주하지 않고, 건반과 건반 사이에 존재하는 여분의 음을 인지해낸다. 중동 지방에서 연주하는 바이올린 음악처럼 미분음(microtone)이 풍부한 훨씬 더 융통성 있는 음악을 연주하고 있는 것이다.

이제 다른 성향의 이 두 음악을 다양한 유형의 청중 앞에서 연주한다고 생각하고 그 결과를 상상해보자. 호소학자들에게 건반 연주는 나쁘지는 않지만 만족하기에는 너무 단조롭다는 생각이 들 것이다. 어장 관리인들에게는 건반과 건반 사이에서 나는 음이 기이하고 불쾌하게 들릴 것이다. 1997년에 블랙 호수에서 교정 작업을 하고 난 뒤에 내가 진행한 후속 연구들은 마치 가상의 음악가들이 격렬하게 충돌이라도 한 것처럼 다양한 반응을 불러일으켰다.

로테논을 뿌리는 교정 작업이 있던 날, 블랙 호숫가에 있는 대피소는 아주 부산했다. 노란퍼치가 호수 바닥에 있는 은신처를 찾지 못하도록 긴 호스를 사용해서 로테논을 먼저 호수 바닥에 살포한 뒤에 살아남은 노란퍼치들을 호수 표면에서 제거하기로 했다. 대피소에 도착하자 사람들이 회색 플라스틱 녹스피시(로테논의 상업용 브랜드명) 깡통에 담긴 로테논을, 작은 모터보트에 비스듬하게 올려놓은 큰 통에 옮겨 담는 모습이 보였다. 녹스피시 옆에는 로테논이 멀리 퍼질 수 있도록 로테논을 녹일 발암성 용매(아세톤)가 담긴 통이 있었다. 마침내 뉴욕 주립환경보존국 직원 2명이 배에 오르더니 배 뒤로 크림색 화학물질 자국을 길게 남기면서 로테논을 퍼트릴 배를 타고 호수를 가로지르기 시작했다.

블랙 호수 교정 작업. 1997년(사진 : 커트 스테이저)

나와 내 친구는 나의 카누를 타고 환경보존국 배를 피해서 호숫가를 돌아보았다. 호수 가운데 부분에서는 벌써부터 물고기들이 뛰어오르기 시작했지만 수면은 아래에서 일어나고 있는 일을 일부만 보여주고 있었다. 동쪽 호숫가에서 물을 들여다보자 우리 밑으로 시꺼먼 덩어리가 뒤죽박죽된 구름 그림자처럼 앞뒤로 소리 없이, 그러나 맹렬하게 돌진하는 모습이 보였다. 도살장이 되어가고 있는 호수에 갇힌 노란퍼치들의 절박한 움직임이었다. 오후 늦은 시간이 되자 얕은 물가는 죽은 물고기들로 넘쳐났다.

다음 주가 되자 호수는 썩어가는 물고기들로 아주 탁해졌고 악취가 났다. 그후로 몇 주일 정도 흐르자 탁함과 악취는 상당히 많이 사라졌지만, 가을철 위쪽 물과 아래쪽 물이 섞이는 혼합 기간에는 번성해야 할 요각류와 지각류가 플랑크톤 그물에는 여전히 단 한마리도 잡히지 않았다. 그 대신에 각다귀 유충이 그 넓은 호수를 배회하고 있었다. 유리벌레라고 부르는 이 동물성 플랑크톤 포식자는 필요할 때면 호수 바닥에 있는 퇴적물 속으로 파고들어서 숨는 능력이 있기 때문에 살충제가 효력을 발휘하는 동안 숨어 있을 수 있다. 원래는 낮에 물고기 눈에 띄면 잡혀 먹힐 수 있기 때문에 표면에서 헤엄을 치는 경우가 드물지만, 한동안 블랙 호수는 이 녀석들의 차지가 될 것이다. 유리벌레의 관점에서 보면 물고기의 독재를 끝내는 교정이 진행되었다고 볼 수 있지만, 새로 조성된 환경에서 먹이를 찾기란 녀석들에게도 쉬운 일은 아닐 것이다.

이듬해 여름까지는 새로 풀어둔 애디론댁 산맥의 고유종인 송어가 충분히 자리를 잡을 것이다. 요각류와 지각류도 다시 풍성해질 것이고 유리벌레는 보이지 않을 것이며 플랑크톤 세계에서 아나바에나가 차지하는 비율도 상당히 낮아질 것이다. 20세기 초에 실시했던 교정 전의 호수 상태를 완벽하게 조사한 참고할 만한 자료가 없기 때문에 블랙 호수의 먹이사슬이 완벽하게 회복되었다는 것을 알 수 있는 방법은 없지만, 규조류 집단의 상태는 쉽게 평가할 수 있다. 나는 학생들과 함께 현재 규조류와 과거 규조류를 비교할 수 있도록 퇴적층 코어를 여러 개 채취했다. 그리고 현재 호수의 상태에 새롭게 의문을 제기할 만한 사실을 알아냈다.

첫 번째 교정 작업을 실시한 1957년 이전의 블랙 호수는 애디론댁 산맥에 있는 전형적인 중영양화 상태의 호수로, 이곳에 있는 플랑크톤성 규조류는 대부분 무겁고 둥근 사이클로텔라(*Cyclotella*)였다. 그후로는 쉽게 부패되지 않는 아나바에나의 이형세포와 함께 바늘처럼 생긴 부양성 별돌말속과 프라길라리아속이 표본의 거의 대부분을 차지했다. 플랑크톤 군집은 갑자기 부영양화 상태에서 증식하는 규조류로 대체되었고, 교정 작업을 거듭하면서 원하는 어종을 방사하고 퍼치가 재증식하는 과정이 반복되는 동안 그 상태는 유지되었다. 식물성 플랑크톤이 원래 상태로 돌아오지 않았다는 것은 블랙 호수에서 진행한 교정 작업이 블랙 호수의 생물 상태를 되돌리지 못했다는 뜻이다. 물고기 군서(群棲) 또한 원래대로 되돌려놓지 못했다. 블랙 호수에서 살았던 송어를 포함해서 원래 서식했던 고유종인 민물송어는 첫 번째 교정 작업에서 완전히 몰살되었기 때문이다.

우리가 진행한 코어 연구는 1950년대에 블랙 호수가 부영양화되었음을 보여주었지만 그 원인에 관해서는 또다시 의견 충돌이 일어났다. 논쟁은 "영양 종속(trophic cascade)"으로 호수를 바꾸는, 서로 관계가 있지만 상반되는 두 작용을 둘러싸고 일어났다. 영양 종속이란 먹이사슬의 상위 단계나 하위 단계에 미친 영향이 결국은 먹이사슬 전체에 변화를 일으키는 상황을 가리키는 생태학 용어이다. 영양 종속설은 먹이사슬의 가장 하부에 있는 조류나 식물이 흡수하는 영양소가 상위 단계에 있는 소비자들에게 영향을 미칠 수 있으며, 소비자에게 일어난 변화가 하위 단계에 있는 생산자들에게 영향을 미칠 수 있다고 설명한다.

로테논을 처음 살포한 뒤에 곧바로 부영양화가 진행되었다는 것은 아래에서 위로 영향을 미쳤을 수도 있다는 뜻이다. 죽은 물고기의 몸에서 나온 인은 시아노박테리아를 증식하게 만들었고 그 결과 산소가 줄어들면서 퇴적물에 쌓여 있던 인이 더 많이 누출되었을 수도

교정 작업이 끝난 뒤의 블랙 호수. 1997년(사진:커트 스테이저)

있다. 해마다 부화장에서 가져온 물고기를 수천 마리씩 방사하고, 그 가운데 많은 수는 호수에서 죽고 썩기 때문에 교정 작업이 거듭될수록 더 많은 인이 먹이사슬에 더해질 것이다.

그러나 블랙 호수의 부영양화는 노란퍼치가 늘어났기 때문에 진행된 하향식 영양 증식의 효과일 수도 있다. 뉴욕 주립환경보존국은 이 가설을 선호한다. 어린 노란퍼치는 식물성 플랑크톤을 먹는 동물성 플랑크톤을 잡아먹는데, 노란퍼치가 1단계 소비자를 잡아먹는 바람에 천적을 잃게 된 조류들 가운데 많은 수가 살아남아서 호수가 녹색으로 변했다는 것이다. 뉴욕 주립환경보존국은 교정 작업이 끝난 뒤에는 노란퍼치가 다시 증식하기 때문에 부영양화 상태가 사라지지 않는다고 주장했다.

부영양화 상태가 되기 직전에 노란퍼치를 처음 방류했고 처음 로테논 처리를 한 뒤로는 1950년대 내내 이 두 가지 일을 반복했기 때문에 두 주장 가운데 어떤 주장이 퇴적물 상태를 정확하게 설명하고 있는지 알 수 있는 방법은 없었다. 아니, 알 수 있는 방법은 없다고 생각했다.

우리가 진행한 코어 연구 결과를 발표하기 훨씬 전에 나는 이미 뉴욕 주립환경보존국 사람들에게 인기를 잃어가고 있었다. 친구들에게서 그 사람들이 내가 제기하는 의문과 내가 하는 연구들을 그들의 필생의 사업과 직업을 공격하는 것으로 인지하고 있다는 말을 전해 듣고 마음이 아팠다. 나는 그 사람들을 알고 있었고 좋아하기도 했다. 몇 사람과는 친구로 지내기도 했다(내가 이곳에 그 사람들의 이름을 밝히지 않는 것은 이 때문이다). 그러나 우리는 서로 다른 문화에 속해 있었다. 그들은 뉴욕 주립환경보존국 공무원의 입장에서 수산업을 관리했고, 나는 과학자이자 교육자로서 호수를 경제 자원일 뿐만 아니라 생태계로 설정하고 가설을 세우고 연구를 해나갔다.

애디론댁 산맥에서 하는 교정 작업은 사람에게 해를 끼치지 않는다는 가설과 노란퍼치는 외래 침입종이라는 가설에 동시에 도전하는 새로운 사실이 발견되면서 우리의 관계는 더욱 나빠졌다.

마지막으로 로테논 교정 작업이 실시된 뒤, 나는 1963년에는 효과가 훨씬 더 오래 지속되는 독성물질인 톡사펜이 블랙 호수에 살포되었다는 사실을 알게 되었다. 로테논과 달리 600가지가 넘는 화학물질을 섞어서 만든 톡사펜은 아가미를 가진 동물 말고도 온갖 동물에게 영향을 미치는 합성물질로, 로테논보다 호수에 머무는 시간도 훨씬 더 길다. 농업용 살충제로 개발된 톡사펜은 1980년대에 들어서면서 사람의 건강을 해친다는 걱정이 대두되면서 미국에서는 더는 사용하지 않고 있지만 그 전에 이미 애디론댁 산맥 호수에 10여 차례 넘게 살포되었다. 고농도 톡사펜은 신경 손상, 면역 억제, 조직 손상 등을 유발하며, 미국 환경보호국은 톡사펜을 발암 유발 가능 물질로 분류하고 있다. 생명을 구성하는 원자처럼, 먹이사슬로 들어간 톡사펜도 계속해서 먹잇감에서 포식자로 옮겨가, 먹이 활동이 거듭되는 동안 동물의 지방과 근육에 점점 더 많이 쌓인다. 1970년대에 미국에서 DDT 사용이 금지되기 전에, 수생 먹이사슬 꼭대기에 있던 물고기를 먹는 독수리와 물수리도 이런 생물농축(biomagnification) 현상 때문에 고통받았다.

뉴욕 주립환경보존국에서 근무한 적이 있는 한 사람이 베어 호수에서도 톡사펜을 사용한 적이 있다고 했다. "그때는 톡사펜을 사랑했거든요. 모든 걸 단번에 없애주니까요." 그러나 그다음 해에 베어 호수에 방류한 송어는 살아남지 못했다. 그다음 해에 방류한 송어도 마찬가지였다. "그저 견뎌내질 못했어요." 그 전직 공무원은 그렇게 말했다. 어쩌면 송어는 베어 호수의 산성물을 견디지 못한 것일 수도 있다. 하지만 교정 과정을 재평가하자 권장량보다 몇 배나 더 많은 톡사펜을 뿌렸을 수도 있다는 가능성이 제기되었다.

나중에 나는 퇴적물 코어에 들어 있는 톡사펜을 연구하는 캐나다의 과학자 브렌다 미스키민과 전화 통화를 했다. 브렌다는 톡사펜을 뿌린 뒤로 수십 년이 지났지만 지금도 캐나다 서부에서는 먹어서는 안 되는 물고기가 있으며, 톡사펜이 직접적으로 뿌려진 호수뿐만 아니라 톡사펜이 뿌려진 호수나 밭에서 부는 바람이 닿는 곳에 있는 호수도 영향을 받았다고 말했다. 그녀는 톡사펜에 노출된 호수에 사는 물고기를 사람이 먹어도 되는지 아주 면밀하게 조사해야 한다고 했다.

나는 뉴욕 주립환경보존국 직원에게 톡사펜이 뿌려진 애디론댁 산맥 호수에서 사람들이 낚시를 하고 물고기를 먹기 전에 물고기가 어느 정도 오염되었는지를 점검하느냐고 물었다. 오염되었을 리가 없기 때문에 점검할 필요가 없어서 하지 않는다는 대답이 돌아왔다. 그래서 나는 블랙 호수에서 송어를 잡아 실험실에서 검사할 수 있도록 승인해줄 뉴욕 주립환경보존국의 블랙 호수 담당자에게 내 걱정을 담은 편지를 보냈다. 그의 대답은 부정적이었다. 그러나 애디론댁 산맥과 톡사펜에 얽힌 이야기는 아직 끝나지 않았다.

2015년에 클라크슨 대학교 연구자들은 교정 작업을 한 지 50년이 지난 뒤에 학생들과 내가 베어 호수에서 채취한 코어에서 톡사펜을 발견했다. 이 톡사펜은 위쪽에 있는 좀더 최근에 쌓인 퇴적층까지 스며들어 있었는데, 이는 톡사펜이 물속으로 녹아들어서 먹이사슬에서도 순환되고 있을 수 있다는 뜻이었다. 내가 알기로는 그 이후로 베어 호수에 뿌려진 톡사펜으로 인한 오염 여부를 연구한 사례는 한 건도 없었다.

여전히 결론을 내리지 못하고 있는 블랙 호수 부영양화에 관한 또 다른 연구 프로젝트가 시작되자 여론은 다시 한번 격렬하게 충돌했다. 연구를 제안한 사람들은 나의 고생태학 수업을 듣는 학생들이었다. 그때 나는 블랙 호수의 코어 연구를 통해서 부영양화가 진행된 시점은 알 수 있지만 노란퍼치가 호수에 처음 방류된 시기는 알 수 없기 때문에 부영양화가 된 이유를 알아낼 수 없다고 설명했다. 그러자 한 학생이 말했다. "그럼 퇴적물에서 노란퍼치의 DNA를 찾아보면 되지 않을까요?" 나는 복도에서 만난 유전학 교수인 리 앤 스폰에게 그 문제를 상의했고, 리 앤은 우리 대학교 옆에 있는 호수를 쉽게 갈 수 있는 연구실로 삼아서 코어 표본을 조사해주겠다고 했다.

아주 추운 2월의 어느 날, 리 앤과 나는 학생들과 함께 거센 바람을 맞으면서 로어세인트로지스 호수의 남쪽 얼음 위를 걸어가서 구멍을 뚫고 코어 채집기를 호수로 내린 다음 호수 바닥에서 135센티미터 길이의 진흙 코어를 회수했다. 몇 주일 뒤에 리 앤이 DNA 분석 결과를 가지고 내 방으로 왔다. 그녀와 한 학생이 분석한 코어에는 맨 위에서부터 맨 아래까지 노란퍼치의 DNA가 들어 있었다.

코어에서 찾은 DNA는 노란퍼치의 지느러미에서 추출한 DNA와 동일했다. 리 앤은 같은 호수에서 가져온 좀더 짧은 코어에서도 처음 표본에서와 같은 유전자가 들어 있음을 확인해주었다. 노란퍼치의 DNA가 실험실 먼지 속에 있던 물고기 분자에서 온 것이 아님을 확인하기 위해서 리 앤은 내가 노란퍼치가 전혀 없는 애디론댁 산맥의 한 호수에서 가져온 퇴적물 표본과 물고기가 한 마리도 살지 않는 근처 숲에 있는 연못에서 가져온 표본, 동아프리카 탕가니카 호수에서 가져온 표본도 같은 방법으로 분석했다. 3개의 표본에서는 노란퍼치의 DNA가 검출되지 않았다. 로어세인트레지스 호수 코어에서 나온 DNA는 실험실이 아니라 호수에서 나온 것이 분명했다.

그 사이에 나는 리 앤이 분석한 것과 같은 코어에서 규조류의 상태

로어세인트레지스 호수에서 퇴적물 코어를 채취하기 위한 준비를 하고 있다.
(사진 : 커트 스테이저)

를 분석했고, 코어의 퇴적층이 훼손된 적이 없기 때문에 퇴적물이 뒤집힌 적이 없어서 바닥에 있는 DNA가 위쪽으로 올라오지 않았다는 사실을 확인했다. 전문적으로 연대를 측정하는 실험실에서 탄소 14 동위원소를 분석하여 가장 아래쪽 퇴적층은 2,000년 전에 쌓이기 시작했음을 확인해주었다. 이 모든 결과를 종합해보면 노란퍼치는 최근에 들어온 외래종이 아니라 적어도 수천 년 동안 이 고지대 호수에서 살았던 고유종이라는 결론이 나온다.

지금 생각해보면 애디론댁 산맥에 노란퍼치가 전혀 없었다는 것은 말이 되지 않는 것 같다. 노란퍼치는 북아메리카 동부 지역에 폭넓게 퍼져 사는 종으로, 민물송어가 그랬듯이 마지막 빙하기가 끝난 뒤에 고지대 호수에서 무리를 짓고 살게 되었을 것이다. 1880년대에 고지대 호수에서 노란퍼치를 단 한마리도 발견하지 못했다는 조사 결과를 내놓은 프레드 매더는 보고서에서 자신이 선택한 호수를 짧은 기간 동안 살펴보고 작성한 자신의 조사 내용이 최종적인 결과는 아니라는 것을 인정했다. 더구나 매더의 연구보다 수십 년 앞서서 자연주의자 존 버로스가 고지대 샌퍼드 호수와 네이트 호수에서 노란퍼치를 잡았다는 기록을 남겼고, 1870년대에 출간된 내륙 지도에는 "퍼치 호수"라고 적혀 있는 고지대 호수도 있었다. 매더는 그 사실을 몰랐음이 분명했다.

우리의 원고가 「플로스 원(PLOS ONE)」에서 동료 심사를 받고 2015년에 온라인으로 출간되자 사람들은 아주 빠르고 강렬하게 반응했다. 블로거들과 신문 편집자들이 우리 기사를 널리 퍼트렸고 「월스트리트 저널(Wall Street Journal)」 편집자는 노란퍼치를 둘러싼 과학 논쟁을 신문에 제1면 기사로 실었다. 교정 작업을 반대하는 사람들은 호수에 노란퍼치가 있다는 사실이 독극물로 퍼치를 죽여야 하는 이유가 된다는 뉴욕 주립환경보존국의 주장을 조롱했다. 노란퍼치 낚시와 송어 낚시 가운데 어느 쪽이 더 이득인지를 다룬 글을 쓴 사람들도 있었고, 낚시 행위 자체가 윤리적으로 문제라고 주장하는 사람들도 있었다. 교정 작업을 지지하는 사람들은 우리의 연구 결과를 환경보호론자들이 하는 허튼소리로 치부해버렸으며, 우리 연구 결과가 잘못되었고 우리도 믿을 수 없다고 말하는 뉴욕 주립환경보존국 직원들도 있었다. 은퇴한 수산업 관리인은 우리 대학의 학장에게 나의 "엉성한 과학"이 역겨워서 참을 수가 없으며 우수한 학생은 절대로 우리 학교에 가지 못하게 하겠다는 편지를 보내오기도 했다.

이런 논쟁에도 불구하고 블랙 호수에서 호수를 관리하는 방법에 의문을 제기하는 일이 중요한 이유는 그래야만 모든 사람들이 우리가 호수와 관계를 맺을 때에 적용하는 다양한 관점을 고민해볼 수 있기 때문이다. 의도가 좋다고 언제나 좋은 정책이 나오는 것은 아니며, 과학은 호수에 사는 생물 공동체가 그저 보이는 것보다는 훨씬 복잡하다는 사실을 일깨워준다. 지금은 그 어느 때보다도 감정과 자기 의견에 휩싸여서 생태계 내부에서 실제로 일어나는 일에 눈을 감아서는 안 되는 때이다. 우리가 호수와 세상과 상호작용하는 방식은 대체적으로 호수와 세상에 관해서 우리가 좀더 많은 것들을 배울 때에 발전한다.

블랙 호수 이야기는 DNA 검출 결과를 뒷받침해주거나 기각할 수 있는 더 많은 연구 결과들이 나와야 결론을 내릴 수 있겠지만 어쨌거나 애디론댁 산맥에서 고유종인 민물송어가 줄어드는 이유를 짐작해볼 수 있는 유용한 통찰력을 제공한다. 어느 곳에서든 호수에 사는 퍼치와 송어는 각기 다른 환경에서 살면서 호수를 공유한다. 노바스코샤 주에서 과학자들은 퍼치는 보통 얕은 물에 살면서 깊은 물은 송어에게 맡긴다고 했다. 두 종의 성체들은 서로의 알과 어린 개체를 먹기 때문에 개체 수를 조절하는 데에도 도움이 된다. 퍼치와 송어가 블랙 호수에서 1,000년 동안 비슷한 방식으로 살아왔다면, 19세기와 20세기에 있었던 송어 낚시는 사람들이 덜 선호하는 퍼치가 송어보다 훨씬 더 많이 증식하는 결과를 낳았고, 이 때문에 첫 번째 교정작업을 벌이게 되었는지도 모른다. 만약 이 가설이 옳다면 생태계를 바꾼 문제 종은 퍼치가 아니라 사람이다.

고대 DNA 이야기를 알게 된 한 송어 낚시 안내인은 "사람들이 퍼치를 잡으러 애디론댁 산맥에 오는 건 아니지요"라고 말했다. 그러나 이 말이 꼭 옳은 것은 아니다. 참을성 없는 청소년과 멋진 낚시 여행을 하고 싶다면 퍼치 호수야말로 가장 이상적인 장소이다. 퍼치가 가득했을 때에 블랙 호수는 아주 인기 있는 낚시터였다. 생태 관광을 하고 생물 다양성을 그 자체로 보호해야 할 중요한 가치로 여기는 사람들도 많다. 퍼치가 송어만큼이나 이곳에서 오랫동안 살았다면 퍼치 역시 독특한 유산으로 지정하고 보호해야 할 유전형질을 발전시켰을 것이다. 북아메리카 대륙에 있는 호수에서는 어디에서나 다양한 유전자를 가진 생물종이 보고되고 있으며, 낚시를 하는 애디론댁 산맥의 주민들은 검은 줄이 있는 퍼치의 옆면이 노란색이 아니라 밝은 파란색인 경우도 있고 호수마다 다른 퍼치가 잡힌다는 증언을 해줄지도 모른다.

수자원을 관리한다는 측면에서는 한 생물종을 해로운 생물이라고 하거나 식용이라고 분류하는 것을 충분히 이해할 수 있지만, 그런 태도만으로는 호수가 생명체가 살고 있는 생태계이며 진화에는 음식과 여가 생활이라는 부차적인 가치를 넘어서는 본질적인 가치가 있다는 훨씬 더 깊은 진실을 간과하게 된다. 블랙 호수에서 첫 번째 교정 작업을 했을 때는 낚시꾼들이 주목하지 않았던 희귀한 어류는 말할 것도 없고 독특한 유전자를 가진 고유종 송어도 함께 사라졌을 것이다. 특정 지역에 적응해서 사는 생물은 미학적으로나 과학적으로 가치가 있을 뿐만 아니라 수자원 관리라는 측면에서도 아주 실용

(사진 : 커트 스테이저)

적인 가치가 있다. 애디론댁 산맥의 수많은 호수에서 수천 년 동안 진화해온 물고기는 병에도 기후변화에도 강하고 앞으로 일어날지도 모를 불확실한 생태 변화에도 견딜 수 있는 강인한 유전자를 자손에게 물려줄 수도 있다.

생태계와 진화의 산물인 우리도 생태계와 진화의 법칙을 따라야 하며, 지구를 좀더 제대로 지키는 관리인이 될 수 있도록 노력해야 한다는 사실을 반드시 기억해야 한다. 『모래 군의 열두 달』에서 자연보호자 알도 레오폴드는 "토양과 물, 식물, 동물을 포함하는 공동체의 경계를 늘리는" 대지 윤리가 필요하다고 하면서 "산처럼 생각하는" 방법을 배워야 한다고 주장했다. 이제는 공동체라는 영역에 호수 윤리를 포함하는 것도 괜찮지 않을까? 결국 땅과 연결되지 않은 호수란 존재하지 않을 테니까. 논란을 불러일으키는 이런 질문들을 좋은 과학이 뒷받침해준다면 우리는 더욱더 호수처럼 생각할 것이고, 그러면 이 세상은 훨씬 더 좋아질 것이다.

3

거울 나라의 호수들

/

자연의 전체 모습은
자연이 만든 가장 작은 생명체들 속에서 찾을 수 있다.
_ 대(大) 플리니우스

잠자리의 마른 날갯짓 소리가 오래된 우리 마을의 연못가를 지나가는 자동차들의 조용한 바퀴 소리를 잠재운다. 나는 키 큰 느릅나무와 단풍나무가 그늘을 드리우는 코네티컷 주의 맨체스터 교외에 있는 이 뒤뜰만 한 크기의 평범한 얕은 연못에서 어린 시절의 대부분을 보냈다. 이곳에서는 그늘이 진 부드러운 호수 표면에서 무성한 나뭇잎에 작은 파편으로 나뉜 햇살이 불꽃처럼 다시 튀어오르고, 자르지 않은 풀과 야생화에서 풍기는 싱싱한 향기가 눅눅한 진흙 냄새와 한데 뒤섞인다.

야생은 멀리 떨어진 이국적인 곳에서나 볼 수 있다고 생각하는 사람들이 많지만, 나는 이 소박한 연못에서 처음으로 야생을 접했다. 이 연못은 너무나도 울퉁불퉁해서 집을 지을 수 없는 공터에 있는 작은 케틀 호수였는데, 어른들은 대부분 아무 생각 없이 차를 타고 휙 지나가는 곳이었다. 그러나 1960년대에 이곳에서 어린 시절을 보낸 동네 꼬마들에게는 아주 익숙한 장소였다. 우리는 그곳을 백합 연못이라고 불렀다. 사실 백합은 하나도 자라지 않았는데 말이다. 여름이면 연못가에서 개구리를 잡았고 겨울이면 스케이트를 탔지만, 부모님 친구 분이 내가 호수를 연구하는 사람이 될 수 있도록 현미경을 사주셨던 열두 살 때부터는 내게 그곳은 그저 놀이터일 수가 없었다. 그로부터 거의 50년이 지난 2015년에 나는 루이스 캐럴의 소설에 나오는 앨리스처럼 나를 미니어처의 야생 세계로 건너가게 해준 거울 나라인 그 백합 연못으로 돌아갔다.

이제는 예전처럼 웅크리고 앉기가 힘들어서 누군가 연못에 가져다둔 나무 벤치를 아주 요긴하게 사용했다. 백합 연못은 내가 기억하는 것보다 작았는데 단순히 내가 자랐기 때문만은 아니었다. 가뭄으로 물이 줄어서 이제는 연못이라기보다는 웅덩이에 가까웠기 때문이다. 연못 표면은 사초과 식물과 물에 떠 있는 초록색 좀개구리밥으로 상당 부분 덮여 있었지만 안락한 벤치에 앉아서도 나는 상상 속에서 물속을 충분히 탐험할 수 있었다. 어렸을 때는 이곳에서 고산 지대로 모험을 떠나거나 아프리카에서 탐험하기를 꿈꾸었다. 이제는 과학자로서 꿈꾸던 일을 충분히 해본 뒤여서 이처럼 생각지도 않았던 장소에서 찾을 수 있는 길들지 않은 야생성을 담은 비밀 주머니의 가치를 충분히 알고 있다.

백합 연못 같은 비교적 작은 물은 아주 중요한 서식지이다. 이런 곳이 세상에 아주 많다는 사실도 그 한 가지 이유이다. 최근의 연구 결과에 따르면 이런 작은 물이 월든 호수 같은 큰 호수보다 10배는 더 많으며 샘플레인 호수나 타호 호수, 콘스탄스 호수 같은 곳보다 거의 1만 배는 더 풍요롭다고 한다. 이런 작은 물에서 사는 수생생물이 대부분 작다는 것도 사실은 상대적인 개념일 뿐이다. 지구에 사는 생물은 대부분 아주 작으며 지구에서 가장 많은 동물도 아주 작은 선충(nematode)이다. 곤충이나 갑각류가 포함된 절지동물 문(門)만 해도 이 세상의 모든 포유류, 조류, 파충류, 양서류, 어류를 합친 것보다 더 많은 종(種)으로 이루어져 있다. 크기 때문에 흔히 무시당하지만 아주 작은 연못도 사실은 그 자체로 하나의 세상이다. 제대로 연습만 한다면 이 비밀스러운 세상을 탐험하고 즐기는 방법을 배울 수 있다.

백합 연못에 있는 잠자리만 해도 그렇다. 몇 년 전만 해도 잠자리들은 나에게 그저 "벌레"였고, 모든 잠자리가 비슷하게만 보였다. 그러나 내가 틀렸다.

지금 내 주위를 정신없이 날아다니는 잠자리들은 일생의 대부분을 날개 없는 유충으로 연못 속에서 살아간다. 최근에 성체가 되어서 밖으로 나온 잠자리들이 사냥하고 짝을 짓고 알을 낳는 시기는 죽기 전 몇 주일뿐이다. 백합 연못에서 볼 수 있는 잠자리들은 대부분 흰꼬리잠자리이다. 머리 바로 뒤에 있는 얇고 가는 셀로판지 같은 날개는 자동차 경주에서 우승을 알릴 때에 흔드는 깃발처럼 펄럭인다. 구름 사이로 빠져나온 아침 햇살에 몸을 덥힌 잠자리들은 마디가 있는 가는 다리로 작은 곤충을 바구니처럼 끼고 연못 위에서 맴돌거나 재빨리 날아간다.

나보다 잠자리를 더 잘 아는 사람들은 새를 사랑하는 사람들이 그렇듯이 쌍안경으로 잠자리를 관찰한다. 잠자리는 종마다 독특한 습성과 특성이 있는데, 아마도 그런 특징들이 이름에 반영되어 있을

백합 연못(사진 : 커트 스테이저)

것이다. 잠자리 전문가들은 잠자리를 잔산잠자릿과, 장수잠자릿과, 물잠자릿과, 측범잠자릿과 등으로 분류하고 각 과를 다시 혜성잠자리, 검은그늘잠자리, 유니콘클럽테일잠자리 같은 종으로 나눈다. 우리와 함께 지구를 공유하는 잠자리는 5,000종이 넘으며 이 마을에만 해도 100종은 살고 있을 것이다.

흰꼬리잠자리들 사이로 좀더 우아한 생명체가 날아다닌다. 같은 잠자리목 곤충이기는 하지만 잠자리가 아닌 실잠자리들이다. 실잠자리는 잠자리보다 가는 날개를 좀더 규칙적으로 움직이며 쉴 때는 날개를 수평이 아니라 위로 완전히 접어둔다. 많은 실잠자리들이 반짝이는 보석날개, 가루를 바른 댄서, 사초 요정 같은 이름이 어울리는 진주빛 녹색, 강청색, 숯처럼 시꺼먼색 외피를 입고 있다.

벤치라는 유리한 위치에 앉아 있다 보니 나는 곧 미묘한 차이를 발견할 수 있었다. 어떤 파란색 실잠자리들은 다른 실잠자리들보다 더 파랬고 날아다니는 프레첼처럼 이상하게 생긴 녀석도 있었다. 사실 프레첼처럼 보이는 녀석은 한 마리가 아니라 두 마리였는데, 짝짓기를 하기 위해서 길고 가는 배 끝으로 암컷의 목을 단단히 잡고 있는 수컷은 암컷보다 더 파란색이었다. 수컷의 아랫부분에서 정낭을 받으려고 배를 한껏 구부리고 있는 암컷은 수컷이 자신을 그런 식으로 데리고 다니는 데에 만족하는 것 같았다. 우리 양서류 조상이 처음으로 물 밖으로 나온 고생대에도 이미 연못 위를 날아다니고 있었던 고대 곤충 잠자리목은 모두 그런 식으로 짝짓기를 한다. 잠자리목 수컷에게 짝짓기란 다른 수컷이 암컷에게 다가와서 그 암컷과 짝짓기를 할 수 있었던 운 좋은 수컷의 정낭을 떼어내고 자신의 정낭을 집어넣는 것을 막기 위해서 암컷을 끌고 다니면서 시간을 늦추는 일이다.

벤치에 앉아서 흰꼬리잠자리를 보고 있자니 잠자리가 보는 세상은 어떨지 궁금해졌다. 잠자리를 가까이에서 살펴보면 머리 한가운데에서 만나는, 헬리콥터 조종석처럼 볼록 튀어나온 동그란 겹눈이 2개 보인다. 각 겹눈은 온갖 방향을 향하고 있는 수천 개의 번쩍이는 홑눈으로 되어 있다. 홑눈은 그 하나하나가 모두 사물을 볼 수 있는 눈이다. 홑눈으로 이루어진 겹눈에는 어느 방향에서 보아도 보이는 검은 선이 있기 때문에 마치 움직임을 감지하는 눈동자가 있다는 착각을 하게 된다.

잠자리에게 세상은 비디오 화면으로 가득 찬 둥근 캡슐처럼 수많은 상이 한꺼번에 보이는 곳이다. 벌레의 뇌가 작다고 비웃는 사람은 조금도 어지러움을 느끼지 않은 채 모든 방향을 한번에 다 볼 수 있는 곤충의 능력을 생각해보자. 위, 아래, 옆, 모든 방향으로 날아갈 수 있는 작은 먹잇감을 쫓아서 시간당 50킬로미터의 속도로 날아가면서도 자신의 위치를 3차원으로 정확하게 알 수 있고, 각각 독자적으로 움직이는 유연한 4개의 날개를 마음대로 조작할 수 있다. 적어도 뇌에서 크기는 아무 문제가 되지 않는다.

곤충을 개성을 지닌 존재라고 생각하기는 어려울 수도 있겠다. 개성은 보통 말이나 얼굴 표정으로 판단하는데, 잠자리목 곤충에게는 언어가 없고 표정도 짓지 않으니까 말이다. 잠자리목 곤충이 낼 수 있는 소리는 날갯짓을 할 때 나는 소리가 유일하며, 얼굴도 몸의 다른 부분과 마찬가지로 딱딱한 키틴질 외골격에 감싸여 있다. 이런저런 이유로 많은 사람들이 곤충에게 개성이 있음을 인정하지 않지만 모든 생물에서 개체 간에 보이는 행동의 차이는 진화의 원재료이며 분노, 두려움, 즐거움, 욕망 같은 감정은 적응적 가치(한 개체가 특정 환경에서 생존할 수 있도록 돕는 유용한 특성/옮긴이)로 작용할 수 있다. 나는 잠자리와 실잠자리에게 감정과 의식이 있다는 분명한 증거를 보았다고 확신하며, 이 잠자리목 곤충들을 지각을 갖춘 개체로 생각하고 관찰할 때에 더 많은 내용들을 알 수 있다고 믿는다.

물속으로 반쯤 가라앉은 풀 줄기로 계속해서 돌아와서 같은 자리에 앉는 흰꼬리잠자리가 한 마리 보였다. 몇 분 동안 그 잠자리가 움직이는 모습을 보고 있자니 녀석이 작은 곤충을 잡으려고 그 풀 줄기를 떠날 때도 있고 지나가는 잠자리를 쫓아내려고 떠날 때도 있다는 사실을 알게 되었다. 녀석은 자기 영토를 지키고 있었다(그 잠

왼쪽: 잠자리 성체, 오른쪽: 유충(사진: 커트 스테이저)

자리가 쫓아내는 잠자리들은 수컷이었다). 잠자리는 자기가 앉아 있는 가느다란 풀 줄기가 자기 것임을 알고 있었고, 그 옆을 지나는 잠자리들도 녀석이 다가가면 대부분 피하는 것으로 보아서 거의 모두 그 사실을 알고 있는 것이 분명했다. 그곳이 자기 영토라는 것을 좀더 분명하게 알려주어야 할 대상에게는 강하게 몸을 부딪쳐 멀리 떠나가게 만들었다. 침입자에게 날아가기 전에는 잔뜩 긴장한 탓에 몸이 부르르 떨리기도 했고, 어떨 때는 경고 깃발을 드는 것처럼 화려한 배를 번쩍 들어올려 보이기도 했다. 백합 연못에 사는 모든 잠자리들은 서로를 알며, 서로가 서로에게 먹이도 될 수 있고 포식자도 될 수 있다는 생각으로 지켜보고 있는 것만 같았다.

내가 직접 볼 수는 없지만 백합 연못에서는 수많은 일들이 벌어진다. 잠자리는 대기와 물을 이어주는 생태 다리이다. 잠자리는 주변에 있는 식물 생태계를 보여줌으로써 연못 생태계를 알 수 있게 해주는 매개자이다.

백합 연못에 사는 암컷 잠자리들은 얕은 물가에 수백 개의 알을 낳은 뒤에 수컷과 함께 죽는다. 작은 군용차를 닮은 유충의 어깨에는 장차 날개가 될 부분이 볼록 튀어나와 있다. 잠자리의 유충은 종에 따라서 물속에서 몇 달 내지 몇 년 동안 생활하며, 송곳니가 달려 있고 팔처럼 앞으로 재빨리 내밀어서 먹이를 움켜쥘 수 있는 아래턱을 활용하여 연못 속에 사는 작은 생물을 먹기도 한다. 위협을 받거나 먹이를 찾을 때에는 뒤쪽으로 물을 분사해서 제트기처럼 앞으로 돌진하거나 뛰어오를 수도 있다. 살아남은 모든 유충들은 결국 물 밖으로 나오는데, 등에서부터 외골격이 갈라지면서 탈피를 한 뒤에는 근처에 있는 수분(受粉) 매개자 역할을 하는 곤충들을 잡아먹는 날개 달린 죽음의 천사로 거듭난다.

물고기가 있는 곳에서 잠자리 유충은 포식자이자 먹잇감이지만 물고기가 없는 곳에서는 아주 많은 수의 잠자리 유충들이 성체로 성장한다. 생태학자들은 최근에 백합 연못처럼 물고기가 없는 물 옆에서 서식하는 충매화는 성장기에 종자를 많이 맺지 못하는데, 그 이유가 전적으로 그곳에서 잠자리가 번식을 하고 사냥을 하기 때문임을 밝혀냈다. 문득 내가 앉아 있는 벤치 옆의 과꽃도 수분에 필요한 벌레를 먹어대는 흰꼬리잠자리에게 욕을 퍼붓고 있을지도 모르겠다는 생각이 들었다.

나는 벤치에서 일어나서 연못가로 걸어갔다. 발밑으로 연못과 뭍이 만나서 만들어낸 푹신한 흙이 느껴졌다. 반쯤 성장한 개구리가 작은 갈색 팝콘처럼 내 앞에서 팔짝 뛰어오르더니 나무와 구름의 그림자가 비치는 물속으로 풍덩 하고 뛰어들어 사라졌다. 웅크리고 앉는 것은 생각보다 힘들지 않았다. 나는 수십 년 전에도 자주 그랬던 것처럼 손가락으로 연못의 수면을 부드럽게 쓸면서 연못 밑의 훨씬 더 깊은 곳에는 무엇이 있을지 상상해보았다. 그렇게 함으로써 나는 화려한 발자취를 따라가고 있는 것이다. 19세기에 나의 직업을 만든 사람도 자신이 살던 동네 호수와 그 속에서 살아가던 생명을 사랑하는 아이로서 자신이 나아갈 길을 닦아나가기 시작했다.

소로는 월든 호수를 연구했기 때문에 세계 최초의 호수 과학자 가운데 한 명이라는 평가를 받고 있다. 그러나 실제로 호소학(湖沼學)의 창시자라는 칭호는 소로가 1845년에 월든 호수 옆에 은거하기 시작했을 때에 아직 어린아이였던 스위스의 의사이자 자연주의자에게 돌아가는 것이 마땅하다. 프랑수아 알퐁세 포렐은 호소학을 훨씬 더 깊이 연구했고 호소학이라는 용어도 만들었다(호소학[limnology]의 limne는 그리스어로 '호수'라는 뜻이고 logos는 '말' 또는 '론'이라는 뜻이다).

포렐은 스위스 모르주의 알프스 산맥 발치에 있는 제네바 호숫가에서 성장했다. 그곳에서 그는 훗날 자신이 "자연을 관찰하고 심문하는 기술"이라고 불렀던 방법을 익혔다. 어린 포렐에게 영감을 준 호수는 작고 얕고 더럽고, 호수라고 하면 생각나기 마련인 하구도 없었던 나의 백합 연못과는 사뭇 달랐다. 호소학자들은 "호수"라는 명칭을 사용할 때, lake와 pond를 명확하게 구분해서 사용하지는 않지만 제네바 호수는 pond라기보다는 전통적인 의미의 호수인 "lake"로 부르는 것이 더 어울리는 곳이다. 길이는 73킬로미터에 최대 수심은 310미터인 제네바 호수는 엄청나게 크고 깨끗하며 큰 강(론 강)으로 물이 빠져나가는 배출구도 있다.

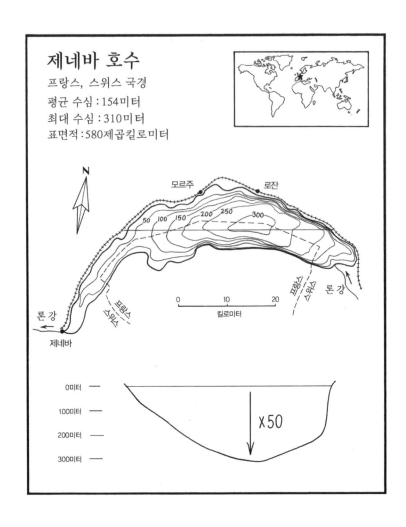

제네바 호수

프랑스, 스위스 국경
평균 수심 : 154미터
최대 수심 : 310미터
표면적 : 580제곱킬로미터

N

모르주   로잔

50 100 150 200 250 300

론 강

프랑스
스위스

론 강

제네바

0   10   20
킬로미터

0미터 ―
100미터 ―
200미터 ―
300미터 ―

x 50

어린 시절에 포렐이 호수에 품었던 마음은 가족과 함께 배를 타고 수영을 하면서 호수 밑을 알고 싶다는 충만한 호기심으로 발전했다. 그는 10대 때, 제네바 호수 위로 돌출해 있는 청동기시대의 수상 마을 유적지를 카누를 타고 누비면서, 호수 바닥에서 직접 고대 팔찌 3개를 발굴해서 유적지를 조사하러 온 고고학자들에게 깊은 인상을 심어주기도 했다.

포렐은 스물아홉 살에 의학계를 떠나서 모르주 가까이 있는 로잔 대학교의 교수로 부임했다. 그후로 제네바 호수는 포렐의 말처럼 여생 동안 그의 연구실이자 수족관이 되었고, 그의 열정이 되었다. 제네바 호수에 대한 사랑이 어찌나 강했던지 한 출판업자가 호소학 교과서를 집필해달라고 의뢰했을 때, 포렐은 그 부탁을 거절할 정도였다. 호수에 관해서는 자신이 너무 쉽게 감정에 휘둘리기 때문에 과학자로서의 냉정함을 잃을 수도 있다는 두려움 때문이었다. 결국 나중에 그 책을 쓰기는 했지만 서문에 "내가 호소학과 맺고 있는 관계는 너무나도 개인적이고 주관적이어서 사실을 객관적으로 서술할 수 없을지도 모른다"라는 변명을 덧붙였다. 1912년에 세상을 떠날 때까지 포렐은 이전의 어느 누구보다도 호수에 관해서 더 많은 사실을 알고 있었고 결국 새로운 과학 분야를 수립했다.

로잔 대학교에 부임한 첫 해에 포렐은 우연히 민물 생명체들에 관한 생각을 바꾸게 되는 경험을 한다. 모르주 근처에 있는 호수 바닥에서 퇴적물을 채취하려고 금속으로 된 표본 채집 접시를 들어올린 포렐은 접시가 미세 실트(fine silt)로 덮여 있음을 발견했다. 그는 미세 실트를 털어버리지 않고 조금 덜어서 현미경으로 들여다보았고, 현미경을 통해서 보이는 모습에 깜짝 놀랐다. 퇴적물 속에는 투명한 선충이 꾸물거리고 있었다. 호수 바닥은 포렐을 포함한 과학자들이 생각했던 것과 달리 그 어떤 생명도 살지 않는 척박한 사막이 아니라 생동감 넘치는 생명의 장소였다.

포렐에게는 작은 선충을 발견한 일이 화성에서 생명체를 찾은 일과 다르지 않았다. 제네바 호수의 차갑고 어두운 바닥이 사실은 기이하고 매혹적인 생명체들의 서식지라는 것을 눈치 챌 수 있을 정도로 그곳을 가까이 들여다본 사람은 그때까지 아무도 없었을 뿐더러 현미경으로 바닥을 관찰하려는 시도조차 없었다. 선충을 찾은 다음 날 포렐은 바닥에서 좀더 많은 표본들을 채취했고 깊은 분지나 햇빛이 도달하는 얕은 물에서 신기하고도 작은 생명체를 더 많이 발견했다. 호수의 바닥뿐만 아니라 물속에도 생명체가 가득했다. 나중에 그는 "진지하게 분석한 자료 가운데 미생물이 하나도 없는 호수가 있다는 결과가 나온 경우는 단 한 건도 없었다"라고 적었다. 또한 그런 결과가 나쁜 일은 아니라면서 "미생물이라고 모두 건강에 해로운 것은 아니다. 오히려 그보다는 이 작은 존재들 중에서 상당히 많은 수가 완벽하게 무해하다"라고도 했다.

포렐은 직접 자료와 표본을 모았을 뿐만 아니라 물리학, 화학, 생물학 같은 자연과학은 물론이고 예술과 인류 역사 분야까지, 거의 모든 학문에 종사하는 전문가들에게 자신이 찾은 자료와 연구 결과를 제공했다. 그가 새로 만든 호소학은 과거, 현재, 미래에 호수와 호수 주변에서 살아왔고 앞으로 살아갈 사람을 포함한 모든 유기체들과 생명 과정을 다루는 학문이다. 따라서 본질적으로는 모든 것에 관한 학문이라고 할 수 있다.

전문가가 되지 않아도, 세상을 여행하지 않아도, 비싼 장비를 갖추지 않아도 포렐과 상당히 비슷한 방식으로 수생생물을 관찰하고 거의 알려지지 않은 생물종을 찾아낼 수 있다. 나는 열두 살에 휴대용 도감, 유리병, 내 방 탁자에 올려두었던 값싼 어항을 가지고 포렐과 같은 일을 해냈다. 포렐처럼 나도 물 밑에는 물고기만이 아니라 훨씬 더 다양한 생명체가 살고 있음을 알 수 있었다. 백합 연못에서 유리 병으로 떠온 물에서 발견한 생물을 몇 가지 예를 들어 설명하자면 다음과 같다.

발견 1 : 꼬리로 숨 쉬는 동물. 나의 수족관에서 머리를 아래로 향한 채 있는 담황색 동물을 발견했다. 다리가 6개인 나무막대처럼 보이는 이 동물은 크기가 내 집게손가락만 하다. 배 끝 쪽에 나와 있는 이쑤시개 굵기의 가는 호흡관이 수면에 닿아 있었다. 내가 가진 도감에는 "물전갈"이라는 아주 무시무시한 이름으로 실려 있었지만 나는 결국 그 녀석이 노린재목 장구애빗과의 장구애비라는 곤충임을 알아냈다. 장구애비도 사마귀와 마찬가지로 칼처럼 생긴 앞다리를 갑자기 활짝 펼쳤다가 닫으면서 곤충을 잡는데, 이런 식으로 물속의 유충이나 올챙이 같은 작은 생물을 잡아먹는다. 장구애비가 원했다면 종이처럼 얇은 속날개를 펼쳐서 임시로 잡혀 있던 내 어항을 떠나서 백합 연못으로 충분히 돌아갈 수 있었을 텐데도 녀석은 그저 속날개를 두툼한 겉날개 속에 얌전히 넣어두고 있었다. 나중에 나는 내 생각과 달리 곤충이 꼬리로 숨을 쉬는 것이 아주 드문 일은 아니라는 것을 알았다. 곤충들은 대부분 긴 관이 없어도 배에 난 구멍(기공)으로 호흡을 한다.

발견 2 : 작은 괴물들. 어느 날 아침, 창문을 향해 있는 내 어항 표면에 보풀이 난 가는 끈처럼 보이는 것들이 잔뜩 붙어 있었다. 모두 해파리의 작은 친척으로, 바닥에 붙어사는 히드라였다. 히드라라는 이름은 사악한 독사들이 머리에 뒤엉켜 있던 그리스 신화에 나오는

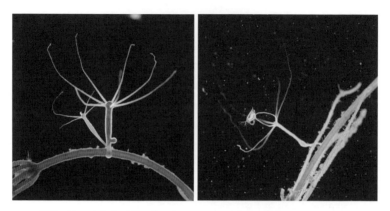

왼쪽 : 옆구리에서 작은 히드라 두 개체가 자라고 있는 성체 히드라.
오른쪽 : 지각류(물벼룩)를 사냥한 히드라(사진 : 마크 워런)

괴물의 이름에서 가져온 것이다. 버드나무로 만든 지팡이 같은 촉수를 6여 개 가지고 있는 히드라는 걸어 다니는 나무처럼 유리에 붙어서 아주 천천히 이동한다. 어쩌다 히드라의 촉수에 닿은 물벼룩 한 마리가 몸을 비틀다가 죽어버리자 히드라는 물벼룩을 자기 몸속 빈 공간으로 밀어넣어서 소화시켰다. 내가 가지고 있던 휴대용 도감에는 히드라의 체벽에 있는 녹조류가 산소와 당을 히드라에게 공급하고 녹조류는 히드라가 만든 신진대사 산물을 받는다고 적혀 있었다. 히드라가 창문 가까이에 모여 있는 이유는 햇빛을 사랑하는 조류가 체내에 있기 때문일 수도 있다.

발견 3 : 게걸스럽게 먹는 발. 숫양의 뿔처럼 동글동글하게 말린 껍데기를 짊어지고 다니는 내 애완용 달팽이가 어항 벽을 부지런히 기어 다니는 이유는 그저 재미 때문이 아니었다. 유리에 붙어 있는 달팽이를 보면 근육질 발 한가운데 있는 작고 동그란 입이 쉴 새 없이 움직이고 있음을 알 수 있다. 달팽이는 조류가 표면을 덮은 어항 유리에 입이 달린 발을 딱 붙이고, 고양이의 강판 같은 혀를 닮은 작은 이빨을 이용해서 식사를 한다.

보통은 그저 유리에서 긁어내어 버렸던 *끈끈한 갈색 물질*이 사실은 달팽이의 먹이임을 알게 된 나는 현미경으로 그 물질을 자세히 들여다보았다. 렌즈 밑에서 보자 어항에 달라붙어 있었던 *끈끈한 오염물질*은 황갈색 엽록체가 가득 들어 있는 다이아몬드 보석 상자로 바뀌었다. 나중에 내 연구의 기반이 될 유리질 외피를 두른 규조류가 그 오염물질의 정체였다. 조류의 세포는 아주 작아서 50개의 세포를 차례대로 위로 포개놓아도 내 손톱 두께에도 미치지 못한다. 휴대용 도감에 규조류는 식물처럼 햇빛을 잡아서 산소를 만든다고 적혀 있었는데, 현미경으로 보니 동물처럼 기어 다니는 조류도 있었다. 어항을 덮은 갈색 물질을 처음 보았을 때 내가 한 행동은, 비행기를 타고 하늘에서 지상을 내려다보면서 경관을 다듬는다는 이유로 도시와 숲이 세워진 얇은 지각을 완전히 긁어내는 것과 같은 그릇된 일이었다. 나는 규조류에게 완전히 매혹되었다.

현미경으로 들여다보자 한때는 역겹다고 생각했던 머리카락 같은 연못 쓰레기는 광합성을 하는 녹색 나선 물질로 가득 찬 투명한 대나무 정글이 되었다. 히드라에게 잡아먹힌 소위 "물벼룩들"은 사실 벼룩하고는 전혀 상관이 없는 통통하고 동그란 지각류와 눈이 하나뿐인 총알처럼 생긴 요각류였다. 내가 살짝 들여다본 소우주의 깊은 곳에는 평범한 눈으로는 볼 수 없는, 오직 최신의 과학 장비와 충분한 지식이 뒷받침된 상상력으로만 감지할 수 있는, 거의 알려져 있지 않은 존재들이 살아가는 미지의 차원이 존재했다. 물속을 떠다니는 조류들과 요각류들 사이에는 셀 수 없는 작은 점들이 있었다. 희미하게 반짝이는 박테리아 세포들이다. 이 박테리아들은 밤하늘의 희미한 별처럼 아주 미세하게 떨리는데, 그 이유는 너무 작아서 주위에 있는 물 분자와 끊임없이 부딪치기 때문이다.

브라운 운동이라고 하는 용액 속 작은 입자들의 끊임없는 움직임은, 알베르트 아인슈타인을 비롯한 많은 물리학자들이 현재 과학자들이 사용하는 강력한 주사 터널 현미경(scanning tunneling microscope)으로 직접 들여다보지 않고도 원자가 있음을 확신할 수 있게 해주었다. 물이 가득 찬 우리의 세포도 같은 춤을 춘다. 언젠가 한 생의학자가 브라운 운동을 이용해서 죽은 세포와 살아 있는 세포를 구별하는 방법을 알려주었다. 그는 슬라이드글라스 위에 세포 현탁액(slurry)을 놓고 밝은 녹색 염색약을 떨어뜨리고 그 표본을 현미경으로 들여다보았다. 염색약은 몇몇 세포 속으로 침투해서 세포 안을 가득 메우고 있는 반점들을 드러냈다. 나는 염색약이 들어간 세포가 살아 있는 세포임이 분명하다고 생각했는데, 틀린 생각이었다. 물 분자에 부딪쳐서 브라운 운동을 하는 입자에서는 생명이라는 것을 알 수 있는 모습이 전혀 보이지 않았다. 살아 있는 세포는 적극적으로 염색약을 밀어내기 때문에 내부의 모습을 밖으로 드러내지 않는다. 이상한 일이지만 이 때문에 죽은 세포가 더 살아 있는 세포처럼 보인다.

작고 미세한 생명체들은 언제나 생물의 세계에서 다수를 차지해 왔으며 오늘날 벌어지고 있는 수많은 환경문제에도 불구하고 여전히 수많은 개체들이 다양한 종을 이루면서 아주 작은 세상에 숨어서 비교적 안전하게 살아가고 있다.

1985년 1월의 어느 흐린 날, 기차를 타고 스위스 체어마트로 가면서 처음 본 제네바 호수는 그저 아무 특징이 없는 평평한 회색 호수 같았다. 그때 나는 호수학으로 듀크 대학교에서 박사학위를 취득한 직후였지만 포렐도 몰랐고 내가 연구하기로 마음먹은 분야가 제네바 호수에서 탄생했다는 사실도 알지 못했다. 그때 나의 관심은 온통 대학원생인 조지 클링과 함께 이제 곧 스키를 타게 될 험준한 마터호른 산(알프스 산맥의 한 봉우리)에 쏠려 있었다. 지도 교수인 댄 리빙스턴을 만나서 아프리카 서부의 카메룬에 있는 화구호를 탐사하는 일정이 계속 지연되자 우리는 빈약한 장비를 가지고 급하게 겨울 휴가를 즐기기로 했다.

우리 주위에 앉은 사람들은 모두 당시 유행하던 비싼 스키복을 입고 있었다. 우리에게는 열대지방에서 몇 달 동안 땀을 흠뻑 흘리며 입을 가벼운 옷밖에 없었다. 우리는 산도 보이지 않는 먼 곳에서부터 알프스를 향해서 달리면서, 스키를 타러 온 사람들 사이에서 수치심을 느끼지 않을 방법과 동상에 걸리지 않을 방법을 고민했다. 수치심은 사실 큰 문제는 아니었다. 우리의 능력으로는 구할 수 없는 옷에 관해서 우리 둘 다 거의 신경을 쓰지 않았다. 추위는 단열제 역할을 해줄 모기장을 상체에 두르고 손에는 장갑 대신 양말을 여러 개 끼는 것으로 해결하기로 했다.

지나고 보니 나는 우리가 아무 생각 없이 지나친 제네바 호수가 우리 모두가 공유하는 한 가지 문제를 선명하게 보여주고 있음을 알게 되었다. 세상과 세상의 역사는 너무 방대하고 복잡해서 완벽하게 이해하기가 어려우며, 대부분은 쉽게 이해할 수 있는 범위 너머에 숨겨져 있다. 따라서 제대로 아는 사람이 우리의 감각이 전하는 이야기를 더욱 잘 이해할 수 있게 도와줄 수 있다는 사실을 기억하는 것이 현명하다. 원자와 분자의 세계보다 진실을 명확하게 보여줄 수 있는 곳은 없다. 미시 세계에서는 우리가 매일 접하는 물이 정말로 아주 기이한 존재가 된다.

포렐과 소로는 각각 제네바 호수와 월든 호수에서 수심에 따른 수온 분포를 기록했으며, 두 사람 모두 수온이 물고기를 비롯한 모든 수중 생명체들에게 아주 중요하다는 사실을 언급했다. 초여름에 수면을 시작으로 아래쪽으로 점차 따뜻해지는 호수로 나가서 수영을 해보면 당신도 무슨 말인지 알 수 있을 것이다. 몸을 충분히 깊게 담그고 수영을 하다 보면 갑자기 발가락이 서늘해지는 경험을 하게 되는데, 그 이유는 발가락이 호수 아랫부분을 채우고 있는 차가운 물에 닿았기 때문이다. 호소학자들은 차가운 호수 아랫부분과 따뜻한 호수 윗부분을 구분하는데, 아랫부분은 심수층(hypolimnion), 윗부분은 표수층(epilimnion)이라고 한다(그리스어로 hypo는 "아래"라는 뜻이고 epi는 "표면"이라는 뜻이다). 그러나 지난 세기부터는 호수의 층위를 분자 단계에서도 설명할 수 있게 되었다. 호수의 수온 변화뿐만 아니라 다른 중요한 현상도 설명할 수 있는 간단한 원리를 발견했기 때문인데, 그 원리란 물 분자는 끈적끈적하다는 것이다.

작은 수생생물에게 물의 점성이 어떤 영향을 미치는지 알고 싶다면, 얕은 연못이나 큰 호수에서 바람이 들지 않는 곳을 찾은 다음

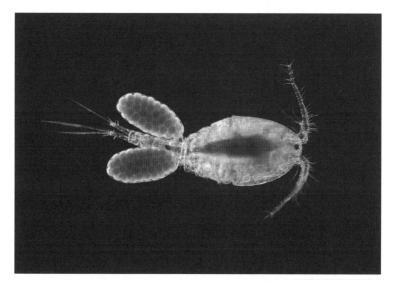

2개의 알주머니를 달고 있는 요각류 암컷(사진 : 마크 워런)

바닥 바로 위에 있는 물을 유리병으로 떠보면 된다. 이 유리병에 햇빛이 통과할 수 있도록 유리병을 높이 들어서 가까이 들여다보자. 물속에서 빙글빙글 돌던 파편들이 가라앉을 때, 물의 흐름을 따라서 함께 돌아가지 않고 물을 가로지르거나 물살에 휩쓸리지 않으려고 저항하는 작은 알갱이들을 볼 수 있을지도 모른다. 운이 좋다면 요각류를 몇 마리 잡을 수도 있다.

이 작은 생명체들의 움직임은 물고기처럼 부드럽지 않고 갑작스럽다. 모두 끈적끈적한 입자들 사이를 뚫고 지나가려고 힘을 주면서 생긴 결과이다. 물 분자 사이에 작용하는 응집력이 조그마한 미생물들이 가는 길을 가로막기 때문에 작은 생명체들이 한 번 짧게 뛰는 것은 그다음 도약 때까지는 꼼짝없이 붙잡혀 있어야 하는 당밀 속으로 뛰어드는 것과 같다. 이제부터는 호수에 수영을 하러 가면 그 조밀하고 끈끈한 세상에 사는 요각류가 감당해야 할 혼란을 상상해보도록 하자.

아주 오랫동안 요각류를 쳐다보고 있으면 물 분자의 점성을 알려주는 또 한 가지 사실을 발견하게 된다. 때때로 이동하던 요각류가 가던 길에서 벗어나서 다른 요각류가 방금 전에 지나간 길을 따라가는 모습을 볼 수 있다. 분자 규모에서 점성이 있는 액체는 냄새가 남긴 자취를 안은 채 새로운 물결이 다가와서 흐트러뜨리기 전까지 계속해서 냄새를 간직한다. 그 때문에 고요한 물에서 요각류 암컷은 자동차가 바퀴 자국을 남기는 것처럼 자신을 찾아올 로미오가 도저히 저항할 수 없을 정도의 향기(페로몬 섬유)를 아주 길게 남길 수 있다.

수면에서도 원자 입자가 활동하고 있는 모습을 눈으로 직접 확인할 수 있다. 수면에서는 물 분자가 매달릴 윗부분이 없기 때문에 분자들끼리 더욱 단단하게 달라붙는다. 이 때문에 몇 개의 분자만으로도 두툼하고 강한 표면을 만들어서 작은 물체를 지탱할 수 있는 탄력 있는 반사막이 만들어진다. 잔잔한 호수의 표면이나 집에 있는 어항의 수면을 자세히 들여다보면 아주 작은 먼지나 파편이 파리잡이 끈끈이에 붙은 파리들처럼 물 위에 붙어 있는 모습을 볼 수 있다. 입으로 가볍게 불었을 때나 미풍이 불 때에 보면, 투명한 수면과 수면이 품고 있는 물체들이 그 밑에 있는 층의 윗면을 자유롭게 미끄러지는 모습을 관찰할 수 있다.

다리가 6개이고 후추의 열매만 한 톡토기는 구부러지지 않는 딱딱

한 트램펄린 위에서도 도약을 할 수 있지만 톡토기보다 큰 소금쟁이는 수면에 잔물결을 만들면서 스치듯이 나아간다. 소금쟁이는 나긋나긋한 표면 위에서 스케이트를 타듯이 돌아다니며 물에 떨어진 곤충을 잡아먹고 여러 가지 파동 형태를 만들어서 같은 종끼리 의사를 전달하기도 한다. 코넬 대학교의 생물학자들은 암컷 소금쟁이의 발에 아주 작은 자석을 붙여서 실험실에 있는 수조에서 인위적으로 만든 사랑의 똑똑 패턴이 퍼져나가게 했다. 암컷으로서는 전혀 의도하지 않았던 초대 신호가 수조를 함께 쓰고 있는 수컷들의 민감한 다리에 닿자, 그 전까지는 암컷에게 전혀 관심이 없었던 수컷들이 재빨리 암컷 옆으로 모여들었다.

포렐이 물 분자에 관해서 충분히 알았고, 그 지식을 호수와 생명에 관한 자신의 포괄적인 시각에 엮어넣을 수 있었다면 정말로 좋아하지 않았을까? 이제부터 아주 깊이는 들어가지 말고 물 분자에 관해서 간단히 알아보자. 먼저 물 분자를, 점성을 띠게 만드는 한 쌍의 전자 귀(electromagnetic ears)가 있는 작은 물질 덩어리라고 생각해보자. 물 분자의 중심에는 산소 원자 1개가 있고, 수소 원자 2개가 양쪽 귀를 만든다. 물 분자가 서로 가까이 있으면 한 분자의 수소가 다른 분자의 산소 사슬과 약한 수소결합을 한다. 물 분자는 끌어당기는 수소결합에 저항하여 끊임없이 아무 방향으로나 튕겨나가는데, 주위에 큰 입자가 있으면 그 입자도 물 분자와 함께 떠밀려서 브라운 운동을 한다. 잠을 자고 있을 때나 최대한 움직이지 않고 가만히 있을 때에도 분자 상태로서의 당신은 정신없이 춤을 추고 있는 입자들이다. 호수의 모든 존재도 역시 그렇다.

그렇다면 점성이 있는 통통 튀는 덩어리와 수영하는 사람의 차가운 발가락 또는 호수의 층위는 어떤 관계가 있을까? 열은 물질을 끊임없이 춤추게 만드는데, 수온이 높을수록 춤사위는 더욱 격렬해진다. 여름이면 차가운 심수층에서는 다른 분자를 끌어들이는 수소 귀(hydrogen ears)를 가진 분자들이 주변에 있는 산소 사슬 곁으로 바짝 다가간다. 그와 동시에 태양열이 표수층에 있는 분자들을 가열하면 아주 격렬하게 운동하면서 서로 부딪치기 때문에 분자 사이의 거리는 오히려 멀어진다. 이 때문에 따뜻한 위층 댄스홀은, 분자들이 한데 뭉쳐 있는 차가운 아래층의 댄스홀보다 덜 조밀하고 가벼워서 위로 뜨게 된다.

이 작은 입자들은 서로 연결되어 있을 뿐만 아니라, 기후가 호수에 있는 분자들이 열을 받아서 춤을 추게 하는 것처럼 이 세상에서 일어나는 훨씬 큰 현상들과도 관계가 있다. 포렐은 제네바 호수의 수층이 계절에 따라서 변하는 이유를 수온과 밀도로 설명했지만 이제는 분자로도 설명할 수 있다.

온대지방의 많은 호수들은 가을이 되면 수온이 내려감에 따라서 표면 가까이에 있는 분자들의 춤사위가 느려지고 좀더 조밀해지면서 분자들이 무거워져 밑으로 가라앉는다. 표면에 있던 물 분자들이 밑으로 가라앉으면 여름에 형성된 물층이 사라지고 바닥에 있던 용존산소가 휘저어지며, 진흙 속에 들어 있던 인을 비롯한 조류의 성장을 촉진하는 영양소가 물속으로 씻겨 나온다. 봄이 되어서 얼음이 녹을 때도 이유는 조금 다르지만 비슷한 혼합 현상이 일어난다. 계절이 바뀌면서 일어나는 물의 순환 작용은 호수를 회전시키는 회전식 경

한 학생이 투명도판으로 호수의 투명도를 측정하고 있다.(사진 : 커트 스테이저)

운기이자 비료이며 산소 펌프이다. 이런 물의 순환은 호수에 사는 많은 생물체들의 생애 주기도 결정한다.

포렐은 플랑크톤 때문에 변하는 물의 색을 관찰하여 제네바 호수의 계절 주기를 측정하는 방법을 익혔다. 예술가처럼 포렐은 숫자를 적은 유리병 안에 담긴 파란색, 녹색, 노란색, 갈색 염색약을 표본과 비교하여, 한 해 동안 변한 호수의 색을 보여주는 표준색 팔레트를 만들었다. 요즘 과학자들은 제네바 호수 밑으로 투명도판을 내려서 물의 색과 투명도를 측정하여 수질을 판단한다. 19세기에 살았던 사제이자 해양학자인 안젤로 세키의 이름을 딴 세키 도판(Secchi disc, 일반적으로는 투명도판이라고 한다/옮긴이)은 원판에 흰색을 칠하거나 4등분하여 흰색과 검은색을 칠해서 만든다. 줄에 매단 투명도판이 완전히 물에 잠겨서 보이지 않을 때까지 내린 뒤, 다시 올릴 때 투명도판이 보이기 시작하는 깊이를 "세키 수심"이라고 하는데, 세키 수심은 물의 투명도를 측정하는 표준 기준이다.

깨끗한 물일수록 세키 수심이 더 깊으며, 수면 밑으로 내려간 투명도판의 흰색 부분을 보면 물이 어떤 색을 띠는지 알 수 있다. 제네바 호수의 경우 세키 수심은 봄이 되어서 물이 섞일 때는 보통 얕아지고 녹조류와 황조류가 번식하는 여름에 또다시 얕아진다. 물이 탁한 시기 사이에 존재하는 물이 맑은 시기는, 처음 증식하는 식물성 플랑크톤을 모두 잡아먹고 자신도 죽어서 조류 군집이 다시 증식할 수 있게 해줄 요각류 같은 동물성 플랑크톤이 곧 번식하게 되리라는 사실을 알려준다.

제네바 호수는 그 지역의 기후가 온화하고 수심이 너무 깊어서 겨울에도 얼지 않는다. 겨울에 얼지 않는 호수에서는 점성이 있는 물 분자의 작용이 상식에 도전하는 것 같은 모습을 보이기도 한다. 예를 들면 "어째서 얼음은 물에 뜨는 것일까?" 같은 질문을 할 수 있게 되는 것이다. 고체는 대부분 구성 분자들이 서로 조밀하게 맞물려 있기 때문에 같은 물질이 액체 상태로 있을 때보다 밀도가 더 크다. 따라서 돌이 그렇듯이 고체가 된 물도 물속으로 가라앉아서 바닥에 닿아야 할 것 같다. 그러나 물고기 같은 다른 수생생물에게는 다행스럽게도 고체 물은 바닥으로 가라앉지 않고 물 위에 머물면서 보호 덮개의 역할을 해준다.

수면에 얼음막이 형성되는 이유는 겨울이 다가오면 제네바 호수의 물 분자들이 차가워지면서 운동 속도가 느려지기 때문이다. 물 분자들은 서로 부딪쳐서 멀리 벗어나는 대신에 서로 손을 잡고 가운데가 텅 빈 육각형 고리를 만든다. 그 고리는 볼록한 호수 표면에 딱딱하고 물에 뜨는 격자창이 만들어질 때까지 가까이에 있는 다른 고리들과 손을 잡는다. 그렇게 되면 우리가 얼음이라고 부르는 분자 스티로폼이 만들어지는 것이다. 우리가 접하는 물 분자들이 대부분 할 수 있는 최대한으로 가볍게 흔들리고 있다는 사실은 아주 다행스러운 일이다. 태양이 보내오는 열과 열을 가두는 대기가 없었다면, 아주 지독하게 추운 태양계 외행성들에서 그렇듯이 지구의 물도 아주 단단한 또다른 고체 무기물에 불과했을 수도 있다.

물이 뒤섞이는 가을철 혼합 기간에 용존산소가 충분히 확보되기만 한다면 물고기도 거북도 얼음이 언 겨울철에 물 밑에서 안전하게 살아남을 수 있다. 투명하기는 하지만 한 사람이 안전하게 건널 수 있을 정도로 두꺼운(적어도 10센티미터는 되는) 얼음이 새로 얼면 얕은 물가에서는 얼음 밑에 있는 물고기를 찾아낼 수도 있고 그 물고기를 따라서 추격전을 벌일 수도 있다. 악어거북은 보통 겨울이 되면 호수 바닥의 진흙을 파고 들어간 뒤에 신진대사 속도를 늦추고 입과 목의 내벽으로 확산되는 산소로 호흡하면서 살아남는다. 언젠가 북쪽 호수 바닥에서 어슬렁거리는 악어거북을 얼음 위에서 본 적이 있다는 이야기를 들었는데, 산소에 굶주린 근육에 힘을 줄 공기가 없음에도 겨울 내내 악어거북이 활발하게 활동할 수 있는 이유에 대해서는 그 어떤 설명도 들은 적이 없다.

햇빛이 점점 더 강해지고 낮이 점차 길어지는 봄이 되면 다시 한번 호수 전체가 모습을 바꾸는 이유도 물이 가진 신비로운 기이함 때문이다. 얼음을 이루는 격자는 계속해서 격렬하게 진동하다가 결국 0

도가 되면 와장창 깨져서 다시 액체 상태로 돌아간다. 그러나 점점 강해지는 햇살이 훨씬 더 조밀하게 붙어 있는 분자들 사이로 파고들 어서 완전히 갈라놓을 때까지 덩어리 상태로 있는 얼음도 있다. 이 때문에 물은 온도가 올라갈수록 점점 더 조밀해지며 밀도가 커져서 4도가 되면 최대 밀도에 도달한다. 얼음이 녹는 동안 수면 밑에 형성 되어 있던 층은 모두 사라지고 호수의 물은 다시 한번 완전히 섞이지 만 태양열이 계속해서 수면을 덥히면 또다시 새로운 표수층이 형성 되어서 층이 나누어진다.

그러니까 온대지방 호수의 대부분에서 계절에 따른 변화가 주기 적으로 생기는 이유는 점성이 있는 춤추는 물 분자가 따뜻해지거나 차가워지기 때문이다. 아주 묘한 이야기이지만, 겨울에는 바닥에 있 는 밀도가 크고 무거운 물이, 얼음 바로 밑에 있는 거의 얼기 직전의 물보다 조금 덜 차갑다. 겨울이면 표면에 있는 물이 가장 차갑고 여 름이면 바닥에 있는 물이 가장 차갑다는 것은 겨울과 여름이 될 때에 물이 뒤집어져야 한다는 뜻이다. 호소학자들은 봄과 가을에 호숫물 이 한데 섞일 때에 이런 온도 "역전현상"이 일어난다고 말한다. 온대 지방의 호수들은 대부분 1년에 두 번 온도 역전현상이 일어나는데, 역전현상이 일어나는 깊이나 장소 같은 여러 가지 변화 요소는 호수 마다 다르다. 예를 들면 백합 연못처럼 얕은 물은 심수층이 전혀 없 으며 강한 바람만 불어도 매번 호수의 모든 물이 뒤섞이지만, 여러 층으로 되어 있는 깊은 열대의 호수는 뒤섞이는 경우가 있다고 해도 1년에 한 번 정도에 불과하다.

과학을 알지 못했던 우리의 조상들은 호수의 역전현상 같은 자연

현상을 관찰했다고 해도 그 이유를 신화나 마술을 빌려와서 설명했는데, 그런 이야기들을 대체하고 있는 과학이 밝혀낸 보이지 않는 힘과 현상들은 왠지 무작위로 선택된 것처럼 보인다. 그러나 그렇지 않다. 그렇게 보이는 이유는 인식이 지니고 있는 본질적인 한계 때문인데, 이 한계는 현대 과학의 도움을 받아야만 극복할 수 있다. 분자와 분자가 만드는 생명의 과정은 명백한 사실이기 때문이다. 호수를 구성하는 점성을 가진 분자에 관해서 배우는 과정은 외국 영화에 모국어 자막을 넣는 과정과 같다. 실제로 일어나는 일을 잘 알게 되어야만 그 이야기를 그저 추측하는 데에 그치지 않고 더 잘 이해하고 음미할 수 있게 된다.

수중 실험은 진행 과정이 즐거운 것은 물론 물에 사는 생명체에 관해서 훨씬 더 잘 알게 해주는 방법이다. 물에 잠김으로써 수중 생명체의 일원이 될 수 있다는 것도 수중 실험에서 즐거움을 느끼는 이유인데, 나는 1985년에 카메룬에 있는 짙은 파란색 화구호에 들어갔을 때에 그런 경험을 했다. 조지와 내가 제네바 호수를 지나가고 몇 주일 정도 흘렀을 때의 일이다. 그때 나는 어린 시절에 백합 연못에서 꿈꾸었던 아프리카를 탐험하고 있었다.

둥근 화구를 완전히 차지하고 있는 바롬비음보 호수는 너비 2.5킬로미터에 수심은 110미터로 무성한 열대우림으로 둘러싸여 있었다. 인근 쿰바 마을에서 화구호로 가려면 가파른 흙길을 지나야 하는데 호숫가 반대편의 개간지에 있는 작은 어촌 마을로 가려면 반드시 통나무 카누를 타야 했다. 바롬비음보라는 이름은 호수의 소유권을 주장

카메룬의 바롬비음보 호수(사진 : 커트 스테이저)

하는 그 마을 사람들의 뜻이 반영된 것으로 "바롬비 사람들의 호수"
라는 뜻이다.

7월부터 9월까지는 구름과 비 때문에 바롬비음보 호수의 표수층이
차가워지면서 표수층 일부가 밑으로 가라앉기는 하지만, 바닥에서
60미터 위까지의 깊이 이하로는 차가워진 물이 내려가지 않으며, 산
소도 그 정도 깊이 아래로는 녹아들지 않는다. 온대지방 호수들은
대부분 정기적으로 물이 섞이고, 심수층은 차가운 물을 좋아하는 송
어 같은 생물에게 산소가 풍부한 피난처를 제공한다. 그러나 1년 내
내 수온층이 쉽게 바뀌지 않는 바롬비음보 호수는 바닥에서 60미터
위까지 동물들이 대부분 가지 못한다. 그런데 시클리드 물고기 11종
가운데 한 종이 이 호수에 살면서 바닥에 숨은 각다귀 유충을 잡으러
이 깊이까지 내려간다. 이 시클리드의 혈액에는 헤모글로빈이 상당

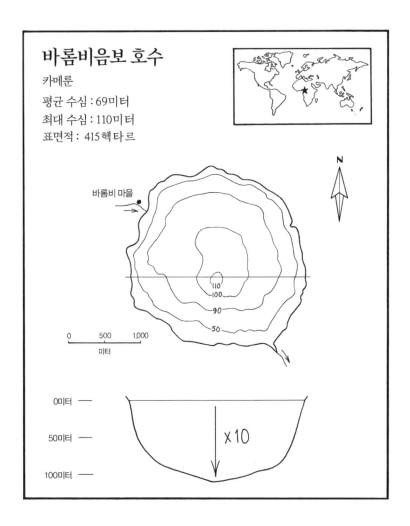

바롬비음보 호수

카메룬

평균 수심 : 69미터
최대 수심 : 110미터
표면적 : 415헥타르

바롬비 마을

0   500   1,000
미터

0미터 —
50미터 —
100미터 —

×10

히 많이 들어 있어서 깊이 잠수할 수 있는데, 마을 어부들은 이 작은 물고기를 물 밖으로 끌어내면 아가미에서 피가 나온다고 했다.

내가 기억하는 1985년의 호수는 고요했고 기분 좋게 따뜻했다. 나무들이 풍성하게 가지를 드리우고 있는 숲에서는 향 좋은 온실 냄새가 났고 분화구 저 멀리에서는 나무 기둥을 두드리고 날카롭게 고함을 지르던 침팬지들이 이제 막 조용해졌다. 공기는 무덥고 후덥지근해서 조금만 움직여도 온몸이 땀으로 흠뻑 젖었고, 수영하기에는 정말로 좋은 날이었다. 그러나 그 순간 내 마음은 온통 호수 속에서 살면 어떤 느낌이 들지를 더 잘 아는 데에 쏠려 있었다.

나는 햇빛을 받아서 따뜻해진 커다란 바위로 기어올라서 물에 뛰어들었다. 그 순간 내 심장이 뛰는 속도는 느려졌고 혈액이 내 팔다리를 순환하는 속도도 느려졌다. 생리학자들이 "잠수 반사"라고 하는, 얼굴이 물에 들어갔을 때에 일어나는 무조건 반사 반응이었다. 사람에게서 잠수 반사가 일어나는 이유는 알 수 없지만 동일한 반응을 보이는 포유류는 많다. 물개와 고래는 사람보다 훨씬 더 정교한 잠수 반사가 일어나서 깊은 곳까지 산소를 아끼면서 잠수할 수 있다. 물론 해양 포유류의 근육에는 더 많은 양의 미오글로빈과 헤모글로빈이 들어 있다. 그런데 차가운 물에서 사람은 잠수 반사에 상관없이 공포에 질려서 자신도 모르게 헐떡거리다가 익사할 수도 있다.

물에 들어가는 순간 나는 나에게는 공기가 필요하다는 사실을 깨달았다. 여느 때라면 그냥 당연하게 내 몸속으로 받아들였을 공기 말이다. 숨을 쉬려고 코로 물을 들이켠다면 내 폐는 그 묵직한 물을 감당할 수 없을 것이고, 물속에 녹아 있는 산소도 내 몸을 지탱하기에는 턱없이 부족할 것이다. 공기를 구성하는 분자 가운데 산소가 차지하는 비율은 20퍼센트 정도이다. 그러나 호수를 구성하는 분자 가운데 산소가 차지하는 비율은 1퍼센트도 되지 않는다. 물고기가 물속에서 살아갈 수 있는 이유는 신진대사 속도가 느리기 때문이고, 우리처럼 종잇장 같은 얇은 공기주머니에 물을 받았다가 내보낼 필요가 없기 때문이다. 물고기가 입으로 들이마신 엄청난 양의 물은 목구멍을 지나서 주름이 많이 잡힌 아가미로 간다. 산소를 흡수하는 아가미를 통과한 물은 머리 뒤 양쪽에 하나씩 있는 긴 틈새로 빠져나간다.

물속으로 들어간 나는 몇 초 뒤에 눈을 떴다. 앞이 뿌옇게 보였다. 사람의 각막은 둥글어서 물속에서 보는 물체의 상이 망막이 아니라 두개골의 중심부 가까운 곳에 맺히기 때문에 생기는 현상이다. 사람이 물고기처럼 보려면 어항을 들여다볼 때처럼 물과 눈 사이에 공기층이 있어야 한다. 나는 호숫가로 돌아가서 마스크와 스노클 장비를 갖추고 유리로 덮은 내 얼굴을 앞으로 길게 빼고 팔을 앞으로 쭉 뻗고 바위에서 다시 물속으로 펄쩍 뛰어들었다.

물은 아주 투명해서 선명한 파란색 배경을 뒤로 한 내 손이 아주 도드라져 보였다. 마치 두 손을 하늘 위로 번쩍 들어올리고 있는 것만 같았다. 포렐이 언급한 것처럼 호수의 색과 투명도는 호수로 흘러드는 물질과 호수에 사는 유기체의 종류에 따라서 달라진다. 높은 산의 하천들이 실어온 빙하 실트 때문에 제네바 호수에는 물이 우윳빛을 띤 곳이 있고, 낙엽 때문에 갈색을 띤 백합 연못에는 플랑크톤 때문에 녹색으로 보이는 곳도 있다. 바롬비음보 호수의 투명한 물은 실트를 실어올 빙하를 만난 적이 없다. 숲 바닥에 깔리는 낙엽은 미생물이 재빨리 처리하고 나무 뿌리가 빠르게 흡수하며 플랑크톤은 넓은 호수에 흩어져서 아주 빠른 속도로 다른 유기체에게 먹힌다.

아무리 물이 투명해도 물 분자는 빛을 퍼트리기 때문에 9미터보다 먼 곳에 있는 물체는 보이지 않는다. 따라서 물속에서 보는 사물들은

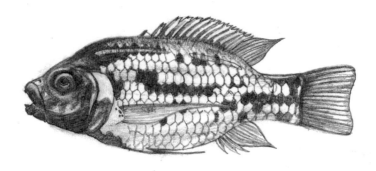

4/29/85

바롬비음보 호수에 사는 고유종 시클리드(*Pungu maclareni*)
(그림 : 커트 스테이저)

파란색 안개로 뒤덮인 먼 산처럼 보인다. 흘수선(吃水線, 선체가 물에 잠기는 한계선/옮긴이) 아래에서는 호수의 반대쪽 기슭을 쳐다볼 수도 없고 육지 풍경을 보는 것처럼 호수 바닥의 지형을 눈으로 쉽게 구분할 수도 없다. 물속에서 시력은 가까운 물체만을 구별할 수 있을 뿐이며, 그것도 대부분은 햇빛이 닿아서 모든 색이 훨씬 더 밝게 보이고 천적과 먹잇감이 서로를 잘 볼 수 있는 표면에서만 제구실을 한다. 호수에서 서식하는 식물은 광합성을 할 수 있는 빛이 필요하며, 바위에 붙어살거나 물속에서 떠다니는 조류도 햇빛을 받아야 한다. 물고기가 숨어서 먹이를 찾는 곳이 대부분 얕은 물가인 이유는 바로 이 때문이다.

크게 쾅쾅 울리는 소리 때문에 혼자라는 기분은 들지 않았다. 퇴적물 코어를 채집하려고 호수 한가운데에 정박한 커다란 뗏목(나무와 알루미늄으로 만들었다) 위에서 조지가 작업을 하는 소리였다. 조지가 뗏목 위에서 무엇인가를 쾅쾅 두드릴 때마다 충격파가 생성되어 나의 귀를 뚫고 지나갔다. 분자는 기체 상태일 때보다 액체 상태일 때 훨씬 더 조밀하게 붙어 있으며, 물 분자끼리는 서로를 강하게 끌어당기는 수소결합을 하고 있기 때문에 소리는 공기보다 물속에서 훨씬 더 빠르게 퍼지고 선명하게 들린다. 음파가 빠른 속도로 달려와서 물 분자를 치면 그 충격을 완화할 수 있는 공간이 거의 없기 때문에 물 분자는 조밀하게 붙어 있는 이웃 분자와 재빨리 부딪쳐서 충격파를 넘겨준다.

호수에서는 먼 곳에 있는 유기체끼리 훨씬 더 효율적으로 의사소통할 수 있는 수단이 시력보다는 소리라서, 많은 수생생물이 소리로 서로 소통한다. 얼마 전에 바롬비음보 호수 북쪽에 있는 또다른 화구호에서 스노클링을 하다가 귀에 거슬리는 고음을 듣고 깜짝 놀란 적이 있었다. 내 주위에서 헤엄치면서 구애음을 내는 물벌레(water boatman) 소리였다. 해바라기씨만 한 그 녀석들은 귀뚜라미처럼 울고 있었다. 내가 물고기라면 그런 소리를 자주 들을 수 있을 테고 내 몸으로 그 소리를 느낄 수 있을 것이다. 물고기를 가까이에서 보면 옆쪽에 연필로 그은 것 같은 가는 선을 볼 수 있다. 물고기 양쪽에 있는 옆선은 감각모가 가득 차 있는 액체 관인데, 이 감각모는 관에 뚫린 구멍으로 들어온 충격파에 맞으면 구부러진다. 수중에서 생성되는 정확한 소리를 양쪽 옆선으로 듣는다면, 물고기에게 호수의 소리는 콘서트에서 듣는 연주 소리처럼 들릴 것이 분명하다.

뗏목으로 돌아가기 전에 나는 숨을 참고 3미터 깊이까지 잠수했다. 표수층 가장 위쪽에 있는 특히 따뜻한 층(아침부터 따뜻해졌다가 밤새 다시 식는 층)을 떠나자 차가운 물이 내 몸을 감쌌다. 심수층은 밑으로 보이는 흐릿한 파란색 물보다 훨씬 더 아래쪽에 있는데, 바닥까지 내려간다면 나는 2도의 차가운 물을 경험하게 될 것이다. 위쪽에서는 너울이 일어서 수면이 은색 캐노피처럼 부드럽게 흔들리고 있었다. 나는 앞으로 차고 나가면서 30초 동안 폐가 내가 꿈속에서 느꼈던 감각을 음미할 수 있게 해주었다. 나는 수영을 하고 있지 않았다. 물에서 날고 있었다. 물이 가득 찬 내 몸은 나를 둘러싼 눈에 보이지 않는 투명한 매질과 밀도가 거의 같아서 왠지 공중에 둥둥 떠 있는 것 같은 느낌이 들었다.

15분 뒤에 나는 조지가 있는 뗏목으로 올라갔다. 뗏목에는 우리의 현장 연구를 위해서 고용한 바롬비 마을 주민이자 어부인 은도니 상와 폴도 있었다. 에이브러햄 링컨처럼 수염이 있고 건장하며 태도도 근엄한 폴은 곧바로 우리 두 사람의 친구이자 협력자가 되어주었다. 그는 재치 있는 유머의 소유자이기도 했다.

"원숭이는 일하고 밤보는 먹는군요." 물을 뚝뚝 떨어뜨리면서 뗏목 위로 올라오는 나를 보면서 폴이 심술궂게 웃었다. 내가 게으름을 피우고 있다는 뜻이었다. 밤보는 계속 먹기만 하는 게으름뱅이 침팬지이다. 나는 폴과 조지가 일하는 동안 물속에서 놀기만 하는 게으른 인간이고.

카메룬에서 우리는 월든 호수의 나이보다 거의 2배는 더 오래된 2만5,000년 전이라는 먼 과거까지 연결되는 퇴적물 코어를 채집했다. 바롬비음보 호수의 고유종 시클리드의 진화와 기후변화가 주변 열대우림에 미친 영향을 파악하고 싶었기 때문이다. 그러나 나중에 알게 된 바로는 우리가 강철 파이프로 채취한 가장 긴 코어(약 23.5미터)도 거의 100만 년에 달하는 바롬비음보 호수의 퇴적물 표면만을 간신히 건드렸을 뿐이었다.

그러나 그날은 바롬비음보 호수의 과거를 제대로 음미할 수 없었다. 그날 조지와 폴은 뗏목 밑에서 느껴지는 신비한 진동 현상을 조사하고 있었다. 온도측정기로 수온을 측정한 조지는 수면에서 30미터 아래에 있는 물이 80분 주기로 차가워졌다가 따뜻해지기를 반복하고 있음을 알아냈다. 이는 마치 호수가 숨을 쉬고 있는 것처럼 심수층 가장 윗부분이 올라왔다가 내려가기를 반복하고 있다는 뜻이었다.

바롬비음보 호수에서는 최근에 욕조에서 물이 출렁거리는 것처럼 몇 센티미터 높이로 물이 주기적으로 진동하는 현상이 발견되었는데, 포렐도 바람이 부는 제네바 호수에서 비슷한 경험을 했다. 포렐은 호숫물이 주기적으로 모르주에 있는 항구로 들어왔다가 나가는 모습을 관찰하고, 그 움직임이 바람 때문에 형성된 느리게 움직이는 조수 같은 파동에 의해서 생긴다는 사실을 깨달았다. 제네바 호수 가까이에서 사는 사람들은 그런 물의 흐름을 "세이시(seiche, 정진동[靜振動])"라고 불렀는데, 포렐도 같은 용어를 채택했다. 그러나 호수 표면뿐만 아니라 깊은 물속에서도 세이시 현상이 일어난다는 사실은 호소학자들이 스코틀랜드에 있는 깊은 호수들을 연구한 뒤에야 밝혀졌다.

층상 구조를 이루는 깊은 호수 밑에서 발생하는 세이시는 보통 강한 바람이 물을 한쪽으로 밀고 가면, 밀려온 물만큼 표면이 무거워져서 심수층이 밑으로 눌렀다가, 바람이 잔잔해지면 밀려온 물이 되돌아가면서 심수층이 다시 올라오기 때문에 생긴다. 부풀어오른 무거운 표면 밑에서도 세이시는 발생할 수 있다. 상부층과 하부층의 밀도가 비슷하면 두 층이 접촉하는 면에서는 표면보다 훨씬 더 큰 파동이 생성된다. 예를 들면 네스 호수의 내부에서 발생하는 파동은 오르내리는 폭이 9미터에 달하며 마루에서 마루까지의 길이는 거의 1킬로미터에 달한다. 이 같은 내부 세이시는 폭풍이 불 때는 보이지 않는 큰 파도가 되어서 호숫가로 밀려와 얕은 지역에 쌓인 퇴적물을 쓸어갈 수도 있는데, 이런 현상은 상부층에 사는 생물들에게 축복이 될 수도 있지만 반대로 재앙이 될 수도 있다. 왜냐하면 바닥에 있던 영양분이 표면으로 올라와서 햇빛을 사랑하는 조류들에게 영양분을 공급할 수도 있지만 산소가 부족한 바닥 물이 올라와서 물고기들이 죽을 수도 있기 때문이다.

폴은 바롬비음보 호수가 부풀어올라서 죽은 물고기는 본 적이 없으며 그때까지도 내부 세이시에 관해서 아는 사람은 누구도 만나지 못했다고 말했다. 그러나 호수에 관한 전승은 상당히 많이 알고 있어서 뗏목 위에서 점심을 먹는 동안 우리에게 여러 가지 이야기를 들려주었다.

폴은 까마득하게 먼 옛날에 한 바롬비의 조상이 개를 데리고 사냥을 하다가 호수를 발견했다고 했다. 바롬비 마을 사람들은 호수와 밀접하게 연결되어 있었다. 호숫물을 마셨으며 호수에서 목욕을 했고 호수에서 옷을 빨았고 카누를 타고 호수를 건너서 먼 곳으로 여행을 떠났다. 남자들은 호수에서 물고기를 잡아서 쿰바에 있는 시장에서 팔았다. 여자들은 숲에 있는 은밀한 장소에서 회색빛의 호수 진흙

카메룬의 바롬비음보 호수에서 코어를 채취하는 배를 방문한 어부들
(사진 : 커트 스테이저)

을 모아왔다. 그 은밀한 장소는 한때는 물로 덮여 있었지만 호수 뒤
쪽으로 빠져나오는 시냇물이 화구호 가장자리에 골짜기를 만들자 호
수 표면이 낮아지면서 바닥을 드러냈다. 바롬비 사람들은 예전에는
호수였던 곳에서 가져온 진흙으로, 의식이나 제전 때에 사용하는 핸
드 드럼보다 2배쯤 큰 플라스크처럼 생긴 그릇을 만들었다.

　바롬비 마을 사람들에게 바롬비음보 호수는 자원으로서뿐만 아니
라 깊은 내면의 삶과도 관련이 있다. 바롬비 사람들은 마을 족장 같
은 중요한 조상들의 영혼이 호수 바닥에 있는 마을에서 살고 있다고
믿었고, 일부는 코어 표본을 채취하는 우리의 행위가 조상들을 괴롭
히고 있다고 걱정했다. 그의 걱정을 해소해주기 위해서 지도 교수인
댄과 우리는 족장의 집에서 마을 노인 몇 명을 만났다. 노인들은 댄

에게 마을 조상들에게 음식과 술을 바칠 수 있겠느냐고 물었고, 댄은 우리가 의식을 지켜볼 수만 있다면 그렇게 하겠다고 했다.

의식을 치르던 날, 음식과 술은 대부분 마을 사람들에게 돌아갔지만, 닭의 피 한 컵은 기도를 하면서 호수에 부었다. 아프리카에서 연구를 하면서 이와 비슷한 의식을 상당히 많이 접한 뒤로는 나도 현장에 나가서 호수의 표본을 채취할 때면 호수에 사는 영혼들을 위로하는 선물을 바쳤다. 물론 지금도 마찬가지이다.

화구호와 화구호의 퇴적물, 그곳에 사는 물고기를 연구하려고 카메룬에 갔지만, 바룸비 마을 사람들과 몇 달을 함께 지내는 동안 사람도 호수 생태계의 완벽한 구성요소라는 생각을 하게 되었다. 포렐도 제네바 호수와 호수 부근에 사는 사람들에 관해서 이와 비슷한 생각을 했다. 그는 자신이 사랑하는 호수와 관계를 맺고 있는 생물종을 정리할 때면 가장 먼저 사람을 적었다. 포렐은 "호모 사피엔스는……본질적으로는 수생생물이 아니다. 그러나 어부, 선원……등으로 다양하게 부를 수 있는 사람들의 활동을 통해서 수생생물이 되었다. 그 결과 호수에서 반수생생활을 하는 많은 사람들은……호수 동물계에서 볼 수 있는 이국적인 생물종이 되었다"라고 했다.

2015년에 백합 연못가에 앉아서 내가 지켜본 어미 오리와 대여섯 마리쯤 되는 새끼 오리들은 수생 공동체에서 사람이 차지하는 위치를 포렐과 동일하게 생각하고 있는 것이 분명했다. 나를 발견한 오리들은 연못을 가로질러서 재빨리 내가 앉아 있는 벤치로 다가왔지만 마을에 있는 몇몇 사람들보다 내가 들고 있는 먹이 자원이 상당히 빈약

(사진 : 캐리 존슨)

하다는 사실을 깨닫고는 다시 뒤뚱거리며 연못으로 돌아가버렸다. 백합 연못은 보이는 모습도 느껴지는 마음도 나의 어린 시절과 동일한 것 같았지만, 내가 그렇듯이 백합 연못도 바뀌었다. 가뭄과 저절로 쌓이는 퇴적물 때문에 연못의 수위가 너무 낮아져서 나는 우연히 이야기를 나누게 된 마을 사람의 의견에 거의 동의할 뻔했다. 그 사람은 연못이 완전히 채워져서 막히기 전에 굴착기로 바닥을 파내고 싶다고 했다. 나는 과연 그렇게까지 해야 할 필요가 있을까 하는 생각이 들었지만, 지금도 백합 연못을 걱정하고 보존하고 싶어하는 사람들이 있다는 사실은 기뻤다.

백합 연못이라는 세상은 익숙함 때문에, 그리고 그 안에 살고 있는 작은 유기체들처럼 크기가 작다는 이유 때문에 더욱 간과되기 쉽다.

그러나 백합 연못은 주의 깊은 방문자들에게는 이국적인 제네바 호수나 바롬비음보 호수만큼이나 분명하게 호수라는 은밀한 세계를 들여다볼 수 있게 해준다. 포렐과 바롬비 마을 사람들처럼 나도 반세기 전에 나에게 호수라는 세계를 처음으로 알려준 이 고요한 연못에 영원히 특별한 애정을 느낄 것이다.

4

동아프리카 지구대

/

운명을 알지 못하는 낱알 하나가
한 개체가 살 것인지 죽을 것인지를 결정하게 될 것이다.
어떤 변종이, 어떤 생물종이 수적으로 증가할지, 감소할지,
아니면 결국에는 멸종할지를 결정하는 것이다.
_찰스 다윈, 『종의 기원(On the Origin of Species)』

1960년 11월, 장차 나의 지도 교수가 될 듀크 대학교의 댄 리빙스턴은 대학원생 조 리처드슨과 함께 아프리카 남중부에 있는 잠비아 오지에서 작은 고무 보트를 호수에 띄웠다. 당시 30대였던 리빙스턴은 호수 생태학과 환경 역사 전문가로, 두 사람은 므웨루 완티파라는 훨씬 더 큰 호수와 연결되어 있는 늪지로 둘러싸인 작은 체시 호수로 들어가는 중이었다. 두 사람은 그곳에서 퇴적물 코어를 채집할 생각이었는데, 아주 크고 화가 난 악어 때문에 자연선택이 주는 교훈을 얻게 되리라는 생각은 꿈에도 하지 못하고 있었다.

그날 일찍, 두 사람은 연못가에서 야영을 하던 어부들을 만났는데, 그 어부들은 자신들의 땅으로 들어온 외국인들을 환영하더니 그들이 알고 있는 호수에 관한 지식을 나누어주었다. 리빙스턴이라는 성을 가진 사람이 우연히 이곳에 도착한 것은 처음이 아니었다. 스코틀랜

조 리처드슨(왼쪽)과 댄 리빙스턴(오른쪽)이 동아프리카 호수에서 고무 보트를 타고 코어를 채취할 준비를 하고 있다. 1960년(사진 : 로버트 켄들)

드의 탐험가이자 선교사인 데이비드 리빙스턴이 1867년에 이곳으로 들어왔다. 4년 뒤에 웨일스 출신의 미국 모험가 헨리 모턴 스탠리는 탕가니카 호수에서 그를 보고 "리빙스턴 박사님, 맞으시죠?"라는 말로 인사를 건넸다.

어부들은 리빙스턴과 리처드슨을 자신들의 배에 태워서 파피루스가 자라는 길이 400미터쯤 되는 좁은 습지를 빠져나갈 수 있게 도와주면서 하마를 조심하라고 경고했다. 아주 날카로운 엄니가 있는 하마는 새끼에게 가까이 다가오는 악어를 물어서 반 토막을 낼 수 있는데, 배를 공격할 때도 있다고 했다.

처음에는 모든 일이 수월하게 흘러가는 것만 같았다. 리빙스턴과 리처드슨은 호수의 크기를 측정하고 코어를 채취할 적당한 장소를 물색하려고 아주 천천히 호수를 가로질렀다. 호수는 길이 13킬로미터에 너비는 거의 4킬로미터에 달했으며 물 밑에는 두 사람의 머리를 간신히 넘을 것 같은 깊이의 부드러운 진흙이 평평하게 깔려 있어서 코어 채취에는 아무런 어려움이 없을 것 같았다. 조사를 마친 두 사람은 어부들이 야영하고 있는 곳으로 돌아가려고 고무 보트를 돌렸다.

두 사람이 여전히 호수 한가운데에 떠 있을 때, 갑자기 수평선 위로 폭풍우가 보였다. 두 사람이 탄 고무 보트는 건현(乾舷, 흘수선에서 배 바닥까지의 길이/옮긴이)이 2미터인 아주 작은 배였기 때문에 폭풍을 견뎌내지 못할 것이 분명했다. 그때 무엇인가가 고무 보트에 세게 부딪쳤다. "통나무가 고무 보트에 부딪친 거라고 생각했지." 50년 뒤에 내 연구실로 놀러 온 리처드슨이 그때를 회상하면서 말했다. "문제는 이 통나무한테 이빨이 있었다는 거야."

갑자기 거대한 악어가 단 한입에 고무 보트의 앞부분을 터트리더니 리처드슨의 엉덩이까지 물어뜯으려고 했다. 악어의 이빨에 쓸린 엉덩이는 멍은 들었지만 다행히 피부가 찢어지지는 않았다. 괴물의 회갈색 등은 너비가 1미터가 넘었다. 리처드슨이 고무 보트에서 악어를 떼어내려고 필사적으로 애쓰는 동안 바람 빠진 고무 보트는 극심하게 요동치면서 기울어지고 있었다. 악어의 거대한 턱이 이제는 흐늘흐늘해진 바닥과 리빙스턴의 발을 동시에 물었고, 리빙스턴은 있는 힘껏 악어의 턱을 발로 찼다. 악어는 물속으로 잠수했다가 리빙스턴이 있는 쪽의 배 끝부분에 다시 나타나더니 고무 보트를 가라앉히려는 것처럼 아직은 멀쩡해 보이는 끝부분으로 기어오르기 시작했다. 리처드슨은 가지고 있던 유일한 무기(엔진이 멈췄을 때를 대비해서 가져온 속이 빈 알루미늄 노)를 악어를 향해서 휘둘렀다. 나중에 그는 나에게 "근데 그게 악어한테 크게 효과가 있지는 않았어"라고 했다.

혼란한 틈을 타서 두 사람은 물속으로 뛰어들어서 기슭을 향하여 헤엄치기 시작했다. 다행히 악어는 도망자들보다는 흐느적거리는 고무 보트에 더 정신이 팔려 있었다. 두 사람이 마지막으로 본 고무 보트는 그것을 끌어내리려는 악어에게 붙잡혀서 물속에서 요동치고 있는 모습이었고, 곧 큰 파도가 두 사람의 시야를 막았다.

이때부터는 악어가 아닌 물이 훨씬 더 급박한 위협이 되었다. 호수를 강타한 폭풍은 하얀 거품이 생길 정도로 거세게 호수를 휘저어댔다. 리빙스턴은 헤엄을 잘 치는 사람이 아니었는데 호숫가에 닿으려면 거센 파도가 치는 호수를 적어도 1,600미터는 가로질러야 했다. 파도를 뚫고 가는 동안 두 사람 모두 얼굴이 물속에 잠기지 않게 하려고 리처드슨은 리빙스턴을 밀어 올리면서 앞으로 나아갔다. 2시간 뒤에 호숫가에 닿았지만 이번에는 갈대가 가득한 늪지대가 두 사람이 단단한 땅으로 접근하는 것을 가로막았다.

체시 호수에 사는 악어들은 새끼 하마나 물고기가 모여 있는 호숫가에서 사냥할 때가 많았기 때문에 두 사람은 다시 악어에게 잡아먹힐지도 모른다는 공포에 휩싸였지만 행운은 두 사람과 함께 있었다. 두 사람은 갈대숲 사이로 난 길을 찾아서 마침내 단단한 땅에 올랐다. 엉덩이에 멍이 들고 넓적한 칼처럼 날카로운 갈대 줄기에 베이고 장비를 잃어버린 것 외에 큰 피해는 없었다.

나중에 리빙스턴과 리처드슨은 악어를 만난 이야기를 「코페이아 (Copeia)」에 "작은 고무 보트에서 악어의 공격을 받다"라는 제목으로 발표하면서 과학계에 이름을 떨쳤다. 기사에서 두 사람은 자신들을 공격한 악어의 주둥이는 "악어들의 평균 주둥이 길이인 4.5미터보다 훨씬 더 넓었고, 동공은 거의 일자처럼 보일 정도로 가늘었다"라는 식으로 세밀하게 관찰한 과학적인 결과와 절제된 이야기를 절묘하게 혼합해서 설명했다. 또한 악어가 자신들을 공격한 이유도 적절하게 추론했다. 이전에도 므웨루 완티파 호수에서 악어가 모터보트를 공격한 전례가 있는 것으로 보아서 엔진 때문에 발생하는 진동이 수컷 악어의 포효 소리와 비슷해서 그것이 영토를 지키려는 수컷 악어를 자극한 것이 아닌가 하고 말이다.

우리의 먼 조상들은 상당히 여러 번 해보았을 경험, 즉 먹이가 될 수 있다는 공포는 현대인들 대부분에게는 그저 간접적으로만 느낄 수 있는 감정이다. 리빙스턴과 리처드슨의 가족들이 훗날 "악어 이야기"라고 부르게 된 두 사람의 경험담은 원시시대부터 펼쳐온 인류의 흥미진진한 모험담이자 훨씬 긴 시간 동안 진행되고 있는 엄청난 대하소설의 한 장을 차지하고 있다. 천적은 먹잇감을 먹을 뿐만 아니라 영토 분쟁, 짝짓기 상대 찾기, 기후변화와 마찬가지로 먹잇감이 속한 종을 형성한다. 이런 식으로 많은 개체들의 삶과 죽음이 한 생물종의 이야기를, 진화라는 태피스트리를 구성한다.

진화는 그저 오래 전에 일어난 일이 아니라 지금도 여전히 진행 중인 과정이다. 최근에 벌어지고 있는 유전자변형생물(이하 GMO)을 둘러싼 논쟁은 돌연변이 생물이나 합성 생물이 실험실 밖에서는 드물다는 현실을 반영하는지도 모르지만 사실은 그렇지 않다. 우리 사람의 게놈은 계속해서 변형된 다양한 생물종의 여러 형질들이 수억 년 동안 축적된 집합체로, 우리를 지구에 있는 모든 생명체와 연결해주는 역할을 하고 있다. 사람의 유전암호는 박테리아에서 왔다. 우리 혈관을 돌아다니는 헤모글로빈은 먼 옛날 물속에서 살았던 무척추동물이 준 선물이며, 턱을 구성하는 유전자는 어류에서 처음 나타났다. 아기가 엄마 뱃속에서 살 수 있게 도와주는 양막낭은 새끼 악어를 알에 넣어서 보호하려고 했던 파충류의 발명품이다. 현대 합성 GMO의 가장 독특한 특성은 자연을 바꾼다는 것이 아니라 진화의 방향을 의식적으로 유도하는 과정이라는 데에 있다.

굳이 인공적인 GMO가 아니라고 해도 진화는 가장 역동적이면서도 보편적인, 삶의 필연적인 측면이다. 많은 사람들이 진화를 그다지 깊이 생각하지 않는 이유는 진화가 작동하면서 드러내는 넓은 관점보다는 보통은 지금, 여기라는 아주 짧은 순간에 집중하기 때문이다. 그러나 사람은 진화의 산물일 뿐만 아니라 아프리카 호수들이 입증하듯이 진화를 이끄는 점점 더 강력한 원동력이 되고 있다.

호수가 많은 동아프리카 지구대는 지각 파편들이 한데 모여 있는 고대 지형으로 길이는 3,200킬로미터가 넘으며 언젠가는 떨어져 나와서 아프리카의 뿔(합치면 코뿔소 뿔처럼 보이는 아프리카 북동부 10개국을 가리키는 용어/옮긴이)이 인도양을 떠다니게 만들 수도 있는 곳이다. 지구대의 긴조한 동쪽 가지는 홍해 입구에서 시작해서 에티오피아와 케냐를 지나서 탄자니아의 세렝게티 평원으로 이어진다.

이곳에서 고고학자들은 루시, 투르카나 소년, 진즈(Zinj) 같은 초기 호미니드의 화석뿐만 아니라 그보다 훨씬 더 오래된 인류 조상의 화석도 발견했다. 습한 서쪽 가지는 남쪽으로 방향을 틀어서 말라위로 향하는데, 종착지까지 가는 동안 전 세계적으로도 넓고 깊고 오래된 호수들이 많이 포진해 있다. 그 가운데 2곳인 탕가니카 호수와 말라위 호수는 수백만 년 동안 호수로 있던 곳으로 3만2,000제곱킬로미터(640킬로미터 × 50킬로미터)의 면적에 수직 1,470미터의 깊이로 물을 채울 수 있다. 대지구대의 두 개의 가지 사이에는 케냐, 우간다, 탄자니아가 만나는 평원이 있는데, 이 평원에는 세상에서 가장 큰 열대 호수이자 나일 강으로 물을 공급하는 빅토리아 호수가 있다.

동아프리카 지구대의 호수는 다양한 장관을 연출한다. 보고리아 호숫가에는 간헐천과 부글부글 끓어오르는 온천이 많다. 토마토처럼 붉은 나트론 호수는 화산 토양에서 흘러나온 강한 알칼리성 무기질 때문에 생물을 죽일 정도로 부식성이 강하다. 얕은 엘멘테이타 호수와 나쿠루 호수는 수천 마리의 홍학 때문에 분홍색으로 변할 때가 많다. 홍학이 붉은 이유는 앞으로 구부러진 부리로 부식성 물에 사는 붉은색 브라인슈림프를 걸러 먹기 때문이다. 키부 호수는 폭발할 가능성이 있는 가마솥으로, 길이는 80킬로미터에 달하고 수심은 480미터가 넘으며 호수 바닥은 이산화탄소와 박테리아가 만드는 메탄으로 가득 차 있다. 호소학자들은 갑자기 산사태가 나거나 화산이 폭발하면 키부 호수 바닥에 쌓여 있는 기체가 분출되면서 인근 마을이 펄펄 끓는 거품에 묻힐 수도 있다고 걱정한다.

내가 이 경이로운 호수들을 처음 만난 것은 1981년이었다. 그때

말라위 호수에서 잡은 "음부나(시클리드)"(사진 : 커트 스테이저)

나는 리빙스턴이 부추기고 결성하는 일을 돕기까지 한 대학원생 지구물리 탐사 및 코어 채취 작업반의 일원으로 석 달 동안 그곳에 머물렀다. 아주 큰 호수들은 크기를 가늠할 수조차 없었다. 케냐를 지나서 말라위가 있는 남쪽으로 가고 있을 때, 내 옆에 앉아 있던 한 지질학자가 저 멀리 보이는 둥근 호수를 가리키면서 "빅토리아 호수 군요!"라고 말했다. 그때 나로서는 호수의 이름을 알 방법이 없었으니 그저 고개만 끄덕였다. 그 순간 지평선까지 뻗어 있는 거대한 회색 호수가 보였다. 사실 그 호수는 지름이 13킬로미터인 나이바샤 호수였다. 우리 앞에 있던 그 광대한 호수는 진짜 빅토리아 호수의 극히 일부일 뿐이었다.

빅토리아 호수는 길이는 대략 320킬로미터, 너비는 240킬로미터 정도로, 거의 아일랜드만큼 크며 미국 오대호에 있는 슈피리어 호수에 이어서 세계에서 두 번째로 큰 담수호이다. 동아프리카 지구대의 양쪽 벽이 위로 상승하면서 형성된 거대한 물웅덩이라고 할 수 있는 이 호수는 그렇게 넓은데도 중심부 수심은 80미터 정도밖에 되지 않는다. 높은 곳에 올라가서 내려다보기 전까지는 호수의 전체 모습을 볼 수 없다. 그러나 이 호수에는 저 높은 하늘에서 호수를 내려다보는 우주비행사도 발견할 수 없는 또다른 멋진 특성이 있다. 오랜 시간 이 호수에서 물고기들을 변화시켜온 진화가 다른 곳에서는 볼 수 없는 고유종 물고기를 수백 종이나 낳았다는 점이다.

색이 화려한 시클리드는 진화생물학자와 아마추어 물고기 사육사에게 인기가 있다. 시클리드과 물고기는 열대와 아열대 곳곳에서 살고 있지만 연고지가 있는 스포츠팬들이 그렇듯이 열정적인 시클리드 애호가들도 특정 지역에 사는 시클리드를 선호하는 경향이 있다. 아프리카에 서식하는 시클리드 중에서는 빅토리아 호수에 사는 시클리드가 특히 인기가 많은데, 많은 종이 멸종 위기에 처해 있기 때문이다.

빅토리아 호수의 시클리드 흥망성쇠는 놀라운 방법으로 사람의 역사와 한데 섞여서 수천 년이라는 시간 동안 펼쳐지고 있는 장대한 서사시이다. 최근에는 수질 문제로 호수가 상당히 탁해져서 빅토리아 호수에 살고 있는 시클리드를 직접 보는 일은 상당히 힘들 수도 있다. 그러나 지구물리학 탐사를 진행할 첫 목적지이자 다양한 생물종이 사는 말라위 호수는 아직 엄청나게 맑기 때문에 물고기를 관찰하기에 적합하다. 말라위 호수에는 사람에게 알려진 담수 물고기종 가운데 10퍼센트 정도에 해당하는 시클리드가 1,000여 종 정도 서식한다. 이곳에서 시클리드와 함께 헤엄을 치고 있으면 테크니컬러(미국의 테크니컬러 모션픽처가 발명한 색채영화 시스템으로, 영화에서 천연색을 만드는 방식 중의 하나/옮긴이)로 만든 물고기가 가득 찬 산호초에 와 있는 것 같은 기분이 든다.

1981년에 동료들과 내가 말라위 호수의 북서쪽 기슭에 있는 은카타 내포에 도착했을 때에는 열대무역풍이 호수 표면을 쓸어서 하얗게 부풀어오른 곳이 보였다. 그러나 가장 강한 바람이 불어도 바닥 가까운 곳의 용존산소는 조금도 휘저을 수 없었다. 파도가 치는 표면에서 호수 바닥까지는 706미터나 내려가야 하기 때문이다. 말라위 호수는 한 장소에 2개의 호수가 있는 곳으로, 햇빛을 받으며 풍부한 생명을 자랑하는 상층부와 산소가 부족해서 죽음의 참호가 된 하층부로 나뉜다. 말라위 호수에 살고 있는 동물들은 호수를 날아다니는 각다귀라는 독특한 곤충을 제외하면 대부분은 수면에서 바닥까지의 수심이 250미터 정도인 호수의 가장자리나 가파른 벽으로 둘러싸여서 얕아진 물에서 살아간다.

해마다 말라위 호수의 표면에서 깊이 내려간 곳에는 투명하고 실처럼 생긴 10만 톤 이상의 각다귀 유충이 살아간다. 알에서 부화한 각다귀 유충은 낮에는 산소가 적은 깊고 어두운 곳에 숨어 있다가 밤이 되면 동물성 플랑크톤을 잡아먹으려고 수백 미터 위까지 올라온다. 완전히 자라서 날개가 나올 때가 되면 공기주머니를 이용해서 재빨리 수면으로 올라가지만, 전체 유충 가운데 75퍼센트는 수면에 닿기 전에 배고픈 물고기의 먹이가 된다. 살아남은 각다귀는 곧바로 짝짓기 대열에 합류하기 때문에 호수 표면에 한껏 몰린 각다귀들은

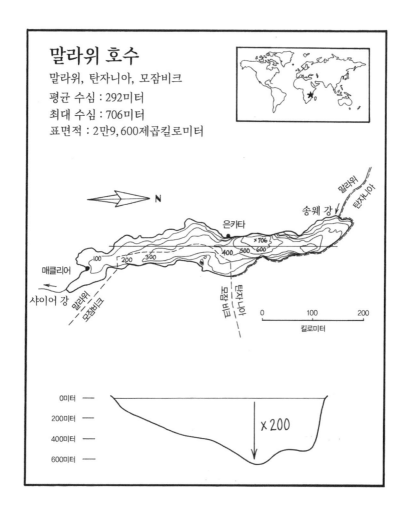

말라위 호수

말라위, 탄자니아, 모잠비크
평균 수심 : 292미터
최대 수심 : 706미터
표면적 : 2만9,600제곱킬로미터

흡사 살아 있는 연기처럼 보인다.

각다귀 성체는 모기와 닮았지만 무는 구기(口器, 입)가 없다. 각다귀 성체의 목표는 오직 하나, 짝짓기를 하고 알을 낳고 몇 시간 혹은 며칠 뒤에 죽는 것이다. 사람에게는 아무런 해도 끼치지 않는 곤충이지만 배 위로 몰려오거나 호숫가에 서 있는 당신에게 떼를 지어서 달려들면 당황할 수밖에 없다. 이 포슬포슬한 벌레는 갑자기 모든 사람들을, 모든 존재들을 덮어버린다. 새들은 각다귀가 제공하는 풍성함을 만끽하는데, 이것은 사람도 마찬가지이다. 호수 부근에 사는 사람들은 단백질이 풍부한 각다귀를 끓여서 으깨어 만든 음식을 먹는데, 호수 각다귀의 학명(*C. edulis*)은 이 때문에 붙은 이름이다(edulis는 라틴어로 "먹을 수 있는"이라는 뜻이다).

말라위 호수의 각다귀는 한 종의 형태를 포식자가 결정하는 전형적인 자연선택의 예를 분명하게 보여준다. 각다귀는 살아남을 수 있는 개체보다 훨씬 더 많은 자손을 낳으며, 태어날 때부터 가지고 있는 약간의 변이 차이가 생존 가능성을 결정할 수도 있다. 다른 개체보다 조금 일찍 부화하거나 조금 늦게 부화하면 홀로 고립되어 잡아먹히기 쉽다. 물고기는, 다른 개체들과 상당히 달라서 눈에 띄는 각다귀 개체들을 골라냄으로써 말라위 호수의 *C. edulis* 개체군이 지금과 같은 모습을 유지할 수 있게 한다.

말라위 호수의 각다귀처럼 한 생물종이 명백한 안정성을 유지하는데에 필요한 동적 메커니즘을 진화생물학자 리 밴 밸런은 "붉은 여왕 가설"로 설명했다. 루이스 캐럴의 『거울 나라의 앨리스(*Through the Looking Glass*)』에 나오는 미친 붉은 여왕이라는 등장인물을 빌려와서 겉으로 보기에는 변함없는 생물종이 계속해서 진화하는 포식자와 기후 같은 외부 장애에 어떤 식으로 적응하는지를 설명한 것이다. 붉은 여왕은 앨리스에게 "자, 여기서는, 보다시피 같은 장소에 머물려면 죽어라고 뛰어야 해"라고 했다.

말라위 호수의 각다귀는 각다귀가 직면한 선택 압력이 개체군의 형태를 되도록이면 지금과 같은 모습으로 유지하는 방향으로 작용하기 때문에 대대로 알아볼 수 있는 형태로 남는다. 각다귀의 경우에는 자연선택이 돌연변이를 끊임없이 일으키려는 유전자의 시도를 억제하고, 호수 각다귀의 유전자 풀이 변하지 않게 하는 원인으로 작동하는 동시에 진화적 변화를 유도하는 엔진 역할도 한다. 아주 먼 옛날에, 오늘날 말라위 호수에 사는 각다귀의 초기 조상들 가운데 처음으로 아주 빨리 수면으로 떠오르는 돌연변이들이 생겨났고, 그 돌연변이들이 경쟁자들을 물리쳤을지도 모른다. 왜냐하면 천천히 떠오르는 기존 형질을 지닌 다른 각다귀들과 달리 포식자에게 덜 먹히면서 더 많이 살아남아서 후손에게 새로운 형질을 전해줄 수 있었을 테니까 말이다.

붉은 여왕의 영향 아래에서 우리 종도 거의 비슷한 진화 과정을 거쳐왔지만 이제 우리는 지금까지 생각하지도 못했던 방식으로 다른 종의 진화를 유도하면서 붉은 여왕과 경쟁을 벌이기 시작했다.

1970년대에 잠비아 어업 관리인들은 지역 물고기 군서가 진화의 원인과 결과로 아주 빠른 속도로 변할 수 있다는 것을 알았다. 잠비아 정부는 북쪽에 국립공원을 조성하고 국립공원 안에 있는 체시 호수와 므웨루 완티파 호수에 사는 악어를 보호종으로 삼았다. 그러자 많은 악어들이 번식을 할 수 있는 나이까지 살아남았고, 악어의 개체 수가 늘어나면서 물고기를 둘러싼 경쟁은 훨씬 더 치열해졌다. 악어가 주로 먹는 물고기의 수가 줄어들자 악어들은 얕은 물에 사람들이 설치한 어망으로 달려들었고, 이 때문에 어망이 찢어지기도 했다.

경쟁자인 악어를 사냥하는 일은 불법이었기 때문에 틸라피아를 잡는 어부들은 호숫가에서 더 가까운 곳에서 더 싸고 촘촘한 모기망을 사용하여 물고기를 잡았다. 상황을 훨씬 더 복잡하게 만드는 새로운 형태의 자연선택이 작용하게 된 것이다. 작은 물고기들은 포식자를 피해서 얕은 물가에 숨는다. 촘촘한 모기망은 성체뿐만 아니라 어린 개체도 잡을 수 있다. 결국 성체가 되는 틸라피아의 수가 줄어들었고, 성체가 되는 속도는 빨라졌기 때문에 틸라피아 집단의 평균 크기는 작아졌다. "성장은 빠르게, 죽음은 빨리"라는 지령을 가진 유전자가 제대로 발육하지 못하는 물고기 집단의 보편적인 유전자가 된 것이다.

포획이라는 압력을 받으며 크기가 축소되는 현상은 현재 전 세계 어업계에서 나타나는 보편적인 진화 과정으로, 유전자가 유도하는 행동 방식 또한 바뀌고 있다. 얼마 전에 코네티컷 주에서 활동하는 생물학자들은 전체 개체 수는 여전히 많은데도 큰입우럭이 거의 잡히지 않는 호수들이 있음을 발견했다. 그 이유를 조사한 과학자들은 아주 놀라운 원인을 찾았다. 신진대사가 빠른 큰입우럭들은 다른 물고기들보다 훨씬 더 활동적이어서 미끼를 무는 경우가 많았고, 따라서 큰입우럭 개체군 밖으로 빠르게 사라져갔다. 이 때문에 낚시를 금지한 호수에 사는 큰입우럭의 신진대사 속도보다 낚시가 허용되는 호수에 사는 큰입우럭의 신진대사 속도가 훨씬 더 느려졌다. 2011년 한 해만 해도 코네티컷 주 호수에서 낚시를 한 사람들은 30만 명이 넘었기 때문에 그 결과 자연선택은 아주 빠른 개체가 아니라 게으르고 둔한 개체를 더 많이 남기는 선택을 했다.

독일의 과학자들도 물고기 어종을 선택해서 하는 낚시 때문에 자연 상태 그대로였다면 야생에서 살아남기 힘들었을 물고기로 가득 찬 호수가 만들어진다는 연구 결과를 발표했다. 배스는 보통 크고 대담한 개체를 배우자로 선택한다. 강인한 배스일수록 새끼에게 덤비는 포식자를 물리치고 더 많은 새끼들을 기를 수 있기 때문이다. 그러나 낚시꾼들은 배스의 커다란 몸과 용감함을 생존에 적합한 특성이 아니라 도태될 수 있는 불리한 특성으로 만들어서 자연선택의 규칙을 다시 쓸 수 있다. 과학자들은 배스를 인공으로 방류하면 호수에 서식하는 전체 배스의 수는 일정하게 유지할 수 있지만 물고기 군서 전체의 건강 상태는 나빠진다는 사실은 감춰질 수도 있다고 했다. 그 결과 "다윈의 부채(Darwinian debt)"가 일어나고 이론적으로는 진화가 반대 방향으로 다시 진행될 수도 있지만, 그 결과는 오직 수세대가 지나야만 알 수 있다.

얼마 전, 고요하고 화창한 늦은 봄날에 애디론댁 산맥에 있는 호수에서 아내와 함께 배를 타다가 나 자신도 큰입우럭의 진화를 촉진하는 동력일 수 있음을 깨달았다. 수면에서 몇 미터 아래에 있는 호수 바닥에는 희미하게 보이는 원이 드문드문 있었다. 큰입우럭 수컷들이 뾰족하게 튀어나온 입으로 느슨하게 파묻힌 자갈 퇴적물을 파내서 둥지를 만드는 중이었다. 둥지 위에 가만히 떠 있는 수컷들은 아주 컸기 때문에 그 수컷들을 보자마자 내가 한 생각은 "내 낚싯대 어디 있지?"였다. 그러나 큰입우럭 수컷들을 조용히 지나치는 동안 나는 한 가지 새로운 사실을 알게 되었다.

큰입우럭 수컷들은 둥지 주위를 돌면서 영토를 지키고 가슴지느러미를 부지런히 움직여서 암컷이 낳은 수천 개의 알에 열심히 산소를 공급하고 있었다. 그런데 우리 배가 다가갔을 때의 행동은 수컷마다 달랐다. 거의 모든 수컷들이 우리 배의 그림자가 둥지를 가리기 전에 달아났지만 다른 수컷들과 달리 아주 많이 망설이는 수컷도 있었다. 심지어 둥지 위에 가만히 머문 채로 우리에게 덤벼들 것처럼 위를 올려다보는 수컷도 있었다. 자기 알을 위해서라면 우리 배에 돌진할 수도 있는 이 용감한 수컷들은 분명히 자기 영토에 들어온 미끼도 덥석 물어버릴 가능성이 컸다. 그날 내가 낚싯대를 가지고 있었다면 그 수컷들의 용감함은 생존을 위한 투쟁에서 불리하게 작용했을 것이고 나는 귀중한 경험을 할 기회를 놓쳤을 것이다.

이런 모든 일들이 종의 기원과 어떤 관계가 있을까? 과학자들이 "소진화(micro evolution)"라고 부르는 점진적인 변화가 있는데, 그런 변화는 일어났다고 해도 한 물고기종을 다른 종으로 바꾸거나 하지는 않는다. 보통 한 개체의 특성은 한 개체군 내부에서 평균을 크게 벗어나지 않는 범위에서 살짝 변화가 생기거나 해당 종으로 분류할 수는 있을 정도로만 달라진다. 진화는 없다고 믿는 나의 창조론자 친구들도 항생제에 내성이 있는 박테리아나 살충제에 내성이 있는 곤충이 많아지는 이유는 자연선택 때문이라는 점을 인정한다. 물론 그 친구들은 "진화"라는 말보다는 "적응"이라는 말을 더 선호하지만 말이다.

그러나 고립된 개체군 내부에서 충분한 시간 동안 유전자가 변한다면, 고립된 개체군이 다시 원래 개체군과 합쳐진다고 해도 서로 교배가 이루어지지 못할 정도로 큰 변화가 일어날 수 있다. 한 유기체의 생식 방법이 전혀 다른 형태로 바뀌는 변화를 "대진화(macro evolution)"라고 하는데, 대진화가 바로 종의 기원이다.

1981년에 진행한 호수 연구에서 우리가 중점을 둔 것은 진화가 아니라 지질학적 역사였다. 말라위 호수는 1,000만 년이 넘는 시간 동안 진흙과 규조류 세포막, 꽃가루, 여러 가지 파편들이 4-5킬로미터 정도로 쌓인 퇴적물 위에 놓여 있다. 그곳에서 우리는 몇몇 곳의 퇴적물을 분석하고 지도를 작성했는데, 은카타 내포에서 물에 떠 있는 연구소가 되어줄 트롤선에 장비를 싣는 동안 탐욕스러운 낚시꾼인 나는 시클리드에게서 눈을 뗄 수가 없었다. 옥색 물에 잠긴 부두 콘크리트 구조물에 낀 조류를 먹으러 온 황금색과 남색 형체들의 움직임이 보였지만 그곳에서 낚시를 하는 것은 미끼만 낭비하는 일일 뿐이다. 나중에 내가 낚싯줄을 몇 번 내려본 후에야 알게 된 사실이지만 그곳 시클리드들은 대부분 채식주의자로 먹이에 관해서는 지나치게 까다로웠다.

물고기들이 모두 그렇듯이 포식자와 먹이가 벌이는 경쟁은 시클리드에게 영향을 미친다. 그러나 말라위 호수에서 시클리드가 성공적으로 번식한 데에는 먹이를 까다롭게 고른다는 점도 한몫했다. 직감적인 미적 감각, 이성(異性)을 향한 본능적인 욕구 또한 시클리드의 번식에 영향을 미쳤다. 수중에서 시클리드를 연구하는 것도 이런 요소들이 시클리드의 번식에 영향을 미치는 이유를 알 수 있는 흥미로운 방법이다. 몇 년 후에 생물학자 피터 레인탈이 나에게 은카타 내포의 남쪽에 있는 매클리어 지역으로 하루 드라이브를 다녀오자고 했을 때에 나도 바로 그런 경험을 했다.

1988년 7월의 어느 화창한 오후, 나무가 드문드문 자라는 호숫가의 끝부분에 있는 비바람이 들지 않는 작은 내포에서 나는 아주 멋진 장소를 찾아냈다. 추레한 배낭족들이 지역 어부들과 한데 섞여서 술을 마시는 소박한 호텔 주차장에 차를 세우자 나무 타는 냄새와 잘 익은 과일 냄새가 났다. 야생을 사랑해서 아프리카를 찾아온 사람들의 마음속에는 대부분 사자와 코끼리가 있겠지만, 호수에도 아주 매혹적인 생명체들이 살고 있다. 매클리어 지역도 그런 생명체를 볼 수 있는 아주 멋진 장소이다. 동쪽 돌출부 옆으로는 둥근 바위가 물에 군데군데 잠겨 있는 곳이 있는데, 이곳은 세계 최초로 조성된 담수 국립공원의 일부로, 바위에는 스노클링과 스쿠버 다이빙을 하는 사람들이 참고할 수 있도록 코스를 안내하는 지도가 붙어 있었다.

다음 날 피터와 나는 고무 모터보트를 타고 동쪽 곶으로 나가서 청록색 깊은 물속에 잠겨 있는 둥근 바위에 배를 묶었다. 우리 두 사람은 얼굴에 수중 마스크를 쓰고 등부터 뒤쪽으로 풍덩 하고 물을 튀기면서 물속으로 들어갔고, 곧 무게가 없는 존재가 되었다. 물속에서 처음 숨을 쉴 때면 언제나 깜짝 놀라지만, 곧 적응하고 은빛 거품 기둥을 길게 내뿜으면서 피터를 따라서 밑으로 밑으로 내려갔다.

너무 깨끗하고 평온하고 따뜻한 물속에서 손바닥만 한 시클리드 수백 마리가 우리 주위를 맴돌았다. 말라위어로 시클리드를 음부나(mbuna)라고 한다는 것 외에는 그곳에서 각 시클리드들을 분류해서 부르는 공식 이름은 알지 못했다. 그래서 나는 각 시클리드를 색으로 구별했다. 세로로 검은색 줄이 나 있는 진주처럼 영롱한 하늘색 시클리드. 측면은 흐린 파란색이고 배는 카나리아 같은 노란색인 시클리

말라위 매클리어 지역. 왼쪽: 스노클링을 즐길 수 있는 바위가 많은 곳,
오른쪽: 모래사장과 정착지(사진: 커트 스테이저)

드. 몸은 노란색이고 주둥이에서부터 꼬리지느러미까지 흰색과 검은색 줄이 나 있는 시클리드. 물에 사는 나비처럼 음부나가 우리 밑에서 훨훨 날아다니는 동안, 물결에 굽은 햇살이 이제 막 만든 작은 진주빛 산소로 반짝이는 솜털 같은 황조류에 덮인 돌 위를 조용히 거닐었다.

황조류가 물고기에게 잡아먹히지 않고 바위를 아주 빠르게 덮어버릴 정도로 증식한다는 사실은 얼핏 보면 아주 놀라운 일 같다. 황조류의 아주 얇은 두께는 이 조류들이 왕성한 생산력을 자랑한다는 사실을 감추지만, 부글부글 끓어오르는 거품은 그렇지 않다는 사실을 분명히 드러낸다. 아주 오래 전, 모든 생물이 미생물이었을 때, 산소를 만드는 광합성을 하는 진화가 일어나면서 지금은 물고기를 살리고 스쿠버 다이버들의 공기 탱크를 채우는 이 격렬한 기체는 이 기체를 사용하지 않거나 저항하는 모든 생물에게 죽음을 선고했다. 그러니까 우리는 모두 수십억 년 전에 생물이 처음으로 야기한 공기 오염에서 살아남은 생존자들의 후손인 셈이다.

얼핏 보기에는 아무렇게나 움직이고 있는 것 같은 음부나의 행동은 사실 자연선택이 정교하게 조정한 결과이다. 시클리드는 종마다 특별한 먹잇감을 찾는 전문가로 특화되어 있으며, 이 물고기들의 주둥이는 아주 정교하게 분화된 도구 역할을 한다. 우리 앞에서 헤엄치는 시클리드들은 대부분 아주 작은 이빨을 부지런히 움직여서 조류의 섬유질을 갉아먹고 있었지만, 바위 위쪽을 공략하는 종도 있었고 옆쪽을 공략하는 종도 있었다. 두툼한 입술을 가진 옅은 노란색 시클리드는 물고기의 배설물에서부터 느슨한 조류 덩어리까지 바위에 있는 모든 부스러기를 입으로 빨아들였다. 재빨리 움직이는 긴 입술을 가진 색이 좀더 진한 시클리드는 얼굴을 바위 구멍에 묻고 그 속에 숨어 있는 작은 생명체들을 아작아작 씹어 먹었다. 동물성 플랑크톤을 먹는 시클리드도 있었고, 달팽이를 우걱우걱 씹어 먹는 시클리드도 있었고, 죽은 척으로 호기심 많은 피라미를 유인하여 잡아먹는 시클리드도 있었다.

　피터가 사내끼(dip-net)로 조류를 먹던 멋진 파란색 시클리드 한 마리를 잡은 다음 나에게 헤엄쳐오더니 물고기의 입을 살며시 벌려서 입안을 보여주었다. 아가미 가까이에 있는 목 위쪽에는 단단한 판에 작은 이빨들이 나 있었다. 그 이빨들은 음부나가 자신이 좋아하는 먹이를 물거나 으깨거나 거를 수 있는 특별 맞춤 도구였다. 시클리드마다 먹이가 엄격하게 정해져 있기 때문에 같은 장소에 몰려서 살아도 서로 싸우거나 유한한 먹이를 고갈시키면서 에너지를 낭비하지 않고 공존할 수 있었다. 경쟁은 포식만큼이나 자연선택을 작동하게 하는 원동력으로, 경쟁만 피할 수 있다면 많은 고유종이 이런 호

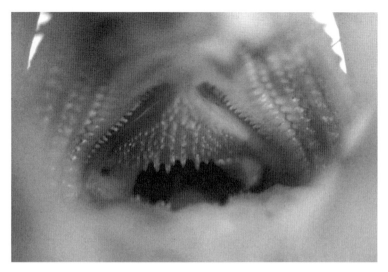

아가미활(새궁)에 특수하게 발달한 이빨이 나 있는 말라위 시클리드 한 종의
입속 사진(사진: 커트 스테이저)

수에서 함께 살아갈 수 있다.

　그러나 시클리드가 모두 협력하며 사는 방식을 택하지는 않았다. 지느러미가 이상하게 너덜너덜해진 시클리드가 많았는데, 이는 모두 다른 종의 지느러미를 먹는 시클리드 때문이었다. 매클리어 지역에 사는 음부나들은 대부분 크기가 아주 비슷했지만, 만약 생존에 필요한 먹이라고는 가끔씩 베어 먹는 신선한 살이 전부라면 굳이 상대방하고 싸울 필요 없이 몰래 숨어 있다가 재빨리 한 입 뜯어 먹어버리는 것이 나을 것이다. 바로 이런 전략을 구사하는 시클리드들이 있었다. 보이지 않는 곳에 숨어 있다가 경계를 하지 않고 지나가는 시클리드에게 달려들어서 한 입 베어 먹는 시클리드 말이다. 내가 듣기로는 지느러미가 아니라 비늘을 한 입 가득 떼어서 먹는 시클리드도

있고, 다른 시클리드의 눈을 파먹는 시클리드도 적어도 한 종은 있다고 한다.

말라위 호수에서 최소한의 경쟁으로 먹잇감을 찾을 수 있는 방법이 있다면, 적어도 시클리드 중의 한 종은 그 먹이를 먹을 수 있는 방법을 개발할 가능성이 높다. 그런데 호수에 능숙한 먹이 채집자가 그렇게도 많다면 이제 막 부화한 힘이 없는 어린 개체들은 어떻게 살아남을 수 있을까?

한 물고기가 이제 막 부화한 투명한 쌀알 같은 작은 치어들을 보살피고 있었다. 내가 그쪽으로 다가가자 그 암컷 물고기는 입을 열어서 치어들을 모두 빨아들였다. 그 물고기는 포식자가 아니었다. 치어들의 어미인 그 물고기의 입은 치어를 잡는 함정이 아니라 치어들의 피난처였다. 아프리카 대륙에 서식하는 시클리드들은 대부분 한 번에 몇 주일 동안이나 제대로 식사를 하지 않고 알과 어린 개체를 입에 넣어서 보호한다. 꿀꺽 삼키려는 충동을 느끼지 않고 알과 치어를 입으로 보호한다는 사실은 이 배고픈 물고기들이 자기의 이익을 중요하게 생각하는 개별 개체일 뿐만 아니라 진화하는 생물종의 일원으로서 자기 종의 생존을 위해서 먹는 활동만큼이나 양육을 중요하게 생각한다는 증거였다. "혈연선택(kin selection)"이라고 부르는 이 같은 진화 형태는 어린 시클리드 개체를 자기 자신만큼이나 아낄 수 있도록 돕는 자연선택의 한 예이다.

이런 기계적인 과정이 우리가 아주 가치 있게 여기는 이타주의적인 행동을 만들었다는 사실은 아주 이상하게 느껴질 수도 있지만, 사실 완전히 이기적인 세계에서는 우리에게 익숙한 삶을 사는 것은 불가능했을 것이다. 혈연선택은 사람처럼 사회생활을 하는 동물들에게서 특히 자주 볼 수 있는데, 다양한 형태로 변형된 혈연선택이 가까운 친족뿐만 아니라 가까운 동료들 사이에서도 작동한다. 사회생활을 하는 여러 영장류처럼 우리 사람도 생존과 번식을 서로에게 의지하며, 다른 개체의 생각과 감정을 느끼고 예측하는 우리의 능력은 크기와 힘만큼이나 자연선택에 영향을 미친다. 사람들은 이 능력을 공감 능력, 수치심, 친절함, 자비로움 같은 단어로 부르고 사람만이 가지고 있는 독특한 특성이라고 생각하지만, 아프리카 대륙에서 연구하는 제인 구달 같은 과학자들은 사람의 가장 가까운 친척인 유인원들도 비슷한 감정을 많이 공유하고 있음을 밝혔다.

그러나 영장류와 사회생활을 하는 동물만이 자기 자식을 돌보는 부모로 진화하는 것은 아니다. 악어는 아프리카 대륙에서 수백만 년 동안 번성해오고 있는데, 난폭하다는 점 외에도 아주 헌신적인 부모라는 데에도 그 이유가 있다. 어미 악어는 썩어가는 식물이 알에게 아늑하고 따뜻한 환경을 제공하도록 연못가 모래밭 위에 식물을 섞은 퇴비처럼 생긴 둥지를 만든다. 새끼 악어들이 부화하면 어미를 부르는 새끼들의 가냘픈 소리를 듣고 둥지로 돌아와서 앞발로 조심스럽게 새끼들을 꺼내고, 새끼들이 스스로 사냥을 할 수 있을 정도로 자랄 때까지 보호한다. 양육 행동을 담당하는 유전자에 문제가 있는 어미 악어는 성체로 성장하는 새끼 수가 많지 않기 때문에 결국 그런 유전자를 가진 개체는 자연스럽게 개체군 내에서 사라지고 만다.

자손을 보호하려는 본능은 부모가 자식을 분명히 살아 있게 하는 한 미래 세대에 전달될 테지만 한 종의 방어 전략은 다른 종이 새로운 공격 전략을 세우게 만들 수도 있다. 말라위 호수에는 아래턱이 튀어나온 시클리드가 한 종 있는데, 이 시클리드는 입안에 치어나 알을 머금고 있는 것이 확실한, 볼이 볼록한 물고기를 은밀하게 관찰한다. 목표를 정하면 이 사냥꾼은 가로줄을 좀더 진하게 만들거나 희미하게 만들어서 피해자와 비슷한 모습을 하고 목표에 접근하여 얼굴을 들이받고는 피해자의 입에서 나온 것은 무엇이든지 넙죽 먹어치운다.

입으로 자손을 보호해서 생존 가능성을 높이고 각자 먹는 먹이를 분화해서 서로 다른 종끼리 다른 먹이를 먹는 방식 덕분에 수많은 물고기종이 한 호수에서 크게 경쟁하지 않고도 같이 살아갈 수 있었다. 그러나 말라위 호수에서 태어나서 그곳에서 쭉 살아가는 생물종이 단일 공동체의 유전자 풀 때문에 여러 가지 곤란을 겪지 않으려면 배우자를 찾는 기술을 포함하는 또다른 진화 메커니즘이 반드시 작동해야 한다.

시클리드에게 작동하는 "성선택"과 자연선택이 유지하는 적절한 긴장 상태는 기이하면서도 멋진 특성들을 발현한다. 주변 환경에 흡수되는 위장색을 띠는 것이 포식자를 피하는 좀더 효과적인 방법일 텐데도 아주 화려한 색을 띤다거나 번식에 도움이 된다는 것 외에는 어디에도 필요 없을 것 같은 기이한 행동을 하는 것이다. 물고기뿐만 아니라 사람도 성선택과 자연선택의 영향을 동시에 받는다.

금목걸이를 차고 향수를 잔뜩 뿌리고 빨간색 페라리를 몰고 댄스클럽으로 달려가는 마초 같은 남자를 생각해보자. 그의 차림새와 행동은 성선택의 결과일 수 있다. 여자의 시선을 끌 수 있다거나 끌고 싶다는 바람이 아니라면 그런 비싼 옷차림은 그저 은행 잔고를 줄게 할 뿐이며, 비싼 자동차는 신호 위반 딱지만 부를 테고, 춤은 에너지 낭비일 뿐이고 향수 냄새는 술집에서 친구들의 외면을 부를 것이다. 이렇듯 한 동물의 겉모습이 직접적인 생존과는 거리가 먼 터무니없는 모습일 때는 성선택과 관련이 있을 가능성이 높다.

바위가 많은 곳을 떠나서 나란히 헤엄쳐서 호숫가로 돌아오는 동안 피터와 나는 샐러드 그릇만 한 얇은 구덩이들이 있는 평평한 모래밭을 가로질렀다. 구덩이는 모두 사랑을 나눌 침실이었다. 피터는 시클리드 몸길이의 몇 배쯤 되는 한 구덩이를 가리켰다. 그곳에서는 한 시클리드가 깃털 같은 지느러미를 흔들면서 둥둥 떠 있었다. 자기가 만든 운동장에서 한껏 뽐내고 있는 것이다. 물고기들은 대부분 신경 쓰지 않고 그 옆을 지나갔지만 아주 평범하게 생긴 물고기 한마리가 갑자기 멈춰서더니 그 시클리드를 천천히 살펴보았다.

멈춰선 암컷은 시클리드의 모양과 색을 보고 배우자감이라는 것을 알아보았을 것이다. 물고기는 저마다 아주 독특한 개성이 있으며 다른 수컷들보다 그 시클리드의 움직임이나 생김새가 마음에 들어서 그 암컷은 좀더 자세히 살펴보고 싶다는 생각이 들었을 것이다. 물고기인 그 암컷은 자신이 수컷에게 끌리는 이유를 유전자나 진화에 근거를 두고 분석하는 대신에 그저 수컷의 아름다움에 반응했을 것이다. 그런데 네덜란드의 생물학자 마르티네 만은 눈에 보이는 수컷의 매력은 훨씬 더 많은 정보를 제공할 수도 있다는 연구 결과를 발표했다. 수컷의 눈에 띄는 밝은색은 흐릿한 색을 가진 경쟁자들보다 기생충이 적다는 것을 의미하고 수컷의 구애 춤은 건강한 개체만이 구사할 수 있는 역동성과 균형 감각을 보여준다. 자연선택과 성선택이 이런 식으로 동시에 작용하기 때문에 외모가 훌륭한 부모는 미래 세대에게 좋은 유전자를 전달할 가능성이 높다.

우리가 장차 짝짓기를 할지도 모를 두 물고기를 좀더 오랫동안 지켜보았다면 분명히 각 종마다 독특하게 발달한 구애 춤을 추면서 빙글빙글 도는 물고기의 모습을 볼 수 있었을 것이다. 춤을 추는 상대의 발을 밟는 서툰 동작처럼 잘못된 움직임으로도 두 물고기의 설렘은 사라지고 말 것이다. 모든 과정이 원활하게 끝나야만 암컷은 춤을 멈추고 둥지 안에 주황색 알을 낳을 것이다. 그리고 알을 모두 입에 넣고 다시 한번 춤을 추기 시작할 것이다. 암컷은 자극하고 반응하기를 반복하면서 수컷의 뒷지느러미 위에 달걀 같은 점이 생길 때까지 계속 알을 낳을 것이다. 달걀 같은 점이 생기면 이제 암컷은 수컷에게 좀더 다가가 정액을 받을 준비를 하고 수컷은 결정적인 순간에 암컷의 입안에 있는 알에 정액을 뿌릴 것이다. 사람의 시각에서 보면 미성년자 관람 불가인 영화 같겠지만 이것이 바로 붐비는 호수 공동체 안에서 말라위 시클리드들이 알을 수정하는 방법이다.

진화가 낳은 이런 경이로운 변화는 의식적인 결과라고 생각하기 쉽지만 전혀 그렇지 않다. 시클리드는 이웃과의 경쟁을 피하려고 독특한 구기를 발달시키거나 자기 유전자를 미래 세대에 전달하려고 배우자를 찾는 것이 아니다. 자기 종이 펼쳐나갈 거대한 이야기를 의식하지 않고 그저 자신의 삶을 살았을 뿐이다. 이런 물고기들의 삶에서 진화는 일어날 수도 있고 일어나지 않을 수도 있다. 가축 교배나 유전공학으로 진화의 방향과 목적을 의식적으로 정할 수 있는 생물은 지구 역사에서 사람이 처음이다. 사람이 야생종을 관리하고 이용하는 과정에서 일어난 진화는 지금까지 상당 부분 우연의 영역으로 남아 있었지만, 이제는 자연 자원을 관리하는 사람들이 자신이 하는 일을 좀더 분명하게 자각하게 되면서 상황은 변하고 있다.

유기체는 대부분 다양한 유전자를 가지고 있어서 환경에서 일어나는 평범한 변화에 충분히 적응할 수 있다. 그러나 아주 새롭고 급격한 변화가 빠른 속도로 일어나면 전체 종이 멸종 위기에 처할 수도 있다. 사람이 이 세상에 미치는 영향력이 점점 더 증가하고 있으니, 이 점을 반드시 명심해야 한다. 진화는 자신이 만드는 유기체의 운명 따위는 전혀 신경을 쓰지 않는 기계적인 과정이며 생명의 역사는 대량 멸종과 파괴로 가득하다.

빅토리아 호수 밑에 있는 퇴적물 기록 보관소에는 급격한 환경 변화가 호수와 호수 거주자들에게 어떻게 영향을 미쳤는지를 알려주는 기록이 남아 있다. 그 기록은 열대 아프리카 호수들 사이에서 진화한 우리 사람이 이제는 스스로 자연을 진화시키는 힘이 되었다는 사실도 함께 보여준다.

1만7,000년쯤 전으로 돌아가면 이제는 빅토리아 호수의 바닥이 된 장소를 발에 물을 적시지 않고도 걸을 수 있다. 그때는 마지막 빙하기가 끝나가고 있던 시기로 기온이 높아지면서 열대 기후계는 혼란스러워지고 있었다. 빅토리아 호수의 물이 완전히 사라진 사건은 호수 거주자들이 붉은 여왕과의 경쟁에서 지면 얼마나 잔인한 자연선택이 일어날 수 있는지를 분명하게 보여주는 예이자 기후변화가 얼마나 극적인 결과를 낳을 수 있는지를 보여주는 예이다.

이 놀라운 이야기는 1960년에 처음 그 모습을 드러냈는데, 그때 조 리처드슨은 또다른 대학원생인 로버트 켄들과 함께 우간다 진자의 나일 강 하구 가까이 있는 한 섬에서 퇴적물 코어를 채취하고 있었다. 8킬로미터가량 육지 쪽으로 움푹 들어가 있는 필킹턴이라는 곳이었다. 리빙스턴의 고무 보트는 이미 체시 호수에서 악어의 공격을 받아서 사라졌기 때문에 두 사람은 합판을 댄 거룻배를 호수 바닥에서 채집할 표본을 실어나를 거점으로 사용했다. 당시의 연구 목표는 빙하기가 열대 아프리카에 미친 영향을 알아보는 것으로, 코어에 들어 있는 미화석(微化石)과 무기질을 현미경으로 관찰할 예정이었다.

아프리카에서 빙하기라니, 아주 이상하게 들릴 수도 있을 것 같다. 그래서인지 1970년대에는 리빙스턴의 호수 연구에 "황금양털상"을 수여하면서 공개적으로 비웃은 미국 상원의원도 있었다. 황금양털상은 국립과학재단이 쓸데없는 곳에 예산을 낭비하고 있음을 폭로하기 위해서 제정한 상이다. 그러나 그 상원의원의 의심은 전혀 근거가 없는 것이었고, 리빙스턴의 프로젝트는 가치 있는 과학 연구였다. 켄들의 박사 학위 논문 주제였던 빅토리아 호수 분지의 생태학적 역사는 세계 기후와 진화에 관한 기존의 생각에 도전장을 내밀었다.

사람에게 알려진 육상 동식물 가운데 50퍼센트에서 75퍼센트 정도는 열대 숲에 사는데, 1960년대에는 많은 과학자들이 그런 다양성은 안정된 환경에서만 형성될 수 있다고 믿었다. 그러나 켄들과 리처드슨이 물속으로 내린 표본 채취기가 필킹턴의 지저분한 바닥에서

17미터 아래에 있는 단단한 층을 강타했을 때에 그 가설은 흔들리기 시작했다. 부드러운 진흙층 밑에 단단한 회색 찰흙이 있다는 사실은 빅토리아 호수의 수면이 내려가서 바닥이 드러나 메마를 정도가 된 적이 있다는 뜻이었다. 나중에 켄들은 "P-2"라고 이름 붙인 가장 긴 코어의 거의 밑부분에서 초본 식물의 꽃가루를 찾아냈다. 이제는 무성한 나무들이 자라는 호수 주변이 한때는 건조한 초원 지대였다는 뜻이다.

P-2가 간직하고 있는 가뭄에 관한 기록은 동아프리카 지구대 에 있는 많은 호숫가의 높은 수위와 더불어, 대륙 빙상(continental ice sheet)에 덮인 적이 한번도 없더라도 기후변화가 실제로 열대지방에 영향을 미친다는 사실을 분명히 보여준다. 저위도 지방의 육지와 바다의 강렬한 더위는 지구 기후계를 데우는 엔진 역할을 하는데, 빙하기는 그 엔진을 식혀서 엔진의 가동 속도를 늦춘다. 바다에서는 증발되는 수증기의 양이 줄어들고 열대지방의 많은 지역에서는 따뜻하고 습한 공기가 상승하여 응축되는 양이 줄어든다. 당연히 내리는 비의 양도 줄어든다. 사정이 이런데도 변하지 않는 아프리카 환경이라는 말을 할 수 있을까?

이것이 바로 어처구니없게도 황금양털상을 받은 과학 프로그램이 밝혀낸 엄청난 연구 결과였다. 그보다 더 놀라운 점은, 빅토리아 호수가 수십 년에서 수백 년 정도 지속된 끔찍한 가뭄 때문에 1만7,000년 전에 완전히 사라진 적이 있다는 사실이 후속 연구를 통해서 밝혀졌다는 것이다.

빅토리아 호수가 사라졌을 무렵에는 열대 아프리카 지역과 남아

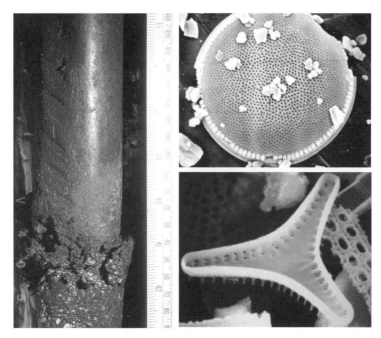

빅토리아 호수가 마른 적이 있다는 증거. 왼쪽 : 코어의 바닥에 있는 햇볕에 그을린 진흙과 생물이 남긴 껍데기들, 오른쪽 : 호수에서 배출구가 사라져서 소금이 쌓였음을 보여주는 규조류(위 : 탈라시오시라)와 수위가 얕았음을 보여주는 코어의 규조류(아래 : 프라길라리아) (사진 : 커트 스테이저)

시아에 있던 호수들도 함께 사라져서 현재 수백만 명의 사람들에게 물을 공급하는 아프리카-아시아 계절풍 체계가 거의 붕괴될 뻔했다. 이 시기에는 해부학적으로 현대인이라고 분류할 수 있는 인류의 역사가 시작된 이래로 규모 면에서나 강도 면에서 가장 심각한 기후 재앙 가운데 하나가 벌어진 때였다. 최근에 이 시기에 살았던 사람들이 겪어야 했던 어려움을 인도 사람들의 유전자에서 발견했는데, 이는 아프리카 호수가 퇴적물에 기후 재앙의 증거를 담고 있듯이, 우리 중의 누군가는 유전자에 그 증거를 담고 있을지도 모른다는 뜻이다.

아직까지 정확한 인과관계는 밝혀지지 않았지만, 1만7,000년 전 그 격렬했던 가뭄은 기후변화가 엄청난 재앙이 될 수도 있음을 상기시켜주고 있다. 또한 현재 우리가 기후에 미치고 있는 영향도 아주 끔찍한 재앙을 불러올 수 있음을 경고하고 있다.

진화생물학자들이 빅토리아 호수의 운명에 특히 주목하는 이유는 호수의 상태가 현생 시클리드에게 큰 의미가 있기 때문이다. 호수의 생성 시기가 비교적 얼마 되지 않았다면 이 호수에서 자생하는 시클리드 수백 종도 분명히 그다지 오래된 종은 아닐 수밖에 없다.

고대 빅토리아 호수에서 살다가 멸종된 시클리드의 친척들은 산속 깊은 곳에 있는 강의 지류나 물이 아주 깊어서 완전히는 마르지 않은 다른 호수에서 살아남았을 것이다. 살아남은 시클리드들은 자신들보다 먼저 다양한 환경에 적응했던 조상들에게서 받은 유용한 돌연변이 유전자를 많이 간직하고 있었다. 생존에 유리한 이 유전자들은 거대한 천적이 완전히 사라진 뒤에 다시 형성된 호수에서 자연선택이 작용할 수 있는 원재료로 사용되었다. 그후로 시클리드가 살기 좋은 환경이 다시 한번 갖추어지자 시클리드들은 "폭발적으로" 진화했다는 과학자들의 말에 걸맞게 아주 빠른 속도로 분화하여 새로운 수많은 종이 되었다.

건조한 기간이 끝나고 빅토리아 호수에 물고기 공동체가 새롭게 형성되었다는 사실을 바탕으로 현대에 인간이 야기하고 있는 서식지 감소와 멸종 현상도 심각하게 볼 일은 아니라는 주장이 나오고 있다. 그러나 현재 벌어지고 있는 환경문제를 "변화는 전에도 있었는데, 뭐가 큰 문제라는 거야?"라는 식으로 치부해버리면 안 된다. 빅토리아 호수가 회복된 사건은 두 가지 중요한 사실을 우리에게 경고한다.

피난처가 중요하다. 유전적 다양성을 보존하는 방주 역할을 할 야생 서식지가 없다면 커다란 환경 재앙이 있은 뒤에 다시 생물의 진화 과정이 시작된다고 하더라도 유전자 변이 수가 아주 적은 상태로 시작을 하거나 아예 없는 상태로 처음부터 다시 시작해야 할 수도 있다.

멸종은 영구적이다. 다시 젊어진 호수에 사는 물고기 공동체는 그저 이전에 살았던 물고기를 그대로 복제해서 만드는 것이 아니라 전적으로 새로운 종으로 채우는 것이다. 따라서 망가진 생태계를 완벽하게 복원하는 일은 가능하지 않을 수도 있다.

이 같은 사실을 마음에 품고 나는 2000년 6월에 내가 가르치는 학생들 4명을 데리고 필킹턴으로 갔다. 우리의 목표는 빅토리아 호수의 진화사에서 또다시 들이닥친 극적인 변화를 조사하는 것이었는데, 이번에 그 변화를 유도한 원인은 빙하기가 아니라 사람의 활동이었다.

선장이 필킹턴의 가운데 지점을 향하여 조사선을 천천히 몰고 가서 닻을 내렸을 때, 우리는 밧줄에 매달린 중력식 코어 채취기(무게가 있는 물건을 달아서 자유낙하 방법으로 퇴적층을 뚫어서 시료를 채취하는 기구/옮긴이)를 배 난간 너머로 던졌다. 물이 부글거리는 소리를 내며 기구의 내부를 가득 채우자 코어 채취기는 물 밑으로 가라앉기 시작했다. 필킹턴은 녹색 플랑크톤으로 가득 차 있었기 때문에 수면에서 1미터쯤 내려가자 채취기는 보이지 않았다. 빅토리아 호수가 뿌옇게 된 이유가 바로 우리가 알아내려는 연구 주제였다. 좀더 구체적으로 말하면 우리 연구팀은 1950년대에 누군가 빅토리

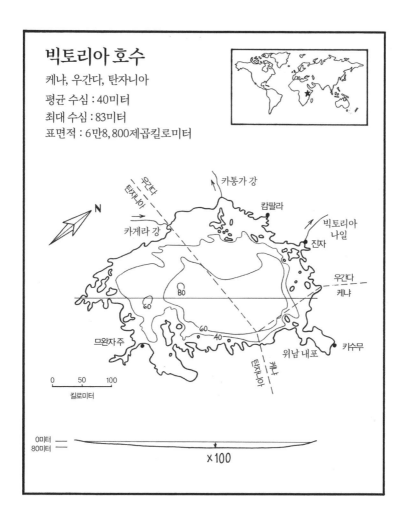

빅토리아 호수

케냐, 우간다, 탄자니아
평균 수심 : 40미터
최대 수심 : 83미터
표면적 : 6만8,800제곱킬로미터

아 호수에 나일퍼치를 방류했기 때문에 이런 일이 벌어진 것인지를 알아내고 싶었다.

누가 방류를 했는지는 정확히 알 수 없지만, 당시 영국 식민지 관료들은 오랫동안 빅토리아 호수에서 상업적인 어업이 융성했으면 했고, 나일퍼치(*Lates niloticus*)는 그들이 가장 좋아하는 어종이었다.

아주 큰 나일퍼치는 길이 2미터에 무게는 200킬로그램에 달했다. 식민지 관료들은 그다지 쓸모가 없는 빅토리아 호수의 고유종인 시클리드는 나일퍼치의 아주 좋은 먹이가 될 수 있으리라고 생각했다. 빅토리아 호수에 퍼치가 산다면 낚시꾼들이 많이 찾아올 것이고 작은 시클리드보다는 퍼치가 외국인들이 즐기는 만찬을 훨씬 더 풍성하게 만들어줄 것이므로 지역 상인들이 국제 시장에서 새로운 수입을 얻을 수 있는 자원이 되리라고 생각한 것이다.

이런 관료들의 소망은 논쟁을 불러일으켰으며, 생태학자들은 기존 먹이사슬에 새로운 포식자를 추가하면 심각한 문제가 생길 수도 있다고 경고했다. 식물성 플랑크톤을 먹고 사는 작은 고유종 물고기가 사라지면 먹이사슬의 상위 계층에서 일어난 변화가 하위 계층에 영향을 미쳐서 해로운 조류가 번성할 수도 있었다. 더구나 그물을 쳐서 쉽게 잡을 수 있는 시클리드는 지역 주민들의 오랜 단백질 공급원이었기 때문에 퍼치를 빅토리아 호수에 풀어놓으면 같은 자원을 놓고 수백만 명의 가난한 사람들과 직접 경쟁을 벌여야 할 것이 분명했다.

그러나 이런 논쟁은 우간다 지역의 호수에서 처음으로 나일퍼치가 잡히면서 무의미해졌고, 1962년과 1963년에는 퍼치 방류가 공식적으로 결정되면서 나일퍼치는 빅토리아 호수에 확고하게 자리잡을 수 있었다. 1980년대 중반이 되면서 퍼치는 어디에서나 볼 수 있는 물고기가 되었고, 시클리드 개체군은 예상했던 대로 대참사를 맞이했다. 사람들에게 알려진 시클리드의 고유종 500종 가운데 거의 절반이 사라져버렸다.

호숫가에서 그물로 시클리드를 낚던 어부들은 이제는 크고 강력한 모터보트를 타고 호수 깊은 곳으로 나가야 했다. 커다란 퍼치는 대부분 그곳에 있었기 때문이다. 성능이 좋은 배, 더 많은 연료, 더 긴 낚싯줄, 커다란 물고기를 잡는 데에 필수적인 미끼를 구할 수 있는 사람은 자기 일을 도와줄 선원도 고용할 수 있었기 때문에 결국 돈이 주도하는 대로 바뀌는 새로운 생태계가 조성되었다.

물고기 가공 공장, 훈제 시설, 장비 대여소, 간이 낚시 야영지 등이 호숫가를 따라서 쭉 늘어서면서 수천 명에게 일자리가 생겼다. 가시를 바른 퍼치는 냉동 포장해서 유럽으로 아시아로 아메리카 대륙으로 팔려나가면서 지역 경제는 수억 달러어치의 수입을 벌어들였다. 그 때문에 퍼치를 들여온 것이 지역 경제를 살린 원동력이라며 정당화하는 수산업 관리자들도 많았지만, 새로운 빅토리아 호수의 상황이 모두 좋은 것은 아니었다.

빅토리아 호수는 다른 식물성 플랑크톤이 있어야 할 자리를 시아노박테리아와 가느다란 관돌말(*Nitzschia*)이 차지하면서 점점 더 부영양화되었다. 왕성하게 자란 조류 밑에서 미생물이 썩어가면서 용존산소가 줄어들자 바닥과 가까운 곳은 죽음의 지대가 되어서 물고기들이 죽어갔다. 바로 이 하향식 먹이사슬 재앙이 퍼치 도입을 반대했던 사람들이 경고한 재앙이었을까? 우리가 검사한 퇴적물 코어는 그렇지 않다고 했다. 빅토리아 호수의 부영양화는 각기 다른 곳에서 각기 다른 시기에 시작되었는데, 모두 퍼치가 증식한 시기보다 몇 년 앞섰다. 그보다는 빅토리아 호수의 생태계에서 사람이 점점 더 중요한 구성요소가 되면서 먹이사슬의 가장 밑에서부터 인이 축적되었다는 것이 부영양화의 원인일 가능성이 컸다.

1960년대에 케냐와 우간다, 탄자니아가 독립국이 되면서 떠돌던 사람들이 빅토리아 분지에 정착하기 시작했다. 도시와 마을이 확장 되면서 숲과 습지였던 땅이 경작지가 되고 나무는 땔감으로 잘려나 갔다. 퍼치 낚시가 융성하자 일거리를 찾아서 더 많은 사람들이 분지 로 모여들었고, 20세기가 끝날 무렵이 되면서 3,000만 명에 달하는 사람들이 이 호숫가에서 활동했으며, 빅토리아 호수는 아프리카 대 륙에서 가장 많은 사람들이 밀집해서 사는 지역 가운데 한 곳이 되었 다. 강과 침식된 골짜기에서 인이 든 흙이 계속해서 호수로 흘러들었 으며, 띠를 이룬 흙덩이는 호수를 초코우유색으로 변화시켰다. 더구 나 공기도 조류의 생장을 촉진하는 영양분을 호수에 공급했다. 농장 에서 소비하거나 장작으로 때는 나무, 훈제 시설 등에서 뿜어내는 먼지와 매연이 계속해서 호수로 녹아들어서 빅토리아 호수로 흘러드 는 연간 인의 유입량의 절반가량을 차지할 정도가 되었다.

1990년대가 되면 부영양화, 지나친 남획, 시클리드의 감소로 퍼치 사업은 하향길로 접어들었다. 퍼치 포획량이 줄어들자 많은 사람들 이 다시 농업으로 돌아갔고, 그 때문에 토지가 더 심하게 침식되면서 훨씬 더 많은 영양분들이 호수로 흘러들었다. 커다란 퍼치가 사라지 자 사람들은 다시 호숫가에서 그물을 들고 물고기를 잡았다. 번식을 할 수 있을 정도로 완전히 자라기 전까지는 얕은 물가에서 숨어서 생활하는 어린 퍼치를 잡으려는 것이었다. 그 때문에 크게 자라는 퍼치도 줄고 퍼치가 먹을 시클리드도 줄어들었다.

쓰레그물 사용을 규제하고 후릿그물 사용을 금지하는 법규가 제

1988년 케냐의 키수무 근처에 있는 심하게 침식된 골짜기. 왼쪽에 있는 사람들을 보면 골짜기의 규모를 가늠할 수 있다.(사진 : 커트 스테이저)

정되고, 공장에서 가공할 수 있는 퍼치의 최소 크기 기준을 높였다. 그 결과 더 많은 퍼치들이 번식할 수 있는 성체로 자랐지만 생장 속도는 빨라졌고 이전보다 작은 크기에서도 번식하기 시작했다.

빅토리아 호수의 생태계는 사람의 영향을 다양하게 받으며 지금도 진화하고 있는데, 아직 남아 있는 시클리드들도 마찬가지이다. 구리색 시클리드(*Yssichromis pyrrhocephalus*) 한 종은 뿌옇게 흐려진 부영양화된 물속에서 산소를 좀더 많이 끌어모으려고 아가미가 두툼해지고 더 묵직해졌다. 수십 년 전에 호수에서 살았던 조상들은 아주 작은 동물성 플랑크톤을 먹었지만 이 새로운 변종은 산소가 적은 바닥 퇴적물 속에서 살거나 그 주위를 돌아다니는 좀더 큰 곤충을 잡아먹는다. 다른 시클리드 종도 이제는 앞쪽은 좀더 유선형에 가까워졌고 뒤쪽은 훨씬 더 길어졌다. 퍼치를 피하려면 더욱 빠른 속도로 헤엄을 쳐야 하기 때문에 그렇게 변했는지도 모른다.

물이 혼탁해서 물고기들이 서로를 잘 알아보지 못하게 되자 이종교배가 우연히 일어나서 예전에 갈라졌던 물고기들이 다시 합쳐지는 경우도 생겨나고 있다. 스위스의 생물학자 올레 제하우젠은 빅토리아 호수에 사는 가까운 친척종 시클리드들(한 종은 빨간색이고 다른 종은 파란색이다)이 역진화하고 있음을 발견했다. 부영양화 때문에 물속으로 들어오는 빛이 줄어들어서 성선택이 작용할 여지가 줄어들자 수컷들의 색은 더 단조로워졌고 암컷들은 덜 까다로워진 것이다. 이제 쉽게 짝짓기를 하게 된 시클리드들이 조상들이 지니고 있던 원래 색을 잃어버린 새로운 교배종을 낳고 있다.

빅토리아 호수와 호수 거주자들이 미래에 어떻게 변화할지는 오직 시간만이 말해주겠지만 호수의 미래는 사람이 호수를 어떻게 다루느냐에 따라서 크게 좌우될 것이다. 호수를 단백질 광산처럼 관리하는 일은 지속 가능하지 않겠지만, 거대한 유역을 생태학적으로 제대로 관리하려면 여러 국가와 지역 공동체들이 긴밀하게 협조해야 하며 전체 생태계와 사람이 생태계에서 차지하는 위치를 포괄적으로 바라볼 수 있어야 한다.

호수 수면에서 반짝이는 별들처럼 열대 아프리카 호수의 안과 주변에서 살아가는 많은 생물종은 저마다 나이가 다르다. 모두 다른 길이의 시간을 통과해서 다른 경로로 진화를 겪으면서 현재 상태로 발달해왔다. 비교적 젊은 종도 있고 고대부터 있었던 종도 있지만 모두 서로 관계를 맺으면서 독특한 별자리를 형성하고 있다. 사람종

(사진 : 캐리 존슨)

도 아주 오래 전부터 이 별자리들의 일원이었고, 계속해서 변하고 있는 동아프리카 지구대의 호수들에서는 점점 더 중요한 일원이 되어가고 있다.

5
갈릴리

/

야생은 사람으로 존재한다는 것이 어떤 의미인지,
우리와 분리되어 있는 것이 아니라
연결되어 있다는 것이 무엇인지를 생각하게 합니다.
_ 1995년, 유타 주 공유지관리법에 관한 미국 의회 청문회에 출석한
테리 템페스트 윌리엄스의 발언

「창세기」에는, 사랑스러운 에덴 동산은 사람과 자연이 조화롭게 사는 곳이며 황야는 위험한 곳이라고 묘사되어 있다. 에덴 동산을 묘사하는 현대판 이야기들에는 황야가 낙원으로 묘사되어 있고 길들여진 현대 세계는 인류의 몰락을 반영한다고 말한다. 에덴 동산을 보는 이 같은 첨예한 두 가지 관점이 현재 환경문제를 둘러싸고 많은 논쟁이 벌어지는 이유이지만, 두 관점 모두 이 세상의 상태에 관해서, 특히 사람의 상태에 관해서는 한 가지 어두운 전망을 공유하고 있다. 일단 호소학의 세계로 들어가보자. 성스러운 땅에 있는 호수들이 간직한 퇴적물 기록 보관소에는 오래된 두루마리에 적혀 있는 것보다 훨씬 더 많은 역사들이 적혀 있는데, 그런 역사들은 우리가 당연하게 믿고 있는 몇 가지 신화에 관해서 의문을 제기한다. 에덴 동산은 실제로 있던 곳인가? 잃어버린 지상 낙원이라는 개념이 오늘날의 세상

과 관계가 있을까? 에덴 동산은 없는 것이 더 낫지 않을까? 같은 의문 말이다.

철학자 조지프 캠벨은 『신화의 힘(*The Power of Myth*)』에서 신화는 우화나 동화보다 훨씬 더 복잡하다고 했다. 신화는 사람의 역사와 전승을 설명해주고 이 세상이 작동하는 방식을 알려주며 의미 있는 삶을 살아갈 수 있게 돕는다. 그런데 이 같은 정의대로라면 과학으로 설명하는 이야기들도 신화의 역할을 거의 비슷하게 하고 있는 셈이다. 예를 들면 요르단 계곡에 있는 호수들 이야기를 과학적으로 접근하면 갈릴리 해가 정말로 바다인지, 사해가 정말로 죽어 있는지 등을 설명할 수 있겠지만, 과학적 접근법의 기저에는 더욱 근본적인 과학에 관한 "신화"가 존재한다. 우리에게 파악할 수 있는 능력이 있느냐 없느냐와는 상관없이 물리적 실재는 존재하며, 그 실재를 가장 분명하게 들여다볼 수 있는 방법은 논리적이고 경험적인 방법으로 지식에 접근하는 것이다. 천체물리학자 닐 더그래스 타이슨은 얼마 전에 한 텔레비전 방송 프로그램에 나와서 이 같은 과학의 기본 개념을 언급했다. "과학에서 좋은 점은 과학을 믿든지 믿지 않든지 간에 그것이 사실이라는 점이다." 과학 덕분에 우리가 세상을 훨씬 더 잘 이해하게 된다면 우리의 전통 신화는 그에 반응해서 더욱 진화하거나 우리를 현실에서 좌절하게 만들 수도 있다.

나는 1988년에 과학자로서 요르단 계곡의 호수들을 방문했지만, 호수에서 접한 신앙을 기반으로 한 전승과 사실이 상호작용을 하는 모습에 매혹되고 말았다.

이스라엘 타브가의 북서 연안에 있는 키네레트 호소학 연구소에서 생태학자 모셰 고펜을 만났을 때, 나는 갈릴리 해를 처음 보았다. 담장이 쳐진 연구소 안으로 들어가서 그를 만나는 과정은 결코 쉽지 않았다. 내가 타브가를 방문했을 때는 팔레스타인의 반(反)이스라엘 독립 투쟁(인티파다)이 격렬하게 벌어지고 있었기 때문에 나는 자동차를 정문 밖에 세워두고 걸어서 들어가야 했다. 혹시라도 있을지 모를 자동차 폭탄 공격을 막기 위한 조치였다. 쇠사슬과 가시철망을 친 담장을 지키고 있던 무장한 군인들이 경내로 들어가려는 나에게 여러 가지 질문을 퍼부었다. 이렇게 철저하게 경비를 해야 한다는 사실 자체가 이곳의 물이 전혀 짜지 않다는 증거였다. 갈릴리 해는 그 지역에 있는 가장 큰 천연 담수 웅덩이로 길이는 21킬로미터, 수심은 43미터 정도였고, 일반적인 의미에서의 바다가 아니라 이스라엘의 주요 수원인 호수였다. 키네레트 호소학 연구소 옆에는 정부가 관리하는 양수장이 있었기 때문에 그곳은 팔레스타인인들의 주요 공격 목표가 될 수 있었다.

숱 많은 흰머리를 아주 단정하고 짧게 깎은 중년의 고펜은 연구실에서 나를 맞았다. 우리는 지중해에서 불어오는 미풍이 야자수 잎에게 속삭이는 소리를 들으면서 갈릴리 해로 걸어갔다. 우리와 8킬로미터 떨어진 로마 시대의 휴양 도시 티베리아스를 가르는 파란색 수면 위로 하얀 돛단배와 모터보트가 지나간 자국이 여기저기 보였다. 갈릴리 고지대에서 해수면보다 213미터 정도 아래에 있는 호숫가로 이어진 골짜기의 한 경사면은 황금색 풀밭으로 덮여 있었다. 맞은편 경사면은 풀밭이 보이는 경사면보다 훨씬 먼 곳에 있었고 여름철 아

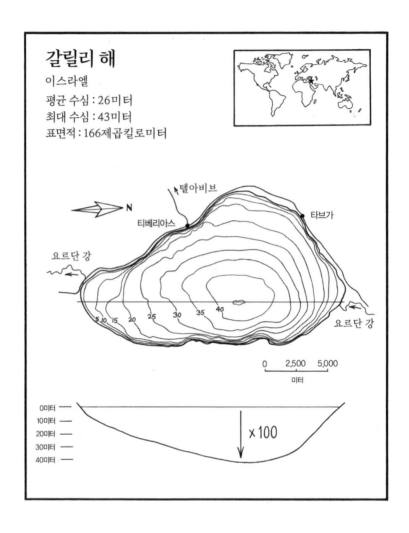

갈릴리 해

이스라엘

평균 수심 : 26미터
최대 수심 : 43미터
표면적 : 166제곱킬로미터

지렁이에 가려져서 마치 공중에 매달린 채로 주변 풍경과 어우러지는 주름진 커튼처럼 보였다. 나는 호숫가에 무릎을 꿇고 앉아서 손을 물에 담갔다. 물론 그러리라고 예상은 하고 있었지만 집게손가락을 들이올리는 동안 그 부드러움에 살짝 놀라기도 했다.

언어는 실재를 반영하기도 하고 실재를 만들어가기도 한다. 갈릴리 해에 "바다"라는 이름이 붙어 있으니 호숫물이 짜다고 생각하기 쉽지만 전혀 그렇지 않다. 실제 바닷물보다 염분이 수백 배나 적은데도 사람들은 바다라는 이름에 속아서 갈릴리 해가 작은 대양이라고 생각한다. 예를 들면 갈릴리 해에서 행한 예수 그리스도의 기적을 학문적으로 다룬 책에도 가버나움에 있는 "해안가"에서 "소금기를 머금은 공기"라는 표현이 나온다. 다른 점에서는 아주 꼼꼼하고 신중했던 저자가 갈릴리 해에 관해서는 자신도 모르게 완전히 틀린 사실을 언급한 것이다.

이 호수의 이름이 마구잡이로 불린 것은 어제오늘의 일이 아니다. 그리스어로 쓰인 초기 「마태오의 복음서」와 「요한의 복음서」는 갈릴리 해를 갈릴리 해나 티베리아스 해처럼 분명히 바다(thalassēs)라고 부른다. 그러나 「루가의 복음서」에서는 겐네사렛 호수(limnē)라고 부른다. 『성서』에는 히브리어로 바다를 뜻하는 얌(yam)으로 갈릴리 해를 부르기도 하며, 고대 아랍과 페르시아 학자들은 갈릴리 해를 민야 바다(bahr), 타바리야 호수(buhairet)라고 부르기도 한다. 이 같은 여러 이름과 각 이름에 얽힌 이야기들은 유럽으로 흘러들었고, 유럽의 각 지역 언어와 만나면서 더욱 복잡해졌다. 고대 영어 sæ는 크기나 염분의 유무와 상관없이 넓은 물을 뜻하는데, 덴마크어 sø, 스웨덴어 sjö, 독일어 see도 모두 비슷한 의미로 호수를 가리킨다.

그러나 호소학자들에게 호수와 바다는 분명한 차이가 있다. 진짜 바다는 수면에 있는 짠물을 대양과 교환해야 한다. 호수는 담수일 수도 있고 염수일 수도 있지만 바다와는 직접 연결되어 있지 않다. 갈릴리 해도 그런 의미에서는 호수임이 분명하다. 갈릴리 해는 요르단 강과 연결되어 있어서 물이 강으로 빠져나가지만 요르단 강은 이 물을 바다로 가져가지 않고 해수면보다 훨씬 더 아래에 있는 건조한 계곡 바닥에 쏟아낸다. 현재 이스라엘 사람들은 갈릴리 해를 『히브리 성서』에 나오는 얌 키네레트(Yam Kinneret)라고 부르거나 간단하게 "키네레트"라고 부름으로써 바다인지 호수인지 하는 문제에서 벗어났다. 키네레트라는 이름은 청동기시대에 호수 남쪽에서 살았던 사람들의 언어에서 유래한 말로 호수가 하프처럼 생겼다고 해서 붙여진 이름이다(히브리어로 키노르[kinnor]는 하프라는 뜻이다).

수면에 비치는 물그림자 밑으로 내 손바닥만 한 물고기가 헤엄치고 있었다. 고펜은 "아프리카에서 연구한 적이 있으니 어떤 녀석들인지 알겠군요"라고 했다. 그 물고기들은 동아프리카 지구대에서 내가 연구했던 시클리드들의 사촌 종이었다. 이 녀석들이 사는 요르단 계곡의 호수도 아프리카 동부를 가로지르는 동일 지구대 소속이다. 내 앞에 있는 물고기들은 갈릴리 해 고유종은 아니지만, 그 이름 때문에 갈릴리 해와는 아주 독특한 관계를 맺고 있었다. 「신약성서」에 나오는 걸출한 인물의 이름이 붙은 이 물고기들은 성 베드로 물고기로 키네레트에서 잡히는 물고기 가운데 상업적으로 가장 가치가 높다. 어렸을 때 『성서』를 배우면서 이 물고기들을 접했기 때문인지 이제 더는 기독교 신자가 아닌데도 나의 과학자 뇌가 이 물고기들을 시클리드로 분류하는 데에는 어느 정도 시간이 걸렸다.

갈릴리 해의 시클리드(*Sarotherodon galilaeus*)는 겹쳐 있는 반달에 꼬리가 달린 것처럼 보인다. 아주 큰 개체들은 길이가 30센티미터가 넘고 자신들의 아랍 이름(musht, 빗이라는 뜻이다)처럼 가시 돋친 등지느러미가 있다. 암컷과 수컷 모두 알과 어린 개체를 입에 넣어서 보호하지만 전적으로 육아를 책임지는 성(性)은 없다. 두 성이 함께 양육을 하는 개체도 있고 도망을 가는 개체도 있고 전적으로 혼자서 육아를 책임지는 개체도 있다. 아프리카 대륙에서도 같은 시클리드가 다른 이름으로 불리고 있지만 키네레트는 이 시클리드가 사는 북쪽 한계선으로 이곳에 사는 시클리드들은 호수 바닥에서 조금씩 스며 나오는 따뜻한 온수 주위로 모인다.

고펜은 연구소 근처의 식당에서 판매하는 성 베드로 물고기 중에서 많은 수가 갈릴리 해가 아니라 양식장에서 기른 물고기들이며, 완전히 다른 물고기가 둔갑해서 식탁에 오르는 경우도 있다고 했다. 시클리드와 아주 비슷하게 생긴 블루틸라피아(*Oreochromis aureus*)는 시클리드의 부족한 연간 어획량을 보충하려고 키네레트에 방류한 물고기이다. 접시 위에 올라가 있으면 두 물고기는 구별하기가 쉽지 않지만 고펜은 시클리드가 더 맛이 좋다고 했다. "오늘 저녁에 성 베드로를 먹고 싶다면 종업원한테 반드시 무시트 아비아드(*musht abyad*)로 달라고 해야 해요."

성 베드로 물고기라는 이름은 「마태오의 복음서」에 나오는 이야기에서 유래한다. 가버나움에서 가르침을 펼치던 예수는 제자 베드로에게 성전세를 내고 오라고 한다. "굳이 법을 어길 이유는 없으니 바다로 가서 낚시를 던져라. 처음 잡은 물고기의 입을 벌리면 4드라크마 동전을 얻게 될 것이다. 그걸 가져다가 나와 너희 몫의 세금을 내거라."

「마태오의 복음서」는 물고기종을 정확하게 밝히지는 않았지만 역

키네레트에서 그물에 걸린 성 베드로 물고기들(사진 : 커트 스테이저)

사학자들은 현재와 마찬가지로 성서시대에도 갈릴리 해의 시클리드가 매우 인기 있는 저녁거리였기 때문에 시클리드가 그 물고기일 가능성이 아주 높다고 했다. 그런데 성 베드로 물고기는 보통 낚싯바늘과 낚싯줄이 아니라 그물로 잡는 물고기이다. 이 시클리드는 물속에 떠다니는 플랑크톤을 걸러서 먹는다. 그렇기 때문에 『성서』에 나오는 물고기는 시클리드가 아니라 미끼가 달린 낚싯바늘을 덥석 물 수 있는 포식자 물고기가 분명하다고 믿는 학자들도 있다.

문제는 물고기와 호수가 보유하고 있는 성스러운 지위가 현대의 환경문제를 비켜가는 데에는 하나도 도움이 되지 않는다는 데에 있다. 연구소로 돌아온 고펜은 최근에 시클리드의 어획량이 줄어들고 있다고 했는데 그 이유는 남획, 사람이 방류했거나 침입한 물고기와의 경쟁, 시클리드가 좋아하는 먹이인 조류가 아니라 시아노박테리아의 증식을 돕는 영양 오염 때문이라고 했다. 그는 근처에 있던 작은 호수가 훼손되면서 문제가 본격적으로 시작되었다고 했다.

훌레(훌라라고도 한다) 호수는 한때 갈릴리 골짜기 바닥에서 가장 북쪽에 있는 호수였는데 얕은 늪지로 둘러싸여 있던 호수의 너비는 거의 5킬로미터에 달했고, 겨울철 불어오는 폭풍우로 요르단 강 상류의 수면이 높아져서 키네레트로 강물이 흘러들 때면 자주 범람했다고 한다. 수천 년 동안 훌레 호수는 갈릴리 계곡을 찾아온, 아프리카 대륙과 유라시아 대륙을 오가는 왜가리나 펠리컨 같은 이국적인 철새들의 안식처가 되어주었다. 진귀한 시클리드(*Tristramella simonis*)와 정어리 닮은 물고기(*Acanthobrama hulensis*)도 훌레 호수에서 살았다. 가와르나라고 알려진 베두인은 훌레 습지에서 물고기를 잡고 사냥을 하고 농사를 지으며, 물소를 기르고 파피루스 갈대로 배와 집을 지었다.

1940년대에 가와르나 부족은 저지대에서 벌어진 아랍과 유대인 정착민들의 분쟁에 말려들었다. 1948년, 영국 팔레스타인 행정부는 권력을 새로운 나라 이스라엘에 양도하기 직전에 수천 명에 달하는 베두인 사람들을 제거하는 준군사 작전을 벌였다. 소탕 대상에는 훌레 호수와 갈릴리 해 사이에 있는 평지에서 살아가던 가와르나 부족도 있었다. 베두인 사람들의 집은 파괴되었고 많은 사람들이 시리아가 있는 북쪽으로 달아났다.

가와르나 부족의 땅에 새로 정착한 사람들은 대부분 훌레 습지를 모기나 번식하는 쓸모없는 땅으로 여겼다. 그들은 훌레 호수에 도랑과 운하를 파서 모든 물을 요르단 강으로 흘려보냈고 그 자리를 농지로 활용했다. 그 때문에 훌레 호수에서 살던 물고기 공동체도 완전히 사라졌지만, 그때 사람들의 관심사는 땅이었지 그곳에 사는 생명체가 아니었다. 그러나 영웅적인 신화가 가혹한 현실과 만나게 되자 처음에는 야생을 정복한 위대한 승리처럼 보였던 일들이 곧 환경 파괴가 불러온 악몽으로 변해버렸다.

수면 밖으로 모습을 드러낸 호수 바닥은 비옥한 진흙이 아니라 여기저기 부풀어오른 섬유질 토탄이어서 조금만 강한 바람이 불어도 속절없이 흩어졌다. 더구나 토탄은 불이 잘 붙어서 땅에서 난 불에 쉽게 그슬렸다. 산성을 띤 석탄 위에서는 농작물이 잘 자라지 않았고 요르단 강이 범람하기라도 하면, 흘러넘친 물이 그 지역에서 가장 중요한 수원으로 엄청난 토사를 흘려보내서 식수를 오염시켰다. 모두 토사가 갈릴리 해로 들어가지 않도록 막는 역할을 할 습지가 사라졌기 때문에 생긴 일이었다. 고펜은 요르단 강에서 흘러드는 토사에는 영양분이 많이 들어 있는데 최근에 갈릴리 해에서 시작되고 있는 부영양화 현상은 이 때문일 수도 있다고 했다.

강물의 범람, 하수도, 비료, 살충제, 제초제가 야기하는 오염이 현재 갈릴리 해에 미치는 영향은 크지 않으며 내가 방문했을 무렵에는 이미 그런 문제들은 적절하게 관리되고 있었다. 부화장에서 가져온 시클리드들도 그 지역 어업이 지속될 수 있도록 도움을 주고 있었다. 그런데도 고펜은 고개를 저었다. 그는 수자원 관리인들이 빅토리아 호수가 보내온 경고를 무시하고 갈릴리 해에도 나일퍼치를 방류하고 싶어한다고 했다. 그 사람들은 퍼치가 호수 깊은 곳에서 상당히 많이 서식하는 고유종 정어리를 먹고 크게 자라서 돈벌이가 되는 어장을 형성하리라고 기대하고 있다. "내가 죽기 전에는 어림도 없지요. 이곳 먹이사슬은 이미 포화상태란 말입니다." 고펜이 말했다.

키네레트는 사람의 영향을 많이 받고 있지만 계절에 따라서 달라지는 기후가 지금도 여전히 호수 층이 서로 섞이는 주기를 조절하고 있다. 여름이면 차가운 심수층 위로 따뜻한 물이 15-17미터 두께로 형성된다. 호수 바닥에서 흘러나오는 짠 온수도 심수층을 훨씬 더 조밀하게 만들어서 위아래층이 서로 섞이지 않게 한다. 호수의 가장 깊은 곳은 호수 표면으로 녹아든 산소가 밑으로 내려가지 못하고 미생물이 만드는 황화수소 때문에 오염되어서 물고기가 살 수 없는 곳으로 바뀔 수 있다. 한겨울이 되면 호수의 물이 뒤섞일 수 있을 정도로 표면이 차가워지기 때문에 다시 층이 나누어지기 전까지 잠시 동안 호수 아래쪽으로 산소가 공급된다.

오후가 되어서 좀더 강력한 바람이 열린 문을 통해서 우리가 이야기를 나누고 있는 연구실로 불어들자 우리는 다시 밖으로 나가서 키네레트 표면을 가로지르는 하얀 파도를 지켜보았다. 고펜은 파도 밑에서 벌어지는 일을 설명해주었다. "바람 때문에 저 멀리 호숫가에 물이 쌓일 겁니다." 그는 호수의 상부층과 하부층 사이에 형성되는 수온약층(물속에서 수온이 급격하게 감소하는 층. 수온약층의 깊이는 계절과 장소에 따라서 달라진다/옮긴이)을 나타내려고 종이를 수평으로 들더니 종이 위로 바람이 부는 것처럼 손을 움직였다. "서쪽에서 바람이 오랫동안 아주 강하게 불면 수온약층은 이렇게 기울어요." 그는 바람이 불어오는 쪽으로 종이를 기울이면서 말했다. 바람에 밀려간 물은 우리의 반대편 호수에서 심수층을 내리누른 다음 우리가 있는 쪽으로 들어올리기 때문에 바람이 멈추면 호수 내부에서 시소의 움직임 같은 내부 세이시 현상이 일어날 준비를 마친다.

키네레트 내부에서 일어나는 세이시는 내부 진동을 감추고 있는 수면의 파도보다 훨씬 높은 9미터 높이로 요동칠 수도 있다. 내부에서 물이 요동치면 얕은 물가의 퇴적물 안에 녹아 있던 인 같은 여러 원소가 위로 올라와서 생태계의 영양 자산인 조류에게 영양을 공급한다. 그런데 이런 상황이 성 베드로 물고기를 힘들게 할 때도 있다.

『성서』에 나오는 기적을 키네레트에서 세이시가 일으킨 용승(湧昇, 찬물이 아래층에서 위층으로 표수층을 제치고 올라오는 현상/옮긴이) 때문에 물고기가 떼로 죽은 현상으로 설명하는 과학자들도 있다. 「마르코의 복음서」에서 예수는 설교를 들으려고 호숫가에 모인 수천 명이 넘는 사람들에게 음식을 먹이고 싶었다. 그러나 그곳에 모인 사람들은 빵 일곱 덩어리, 작은 물고기 몇 마리로 어떻게 그 많은 사람들이 음식을 먹을 수 있는지 의아했다. 예수는 그 적은 음식을 사도의 손에 들려서 사람들에게 나누어주라고 했고, 사람들은 놀랍게도 모두 "배불리 먹고 만족했다."

고펜은 빵과 물고기의 기적을 일으킨 것은 기울어진 수온약층일 수도 있다고 했다. "오후 내내 강한 북서풍이 불어오면, 산소가 적은 물이 시클리드들이 모이는 타브가 근처에 있는 온천수 높이까지 올라옵니다. 그러면 물고기들이 숨이 막혀서 죽기 시작하고 물속에서 발생하는 황화수소 때문에 기절하기도 합니다. 그럴 때는 그저 물속으로 걸어 들어가서 둥둥 떠 있는 물고기를 원하는 만큼 들고 나오면 됩니다."

아주 기발한 생각이기는 하지만 복음서에는 빵도 늘어났다고 했다. 빵 일곱 덩어리로 수천 명이나 되는 배고픈 사람들을 만족시킬 수 있었다고? 그에 관해서 고펜은 씩 웃으며 말했다. "글쎄요, 그건 정말로 기적이었나보죠, 안 그래요?"

고펜의 연구실에 다녀온 뒤로 나는 『성서』에 나오는 이야기를 과학적인 시선으로 설명하려는 시도들을 많이 들었다. 개중에는 아주 그럴싸한 설명도 있었다. 예를 들면 물 위를 걸어서 제자들을 놀라게 한 예수의 기적은 갑자기 기후가 변해서 호수에 잠깐 얼음이 얼었기 때문에 가능했다고 설명하는 것이다. 그러나 그런 식의 설명은 지적 유희라는 점에서는 의미가 있을 수도 있겠지만 신앙의 전통에도, 과학에도 해가 될 뿐이다.

얼음 위를 걸었다는 가설은 명확하고 실질적인 세부 사항을 간과했다는 점에서 나는 그 가설이 원래 이야기만큼이나 비과학적이라고 생각한다. 오늘날 키네레트는 한겨울에도 온도가 4.4도 밑으로 내려가는 경우가 드물다. 따라서 2,000년 전 겨울에 키네레트에서 사람이 지나가도 될 정도로 호수가 두툼하게 얼려면 지금보다 훨씬 더 추웠어야 한다. 그러나 고기후학 증거대로라면 키네레트는 그렇게 추운 곳이 아니었다. 더구나 예수가 아주 잠깐 동안 생겼다가 사라지는 얼음 위를 걸으려면 어는 일이 거의 없는 호수에서 얼음이 어는 정확한 장소와 시간을 알아야 할 테고, 그 광경을 보고 깜짝 놀랄 만한 경험 많은 어부들보다 호수를 잠시 방문한 목사의 아들이 호수에서 일어나는 기이한 현상을 훨씬 더 잘 알아야 하며, 폭풍이 치는 밤에 이리저리 흔들리는 미끄러운 얼음 위에서 넘어지지 않고 평온하게 걸을 수 있어야 한다. 그것도 저체온증으로 죽지 않고 살아남아서 말이다.

이 지역의 종교적 신화는 과학 보고서가 아니라 수세기 동안 많은 문화의 사람들에게 영감을 준 영적 전통이 낳은 유산이다. 물 위를 걷는다는 신화는 날씨와 호수와 관련된 이상현상에 관한 이야기가 아니라 상식에 도전하는 것처럼 보이는 감추어진 진리를 향한 믿음에 관한 이야기이다. 좋은 과학이 발견하는 이야기도 상당 부분 그런 믿음과 유사하다.

호수에 얽힌 신비로운 믿음은 전 세계 어디에서나 쉽게 찾아볼 수 있는데, 호수 표면이 주변에 있는 실제 사물의 모습을 비추는 것처럼 이런 믿음들이 실제로 현실을 반영하는 경우도 있다. 내가 카메룬에서 찾아간 화구호에 얽힌 전승들이 바로 그런 경우였다. 호수 깊은 곳에서 괴물이나 죽은 자의 영혼이 올라와서 산 사람을 끌고 간다는 이야기는 악어가 사는 곳이나 사고로 죽을 위험이 높은 곳에서는 조심해야 한다는 경고의 의미를 띤다. 신화에서는 때때로 호수가 잠시 동안 사라지기도 하는데, 그것은 호수의 매끄러운 표면에 하늘이 반사되어서 호수 표면이 보이지 않는 모습을 합리적으로 묘사하려는 시도였다. 호수는 다른 호수들과 대양 또는 잘 알려진 산맥과 은밀하게 연결되어 있다. 과거에는 등고선 지도가 없었으며 물의 순환현상을 이용해서 호수 수면의 높낮이 변화를 과학적으로 이해할 방법이 없었으니 그렇게 믿는 것도 무리는 아니었다.

그중에는 몇몇 서구 학자들의 과학보다 훨씬 더 정확하게 현실을 설명하는 전승도 있다. 예를 들면 1986년에 카메룬의 니오스 호수에서 마그마에 들어 있던 이산화탄소가 폭발하면서 1,700명의 생명을 앗아간 사건이 벌어졌을 때, 인류학자들은 카메룬에 전해져 내려오는 폭발하는 호수 이야기에 경의를 표했다. 물론 어업의 강도나 환경 조건이 아니라 죽은 자의 영혼이 어획량을 결정한다는 바롬비 마을 사람들의 믿음처럼 명백하게 틀린 전승도 있다. 그러나 과학적으로는 틀린 전승이라고 해도 다른 방법이 아니라 바로 그 방법이 필요할 때, 현실에 적용할 수 있다면 분명히 문화적으로 가치가 있다.

신화적 관점과 과학적 관점 사이에 존재하는 복잡한 상호작용은 나중에 내가 그곳을 따라서 사해까지 가다가 알게 된 것처럼 키네레트에서 흘러나와서 사막에서 사라지는 요르단 강 하류에도 적용된다.

요르단 강은 예수가 세례를 받은 곳으로 수세기 동안 기독교인들의 성지였다. 요르단 강을 직접 와보지 못한 사람들은 이곳이 깊고 넓고 시원해서 목욕을 하고 나오면 새로 태어난 것처럼 개운해지리라고 생각한다. 그러나 1988년에 내가 찾은 요르단 강 하류는 한쪽 기슭에서 돌을 던지면 반대편 기슭에 닿을 정도로 좁았고 관개와 사람들의 소비 활동 때문에 강과 호수는 이전 모습을 거의 잃고 얕고 시들한 잔재로만 남아 있었다. 요르단 강은 대부분 울창한 습지 식물과 녹색 조류, 병원성 박테리아로 덮여버렸다. 키네레트 남부에 있는 요르단 강 하류 지역은 밭과 양어장, 하수도에서 흘러든 독성물질로 심각하게 오염되어 있었는데, 이 때문에 환경보호단체인 지구의 벗(Friends of the Earth) 중동 지부는 2010년에 이스라엘 정부에 심각한 건강

요르단 강에서 세례를 받는 사람들(사진 : 커트 스테이저)

문제를 일으킬 수 있으니 관광객이 요르단 강에서 세례를 받지 못하게 막아달라고 요청했다.

요르단 강은 이스라엘과 요르단의 국경을 이루고 있기도 하며, 강의 곡류는 국경을 스파게티처럼 아주 복잡하게 만든다. 바싹 말라버린 강바닥이 요르단 강 하류 주변에 있는 건조한 땅을 나누어서 메마른 하천인 수많은 와디(우기에만 물이 흐르는 하천/옮긴이) 망을 만든다. 성서시대가 되기 한참 전에는 훨씬 컸던 키네레트가 사해 남쪽까지 요르단 계곡의 이 부분을 덮고 있었지만 약 1만7,000년 전에 건조한 기후 때문에 요르단 강의 규모가 줄어들자 얇은 퇴적물이 지상에 남았다. 요르단 강이 가장 컸을 때는 현재의 사해 수면에서 수백 미터 올라간 높이에 수면이 있었기 때문에 가파른 계곡 벽에는 욕조에 낀 때처럼 보이는 퇴적물 고리가 남아 있다. 지질학자들은 계곡 벽까지 차오른 물을 리산 호수라고 부르는데, 리산 호수가 남긴 띠 모양 퇴적물에는 수만 년에 달하는 환경의 역사가 담겨 있다. 또한 최근 1,000년에 해당하는 기간에는 유대인과 기독교인, 무슬림의 역사가 보존되어 있다.

1946년 말 혹은 1947년 초에 베두인 목동들이 한 와디 위로 솟은 리산 호수 퇴적층에 있던 쿰란 동굴에서 사해문서를 발견했다. 그때 한 목동이 동굴 안으로 돌을 집어 던졌다가 그릇이 깨지는 소리가 나서 깜짝 놀랐다고 한다. 동굴에는 「창세기」 일부를 포함해서 히브리어로 적힌 문서가 든 항아리가 여러 개 있었다. 나중에 고고학자들은 근처에 있는 다른 동굴들에서도 「구약성서」의 거의 모든 책을 포함하여 여러 종교 문서와 세속적인 문서들을 발견했다. 방사성 탄소 연대측정 결과 이 문서들은 대부분 2,000년이 조금 넘은 과거에 작성된 것으로 밝혀졌는데, 이는 함께 발견된 청동 동전의 제작 연대와도 일치했다. 이 문서들은 가장 오래된 히브리어 경전 가운데 하나로 『성서』와 『코란』의 문학적 조상이라고 할 수 있었다.

나는 사해 북서쪽 모퉁이 가까이에 있는 쿰란 국립공원 관광 안내소 옆에 차를 세웠다. 유명한 와디가 리산 호수 바닥의 흙을 깊이 파낸 곳이었다. 에어컨이 있는 자동차에서 내리자 마치 용광로 속으로 걸어가고 있는 듯한 기분이 들었다. 이곳은 여름이면 기온이 38도를 훌쩍 넘는다. 작열하는 태양 아래에서 와디 건너편에 있는 4번 동굴을 보면서, 나는 사해문서가 이토록 높은 평가를 받는 이유는 문서의 나이 때문일 텐데 이보다 훨씬 더 오래된 지질 문서보관소는 사람들의 주목을 거의 받지 못하고 있다는 사실이 상당히 모순된다고 생각했다.

사해문서에는 글로 기록한 역사시대에 사해를 어떻게 불렀는지를 보여주는 많은 이름들이 있었는데, 그중에는 키네레트만큼이나 오해의 소지가 많은 이름도 있었다. 「창세기」는 요르단 계곡에 "소금 바다"가 있다고 했는데, "사해"라는 이름은 로마 시대의 유산인 마리스 모르투이(Maris Mortui)에서 왔다. 사해도 바다가 아니다. 그러나 이 세상에서 염분이 가장 많은 호수 가운데 하나로 대양보다 염분이 10배나 더 많은 거의 진창이라고 불러도 좋은 염수호이다. 사해는 길이가 50킬로미터, 수심은 300미터로 지구에 있는 그 어떤 호수보다도 낮은 해발 430미터 아래에 놓여 있다.

오른쪽으로는 가파른 절벽이 솟아 있고 왼쪽으로는 매끈한 수면이 반짝거리는 구불구불한 호숫가를 따라서 쿰란에서 계속 남쪽으로 내려갔다. 나는 아지랑이가 이는 길가에 차를 세우고 걸어서 호수로 갔다. 얕은 물가에 형성된 널찍한 청록색 띠가 저 멀리 깊은 호수 색과 선명하게 대조를 이루고 있었다. 그 모습을 보고 있자니 산호초가 있는 물속에서 반짝이던 하얀 모래가 생각났지만 사해 바닥에 깔린 모래는 산호가 아니라 소금이었다. 주변에는 온통 얼음사탕 같은 소금 덩어리에 감싸인 부서지기 쉬운 잡초와 죽은 나뭇가지가 있었고, 호수로 걸어가는 동안 반짝이는 하얀 지각이 내 발 밑에서 바사삭 부서졌다.

도대체 사해는 어쩌다가 이렇게 소금물이 되었을까? 그 대답은 원지 단계에서 찾아야 한다. 지하수와 지표면을 흐르는 빗물은 4만 1,440제곱킬로미터 넓이의 수역을 흐르는 동안 바위와 토양에서 염

왼쪽 : 사해 호숫가에 생성된 소금 지각. 오른쪽 : 쿰란 동굴 가까이에 있는 고속도로. 왼쪽으로 사해가 보인다.(사진 : 커트 스테이저)

소와 나트륨 같은 여러 무기질 이온을 녹여낸다. 이런 용질(溶質)들이 사해에 도달할 무렵이면 용질을 실어온 물은 증발하고 무기질만 남는다. 같은 작용이 내 몸에서도 일어나서 얇은 면 셔츠에 소금 자국이 남았다. 호수로 걸어가는 동안 목마른 공기가 내 땀을 핥아먹고 염분만 남긴 것이다.

사해 물은 얼음처럼 깨끗했다. 물을 혀에 한 방울 떨어뜨리자 큰 생명체는커녕 평범한 플랑크톤도 이곳에서는 살 수 없겠다는 확신이 들었다. 사해에 특히 브롬과 마그네슘이 많다는 사실을 생각하면 수생생물은 거의 살지 못할 것이 분명했다. 따라서 물고기만 생각하면 이 역사적인 호수는 정말로 적절한 이름을 얻은 셈이다. 그러나 실제로 사해는 죽음과는 거리가 멀다.

어떤 장비의 도움도 받지 않은 내 감각으로는 닿지 않는 생명체들의 세상은 호숫가에서는 볼 수 없다. 사실 사해는 원핵생물(prokaryote)로 가득 차 있다. 원핵생물은 진짜 박테리아와 박테리아의 친척인 고세균(Archaea)으로 이루어진 생물계이다. 내가 삼킨 사해의 물 한 방울에도 원핵생물 수천 개체가 들어 있었을 것이다.

원핵생물은 지구에서 수가 가장 많고 다양하며, 가장 많은 서식지에 사는 유기체이다. 원핵생물의 개체 수는 전체 우주는 아니라고 해도 우리 은하를 구성하는 별보다 많으며, 지구에 사는 모든 원핵생물을 한데 모으면 모든 사람의 무게를 합한 것보다도 더 무겁다. 백합에서부터 연꽃에 이르는 다른 생물종과 마찬가지로 우리 사람도 이런 초기 미생물들의 후손이다. 원시 바다에서 이런 미생물들이 출현한 순간이 바로 생명이 탄생한 순간으로, 20억 년 동안 원핵생물들은 홀로 이 지구를 차지하고 있었다. 지금도 원핵생물들은 차갑고 어두운 깊은 바다 해구에서부터 펄펄 끓는 온천에 이르기까지 상상할 수 있는 모든 서식지에서 살고 있다. 심지어 우리 몸의 표면에서부터 아주 깊은 곳에 있는 틈새 구석구석까지를 자기들의 서식지로 삼은 원핵생물들은 우리 세포보다도 더 많은 개체들이 우리 몸에서 살아간다.

원핵생물을 단순한 원시생물이라고 생각할지도 모르겠지만 과학자들은 현대 기술이 안고 있는 문제를 해결하기 위해서 원핵생물의 내부 작동 방식을 연구하고 있다. 원핵생물(고세균)을 연구해서 달걀을 익힐 수 있는 뜨거운 온도에서도 작동하는 분자 도구를 설계할 단서를 찾고 있다. 옐로스톤 국립공원의 뜨거운 온천에 서식하는 원핵생물의 효소를 이용하여 소량의 DNA를 필요한 양만큼 충분히 늘리는 혁명적인 기술(중합효소 연쇄반응[Polymerase Chain Reaction])을 개발할 수 있었다. 이 원핵생물(*Thermus aquaticus*)에서 이름을 딴 "태 그 중합효소(Taq polymerase)" 덕분에 중합효소 연쇄반응을 개발한 캐리 멀리스는 1993년에 노벨상을 받았다.

2010년에 사해 깊은 곳에 들어간 과학자들은 사해 바닥에서 미생 물이 잔뜩 모여 사는 지역을 발견했다. 높은 염도 때문에 다른 생물 종은 대부분 사라진 호수 바닥의 온천에서는 엄청난 수의 고세균이 무리 지어서 살고 있었다. 사해로 들어간 과학자들은 입과 눈에 진한 염수가 들어가지 않도록 얼굴을 마스크로 완전히 덮었고 밀도가 높 은 물 밑으로 가라앉기 위해서 특별히 무거운 웨이트 벨트를 찼다. 사해에는 할로루브룸 소도멘세(*Halorubrum sodomense*)와 할로바쿨 럼 고모렌세(*Halobaculum gomorrense*)를 비롯해서 자신들이 서식하 는 거친 환경을 자신들의 이름에 반영하고 있는 호염성 박테리아 (halobacteria)가 다양한 플랑크톤 공동체를 형성해서 살고 있다. 지 구에서 가장 높은 비율을 차지하고 있는 생물군을 완전히 무시할 때 에만 우리는 사해를 생명이 없는 장소라고 말할 수 있을 것이다.

사해에 사는 원핵생물은 몸 안에서 소금과 물이 균형을 잡는 법을 익혀야 하는데, 사실 이들 말고도 같은 문제를 풀어야 하는 생물종은 또 있다. 우리 세포도 같은 어려움에 끊임없이 처하며, 호수와 대양 에 살고 있는 물고기들도 확보한 에너지의 상당 부분을 소비해서 몸 안으로 들어오고 나가는 이온을 지속적으로 조절해야만 살아남을 수 있다.

예를 들면 성 베드로 물고기의 체액은 키네레트 물보다 염도가 높 기 때문에 삼투압이 작용하여 호수의 물이 입이나 소화관, 아가미처

쿰란 근처에 있는 사해(사진 : 커트 스테이저)

럼 물이 들어갈 수 있는 내부 기관으로 들어가서 내부 기관이 부풀어 터질 수도 있다. 그런 일을 막으려고 키네레트에 사는 물고기들은 소변을 많이 보고 물은 아주 조금만 마신다. 실제로 담수에 사는 물고기는 거의 그런 방법으로 체내 수분을 조절한다.

바다에 사는 물고기는 그와는 정반대의 상황에 처한다. 바닷물고기의 체액은 해수보다 염도가 낮기 때문에 끊임없이 오그라들어서 죽을 위험이 있다. 따라서 말 그대로 물고기처럼 물을 많이 마셔야 한다. 많은 바닷물고기들이 과도하게 쌓인 소금을 아가미로 방출하고 아주 농도가 진한 소변을 본다. 불쌍한 태평양 연어는 알래스카 주나 브리티시컬럼비아 주의 맑은 호수에서 부화된 뒤에 바다로 나가서 몇 달 내지 몇 년 동안 생활하다가 알을 낳으려고 다시 고향 호수로 돌아가야 한다. 연어의 여정은 힘과 항해의 업적일 뿐만 아니라 세포 수준에서는 삼투압이라는 고난을 이겨내야 하는 역경의 과정이다.

이주하는 연어는 생리학적으로 해수와 담수의 염분 차이를 조절할 수 있지만 요르단 강에서 사해로 들어간 운 나쁜 물고기는 죽을 수밖에 없다. 사해의 높은 염분은 모든 생리 반응을 압도하기 때문에 희생자는 곧바로 죽고 만다. 호염성 박테리아는 세포 안으로 소금을 흡수해서 체내 염도와 체외 염도를 맞춤으로써 비참한 운명에서 벗어난다.

내가 사람들이 호수욕을 즐기고 있는 엔게디 방면의 사해로 걸어갔을 때, 내 몸은 말린 자두처럼 오그라들지 않았다. 수면 위로 얼굴을 들고 있는 한 외부 물질이 침투하지 못하도록 내 피부가 나를 보호해줄 것이다. 수면 위로 얼굴을 들고 있는 일은 어렵지 않았다. 사해는 워낙 염도가 진하기 때문에 나는 코르크 마개처럼 물 위에 둥둥 떴다. 사람의 몸은 사해에서 둥둥 뜨기 때문에 내 옆에 있는 남자는 몸을 반쯤 세우고 잡지를 읽고 있었다.

수세기 동안 사람들은 엔게디로 모이고 있다. 즐기려고 오는 사람도 있고 치료 효과가 있다는 소리를 듣고 오는 사람도 있으며 예뻐지려고 오는 사람도 있다. 내 주위를 걷고 있는 사람들이 착용한 방수복은 달걀 썩은 냄새가 나는 검은 진흙으로 뒤덮여 있었다. 검은 진흙에서 지독한 냄새가 나는 이유는, 열수구에 모여 사는 원핵생물은 유기물질을 흡수한 뒤에 황화수소를 배설하는데, 이 황화수소가 진흙과 섞이기 때문이다. 이 악취 나는 진흙은 피부에 좋다고 알려져 있어서 기원전 1세기에 이집트 클레오파트라 여왕은 사해의 끈적거리는 진흙을 바르려고 엔게디로 왔다고 한다.

리산 호수의 바닥은 요르단 계곡의 지질 역사가 문서로 적힌 역사보다 훨씬 더 오래되었음을 말해준다. 이 이야기를 과학적으로 문서화한 또다른 문헌은 한 생물종으로서의 사람이 어떤 존재이며, 신성한 땅에 관한 성스러운 전승에는 어떤 의미가 있는지를 보여준다.

『성서』에는 사해 남쪽에 있는 진짜 바닷물로 되어 있는 홍해가 갈라진 이야기가 나온다. 그러나 지질학에서는 홍해를 사람이 건널 수있는 넓은 건조한 길이 아니라 세로로 길게 나누어진 지형이라고 설명한다. 과학 용어로 설명하자면 홍해는 맨틀에서 나온 마그마가 해저 바닥의 갈라진 부분을 채우면서 두 지각 판이 서로 멀어져가는 지각변동이 일어나는 곳에 위치해 있다. 이곳에서 사우디아라비아의 지각 판은 녹은 암석이라는 바다 위를 떠도는 빙산처럼 천천히 북쪽으로 올라가고 있기 때문에 홍해는 1년에 1-2센티미터 정도 넓어지고 있다. 홍해가 넓어지는 동안 사우디아라비아 지각 판의 서쪽 끝부분은 지중해 해안에 있는 또다른 지각 판을 북쪽으로 밀어붙인다. 두 지각 판이 만나는 곳에 요르단 계곡이 있다.

요르단 계곡을 조사한 지질학자들은 계곡의 암벽에서 예전에도 지각 판이 움직였다는 분명한 증거를 찾았다. 키네레트와 가까운 계곡의 왼쪽 암벽에는 석회암과 부싯돌이 다량 들어 있었지만 오른쪽 암벽의 경우에는 같은 광물이 들어 있는 부분이 그보다 북쪽으로 100킬로미터 떨어진 곳으로 이동해 있었다. 단층 바닥이 갈라진 곳은 사우디아라비아 지각 판이 움직일 때에 더욱 넓게 벌어졌고, 그 결과 키네레트와 사해가 형성되었다. 점점 더 넓어지고 있는 키네레트 분지는 지난 400만 년 동안 언덕에서 굴러떨어진 암석 조각들과 강이 운반해온 퇴적물들, 호수의 진흙이 5-8킬로미터 정도 수직으로 쌓이면서 인간의 오랜 역사를 펼칠 수 있는 적절한 고대의 무대가 되어주었다.

1959년에 한 이스라엘 농부가 텔 우베이디야 근처의 흙 속에서 석기 도구를 찾았다. 텔 우베이디야는 풀이 자라는 요르단 강가의 언덕으로, 키네레트에서 그리 멀지 않은 곳이었다. 19세기에 오스만 제국 정착민들은 그 언덕에 작은 마을을 세웠는데, 그 전에는 12세기에 십자군이 세운 마을의 잔해가 남아 있었고, 십자군 이전에는 성서 시대 정착지의 잔해가 있던 곳이었다. 그러나 석기 도구를 발견한 곳은 언덕이 아니라 언덕에서 서쪽에 있는 퇴적 지형이었다.

나중에 고고학자들은 눈물방울처럼 생긴 고대 손도끼를 비롯해서 동아프리카 지구대에서 찾은 것과 같은 깨진 도구를 텔 우베이디야에서 수천 점 발견했다. 고대 석기 외에도 화석이 된 하마와 기린의 뼈가 나왔고, 아프리카에 기원을 둔 또다른 포유류 화석도 나왔다. 바로 호모 에렉투스 화석이었다. 그 화석은 아프리카가 아닌 곳에서 찾은 최초의 호미니드 화석이었다. 텔 우베이디야 화석은 요르단 계곡이 150만 년 전에 아프리카를 빠져나온 인류의 선조들이 가장 먼저 머문 장소 가운데 한 곳임을 보여주는 증거였다.

훌레 호수의 습지였던 곳 근처에서도 75만 년 전에 만들어진 석기 도구를 발견했다. 석기 도구와 함께 불에 탄 나무와 불에 그슬린 흙을 찾아냈는데, 이는 인류의 조상들이 불을 조절할 수 있었음을 보여주는 가장 오래된 증거 가운데 하나이다. 아주 작은 뼈와 이빨도 있었다는 것은 고대인들이 물고기를 먹었다는 사실을 입증해주는 아주 오래된 증거로 성 베드로 시클리드는 성 베드로가 이 땅에 오기 훨씬 전부터 사람들의 식사 메뉴였음을 알 수 있다.

텔 우베이디야와 훌레에 살았던 수렵채집인들은 우리가 상상하는 동굴 거주자들이 아니라 탁 트인 넓은 공간에서 살던 사람들로 밤이 되거나 혹독하게 추운 날이면 덤불이나 가죽으로 만든 임시 거처를 짓고 살았을 것이다. 물론 그렇다고 해서 그들이 동굴을 전혀 사용하지 않았으리라는 말은 아니다. 근처 고지대에 있는 동굴에서도 고대 조상들이 우리와 얼마나 닮았는지를 보여주는 증거들이 나왔다.

카프제 암석 거주지에서는 고대인들이 사후 세계를 어떻게 생각했는지를 보여주는 아주 오래된 증거들이 발견되었다. 9만 년 전에 얕은 동굴에 묻힌 고대인들은 장례 의식을 치른 것처럼 조개껍데기와 붉은 황토로 치장을 하고 있었다. 그 가운데 어린아이의 시신은 카프제 초기 정착민들이 어려울 때는 서로 도왔다는 사실을 알려준다. 아이의 작은 두개골에는 다쳤다가 치료가 된 흔적이 분명하게 보이는데, 이는 아이가 다친 뒤에도 누군가가 몇 년 동안 아이를 돌보았음을 의미한다.

요르단 계곡과 그 주변 지역에는 오랫동안 아주 다양한 문화가 존재했다. 요르단 계곡의 어깨 지점에 있는 마노 동굴에서 호모 사피엔스가 살았을 무렵인 5만5,000년 전쯤에는 키네레트에서 몇 킬로미터 떨어진 아무드 동굴에서 네안데르탈인이 살았다. 두 호미니드의 화석만으로는 두 집단이 서로 교배를 했는지 분명히 알 수는 없지만 현생 인류의 게놈에는 네안데르탈인의 DNA가 많이 존재한다. 그러나 사람은 협력만큼이나 폭력의 역사도 깊다. 케바라 동굴에서 발견한 1만4,000년 전 사람의 척추에는 돌촉이 박혀 있었다.

요르단 지구대에 있는 호수와 동굴 유적은 사람의 기본 본성은 오랫동안 바뀌지 않았음을 보여준다. 과거 사람들도 현대 사람들처럼 영리했고 적응력이 뛰어났으며 영혼의 존재를 믿었고 어떤 측면에서는 건설적이었지만 또다른 측면에서는 파괴적이었다. 따라서 현대인이 겪는 문제들이 전적으로 현시대에 나타난 부정적인 진화의 결과라거나 인간의 본성에 존재하는 선과 악이 최근 들어 뒤섞이면서 생겨났다고 할 수는 없다. 그러나 땅만을 생각한다면 어떨까? 지질학의 역사는 『성서』에서의 설명과 얼마나 잘 들어맞을까?

「구약성서」를 문자 그대로 해석했을 때에 나오는 지구의 존재 기간은 대부분 6,000년에서 1만 년 정도로 전 세계에서 수천 개의 암석을 채취하여 방사성 동위원소 연대측정법으로 밝힌 45억 년과는 크게 차이가 난다. 이 시간의 차이를 길이의 차이로 표현하면 1센티미터와 10킬로미터의 차이라고 할 수 있다. 이렇게 얕은 웅덩이로 인류의 역사를 기술한 세계관은 깊은 우물로 지질시대의 역사를 기술하는 세계관과는 분명히 아주 다를 수밖에 없다. 6,000년이라는 시간의 역사 속에서는 현재 살아 있는 생물들이 진화의 결과로 탄생할 수 없는데, 그 이유는 「창세기」에서 신이 현생생물들을 모두 만들었다고 말하기 때문이기도 하지만, 생물들이 현생생물로 진화하기에는 시간이 턱없이 부족하기 때문이기도 하다. 그러나 그 기간이 45억 년이라면 하늘 높이 솟은 산맥이 빗방울에 깎여서 사라졌다가 다시

쿰란에 있는 리산 호수의 퇴적물. 왼쪽 : 얇은 층상 구조. 1년에 한 층씩 생겼을 것이다. 오른쪽 : 사해문서를 발견한 4번 동굴(사진 : 커트 스테이저)

솟구쳐오를 수도 있고, 원핵생물이 진화해서 무화과도 물고기도 어부도 될 수 있다.

사암과 역암을 비롯한 요르단 계곡의 단층대에서 가장 오래된 암석들은 생성 연도가 수억 년 전으로 거슬러올라간다. 아주 최근에 조사한 요르단 계곡의 지질 기록을 살펴보면, 마지막 빙하기가 끝날 무렵에 리산 호수에 의해서 아주 오랫동안 범람해 있었지만 4,000년 전에도, 또다른 시기에도 지구를 모두 덮어버린 노아 시대의 호수 흔적은 어디에서도 찾을 수 없었다. 요르단 계곡의 단층대가 간직한 지질 기록은 젊은 지구설과도 『성서』에 나오는 대홍수 이야기와도 일치하지 않지만 에덴 동산과는 어떨까? 종교를 믿지 않는 많은 사람들도 지구에 한때 사람이 자연과 함께 조화와 균형을 이루며 살았던 온화한 낙원이 있었다고 믿는다. 정말로 요르단 계곡의 단층대에는 그런 낙원이 있었을까? 있었다면 그 낙원에는 어떤 일이 벌어진 것일까?

「창세기」를 분석한 많은 사람들은 에덴 동산이 메소포타미아 지역에 있는 비옥한 초승달 지대에 있었으리라는 결론을 내리지만 요르단 계곡에 있었다고 믿는 사람들도 있다. 『성서』에는 아담과 이브가 땅을 경작해야 한다는 말이 나온다. 이 지역에서 농업혁명이 일어난 시기는 1만 년 전쯤이니 아담과 이브가 에덴 동산에서 쫓겨난 지는 1만 년이 넘지 않았을 것이다. 사해문서는 2,000년쯤 전에 작성되었으니 6,000년의 중간이라면 그 기간 안에 요르단 지구대에 에덴 동산이라고 할 수 있는 실제 장소가 있었을 가능성도 충분하다.

식생과 기후를 아주 상세하게 알려주는 기록은 키네레트 북동쪽에 있는 골란 고지대의 작은 화구호에서 발견되었다. 이 호수를 노아의 홍수가 남긴 "깊음의 샘들(fountains of the deep)" 가운데 하나라고 믿는 성서 연구자도 있다. 그곳에 사는 드루즈인(이슬람 시아파의 한 분파인 드루즈교를 믿는 사람들/옮긴이)은 이 호수를 비르카트 람(Birkat Ram, 높은 곳에 있는 웅덩이)이라고 부르는데, 이들의 민간전승에 따르면 남편을 잃은 족장 아내의 울고 있는 눈이 호수가 되었다고 한다. 그러나 지질학자들에게 이 호수는 지하수가 기반암을 뚫고 터져나온 구멍인 마르(maar)이다. 비르카트 람은 너비가 수십 미터밖에 되지 않는 얕은 호수이지만 마르 밑으로는 화석이 들어 있는 침전물이 60미터 깊이로 층층이 쌓여 있다.

1999년에 독일 과학자들이 비르카트 람의 침전물 속으로 코어 파이프를 내려보냈다. 훼손되지 않고 그대로 지상으로 올라온 코어 속에는 샘이 있었다거나 지구 전체를 뒤엎은 홍수의 흔적은 없었지만 6,000년 전에 호수 부근에서 자라던 반쯤 곡물이 된 식물의 꽃가루가 있었다. 수렵채집인도 영양가가 풍부한 종자를 먹으려고 야생 밀과 보리를 수확했는데, 야생종 가운데 일부에서는 돌연변이가 일어나서 씨앗이 가지에 달라붙는 방식이 바뀌었다. 야생 곡물은 줄기가 쉽게 부러져서, 바람이 불면 씨앗이 금방 줄기에서 벗어나 멀리 퍼져나간다. 그러나 사람에게 새롭게 길들여진 곡물은 줄기가 훨씬 더 단단해서 고대 농부들은 낟알을 잃지 않고 훨씬 더 많이 수확할 수 있었다. 소규모로 밭을 경작해서 수확한 곡물이 여러 곳에서 쉽게 자랄 수 있게 함으로써 사람은 이미 대부분의 야생 환경에서 자연선택을 이끄는 원동력 역할을 했다.

그러나 비르카트 람에 남겨진 꽃가루 기록은 6,000년 전에 이곳에 있었을지도 모를 에덴 동산의 식물에 사람이 크게 영향을 미쳤음을 확증하는 증거라고 하기에는 부족한 점이 있다. 오랫동안 농부들은 이곳에서 직접 농사를 지었고 식량을 채집했는데도 그 무렵에 이곳에서 자라던 식물은 대부분 토양과 기후의 영향을 받았다. 인근 숲에는 참나무가 많았는데, 사람들은 도토리 외에도 야생 피스타치오, 아몬드, 포도, 올리브를 모아왔다. 당시의 기후는 지금보다 습해서 호수에는 물이 넉넉하게 채워져 있었고 습지도 아라비아에서 아프리카 서쪽까지 뻗어 있었다. 지금 요르단 계곡이라고 하면 광대한 사막이 떠오르는 것이 조금도 이상하지 않은 것처럼 6,000년 전에는 요르단 계곡을 생각하면 풍부한 물이 떠오르는 것이 조금도 이상한 일이 아니었다.

"푸른 사하라(green Sahara)" 시대의 사람들은 지금은 흙먼지가 자욱한 꺼진 땅이나 모래언덕에서 뼈로 만든 갈고리와 미늘 달린 창으로 물고기, 하마, 악어를 잡았다. 그때는 오늘날의 세계 최대 담수호인 슈피리어 호수보다 표면적이 4배 이상 넓은 "메가 차드(Mega-Chad)"호가 중앙아프리카 북부를 덮고 있었다. 세상에서 가장 넓은 호수였던 메가 차드 호수의 넓이는 거의 35만 제곱킬로미터에 달했다. 현재 남아 있는 차드 호수는 원래 호수 면적의 3분의 1밖에 되지 않으며 호수 옆에 남아 있는 바짝 마른 옛 호수 바닥은 지구에서 대기 먼지를 가장 많이 생성하는 곳이 되었다. 과거에 호수 바닥에 쌓여 있던 침전물은 아주 미세한 입자로 이루어져 있어서 해마다 계절풍이 불면 몇 톤씩 바람에 쓸려서 수천 킬로미터가 넘는 곳까지 날아간다. 고대 호수의 유물이 아주 멀리까지 넓게 퍼져나가는 것이다. 1832년에 찰스 다윈은 비글 호가 아프리카 북서쪽 해안에 정박했을 때, 갑판에 설치한 "천문 관측 장비에 미세하게 흠을 내는, 도대체 무엇인지 모를 아주 미세한 먼지"를 조금 수집했다. 나중에 현미경으로 관찰해보니, 이 먼지는 호수에 사는 규조류의 유리질 껍데기로 가득했다. 먼지에 들어 있는 철 입자는 카리브 해와 아마존 열대우림에 사는 플랑크톤에게 영양분을 공급하고 연기 같은 먼지 기둥은 열대 대양에 그늘을 드리워서, 만약 그늘이 없었다면 열을 받아서 탄생했을 대서양 허리케인이 발생하지 못하도록 막아준다.

고고학자들은 요르단 계곡에 살았던 고대 수렵채집인들이 푸른 사하라 시대 이전에도 푸른 사하라 시대에도 기후변화 주기에 맞춰서 자신들의 생활 방식을 계속해서 바꾸어왔다는 사실을 알아냈다. 기후가 건조해져서 녹지가 줄어들면 사람들은 고지대 숲에서 과일과 견과류를 따오고 저지대에서는 곡물을 수확하는 데에 더 많은 시간을 들였다. 고대 수렵채집인들은 가젤이나 야생 소, 야생 멧돼지를 사냥했는데, 개와 함께 사냥에 나설 때가 많았다. 좀더 습한 시기에는 한곳에 머물면서 숲에서 먹이를 찾는 범위와 시간을 줄이고 훨씬 더 다양한 동물들을 사냥해서 먹었다. 정착지 주변에서 큰 동물들이 줄어들면 사냥꾼들은 토끼, 아비, 거북, 물고기 같은 작은 동물을 주로 잡아먹었다. 문자를 발명하기 전에는 말로 생태 지식을 다음 세대에게 전했기 때문에 유연하게 이동하는 기간과 엄격하게 한곳에 정착해서 생활하는 기간 사이에는 기후가 야기하는 과도기가 찾아올 때가 많았다.

그러나 6,000년 전부터 5,000년 전 사이에 기후 조건과 사람이 땅과 맺는 관계가 아주 크게 바뀌면서 상황은 매우 복잡해졌다. 곡물을 경작하면서 사람들은 좁은 땅과 더욱 밀접한 관계를 맺게 되었고 영토와 재산을 소유해야 한다는 생각에 집착하게 되었다. 종교는 전투에서 승리하게 해주고 건강한 가족을 꾸리게 해주고 많은 음식과 음료를 주겠다고 약속하는 신이라는 개념에 점차 권위를 부여했다. 그런 신들로는 수메르의 사랑, 전쟁, 풍요의 여신인 이난나와 맥주의 여신 닌카시가 있다. 사람들은 진흙으로 만든 벽돌로 집을 지었고 넓은 지역을 돌아다니며 거래를 했으며 포도와 곡물로 술을 만들었고 양, 염소, 돼지, 소를 길렀다. 구리 같은 금속으로 도끼와 무기, 예술 작품을 만들었고, 훨씬 더 강력한 도구를 사용해서 더 많은 땅을 개간할 수 있었다.

그런 상황에서 푸른 사하라 시대가 끝나갈 무렵인 5,000년 전쯤에는 남아 있는 강가 계곡과 호숫가로 더 많은 사람들이 몰려들어서 혁신과 분쟁을 동시에 낳았다. 아프리카 북부에서 이곳으로 이주해 온 사람들(훗날 셈족이 되는 사람들)과의 분쟁이 에덴 문명인들로 추정되는 사람들의 문화를 파괴했다고 믿는 역사학자들도 있다.

이런 식으로 기후가 변하고 문화가 바뀌면서 한때는 적은 수의 사람들이 살던 야생이 사람이 만든 정원처럼 바뀌기 시작했다. 4,000년 전이 되면 우르크나 예루살렘 같은 도시가 발달하고 초기 왕국이 탄생하며 새로운 종교들이 발전한다. 그로부터 다시 1,000년이 흐르면 철기 문명인 가나안 문화가 훗날 「구약성서」로 집대성될 유일신 종교를 낳을 하늘 신 전승으로 대체된다. 그 무렵에 기록된 히브리어 문헌은 가난한 사람과 노예를 돌봐주어야 한다고 적고 있으며, 인간의 본성은 선과 악이 긴밀하게 뒤섞여 있다고 표현하고 있는데, 이 문서들의 작성 시기도 우리가 설정한 가상의 에덴 동산이 있었던 시기보다 앞선다.

인구는 늘어났고 그 전보다 훨씬 더 많은 사람들이 더 오랫동안 한곳에 머물렀다. 올리브 과수원과 포도밭이 숲을 대체하면서 땅과 호수에 미치는 사람의 영향력이 매우 커졌다. 키네레트에서 채취한 퇴적물 코어를 통해서 농장과 가축, 마을에서 생성된 표토와 영양분이 호수로 흘러들었으며 그 때문에 호수의 영양 상태가 더욱 좋아졌음을 알 수 있다. 훌레 호수의 퇴적물과 다른 현대 유출물이 키네레트로 밀려들기 시작하면서 좋아진 영양 상태는 부영양화 상태가 될 수 있는 초석을 세웠다.

간단히 요약하면 요르단 계곡을 이루는 지각과 호수에 새겨져 있는 기록에 따르면, 6,000년 전 중동 지방에는 식물이 무성했던 에덴 동산을 닮은 환경이 조성되었지만 결국 그런 환경은 소멸했는데, 그 이유는 부분적으로는 기후변화 때문이고 부분적으로는 사람의 활동 때문이었다. 그런데 그곳에 있었던 실제 에덴 동산의 생활 조건은 온화한 낙원이라는 전승에 나오는 에덴 동산의 생활 조건과는 조금 미묘하게 차이가 난다.

6,000년 전, 요르단 계곡은 기생생물과 포식자들의 낙원이기도 했다. 사람들은 상처 부위가 감염되거나 설사 같은 사소한 질병에 걸렸을 때에도 크게 고통받았으며 자칫하면 목숨을 잃기도 했다. 산모에게 출산은 목숨을 내놓아야 하는 아주 위험한 과정이었고 갓난아기들은 대부분 어른이 될 때까지 살아남지 못했다. 훌레 호수의 습지는 말라리아를 옮기는 모기들의 서식지였고 아주 옛날에는 악어도 있었다. 『성서』는 에덴 동산에서 사자가 어린 양과 함께 잠이 들었다고 묘사하지만 현실에서는 사자도 사람처럼 어린 양을 잡아먹었다. 6,000년 전의 요르단 계곡은 방문하고 싶은 흥미로운 장소임이 분명하지만, 과학과 기술 같은 현대 문명의 이기가 없다면 그곳에서 살고 싶은 현대인은 거의 없을 것이다.

「창세기」가 묘사하는 에덴 동산의 모습은 대부분 엄격한 과학 심사를 통과하지 못했으며, 목가적인 야생의 낙원을 잃어버렸다는 환경주의자들의 신화 또한 과학의 기준을 통과하지 못하고 있다. 날카로운 선으로 사람과 자연을 가르고 있는 두 진영의 목소리는 오해의 소지가 있고 어쩌면 해로울 수도 있다. 논문 「광야의 문제(*The Trouble with Wilderness*)」에서 생태학자 윌리엄 크로논은 "야생이라는 낭만적인 이데올로기는 사람들이 생계를 꾸려갈 자리를……전혀 마련해주지 않는다"라고 주장했다. 사람을 질병의 한 형태라고 간주한다면 우리 행성은 이미 치명적으로 감염된 것처럼 보이기 때문에 더는 보호할 가치가 없으며 절망과 나태함을 치료할 처방전도 필요가 없을 것 같다. 크로논은 우리가 이런 식으로 자연과 동떨어진 존재인 양 행동한다면, 우리는 "자연 안에서 윤리적이고 지속 가능하며 명예로운 사람의 자리는 실제로 어때야 하는지를 알게 될 희망은 거의 없을 것"이라고 했다.

오랫동안 요르단 계곡에서 펼쳐진 공감과 투쟁의 역사, 융통성 있는 문화와 경직된 문화, 사람이 환경에 영향을 미쳐서 나타난 다양한 결과는, 이 세상에서 우리의 자리를 찾아가는 일은 언제나 긍정적인 결과와 부정적인 결과를 모두 나타내는 복잡한 선택 과정을 포함한다는 것을 상기시켜준다. 과거에 실제로 살았던 사람들은 선하기도 했고 악하기도 했다. 다시 말해서 "나는 최악이라고 할 수 있을 만큼 나쁘다. 그러나 다행히도 최선이라고 할 수 있을 만큼 선하다"라고 썼을 때에 월트 휘트먼이 깨달은 것처럼 과거 사람들은 우리만큼이나 복잡한 사람들이었다.

그러나 에덴 동산의 역사를 보는 두 시각이 전하는 핵심 사상만큼은 과학이 분명하게 뒷받침해주고 있다. 바로 우리 사람은 지구와 지구에 사는 모든 생명과 동일한 기원을 공유하고 있다는 것 말이다. 어쩌면 현대인에게 필요한 것은 가상의 에덴 동산으로 돌아가려는 의미 없는 시도가 아니라 우리 스스로가 자연의 힘이 되어서 새롭게 발견한 지식과 능력에 어울리는 윤리 의식과 세계를 보는 시각을 갖추는 일인지도 모른다. 그렇게 되었을 때, 진짜 에덴 동산은 우리

뒤가 아니라 우리 앞에 놓일 것이다.

갈릴리에서의 마지막 날, 나는 차를 타고 키네레트 북서쪽 구석이 보이는 낮은 베아티투데스 산(팔복산)으로 갔다. 날씨는 불안정했고 반쯤 떨어진 빗방울이 여기저기 흩어져 있는 적운에 매달려 있었다. 언덕 위에 있는 교회 근처에는, 반바지를 입어서는 안 되고 풀밭에 들어가서는 안 된다는 푯말이 있었다. 전설에 따르면 예수가 이곳에서 산상수훈(山上垂訓)을 했다.

나는 어렸을 때 믿었던 기독교 신앙을 오래 전에 버렸지만 『성서』에 나오는 장소에 서 있으니 왠지 아주 아름다운 풍경에 감싸여 있는 듯한 묘한 감동을 받았다. "잔잔한 물가로 나를 인도하시니"라고 말하는 「시편」 23장은 확실히 강이나 대양이 아니라 호수를 묘사하는 것이 분명한데, 「시편」의 저자가 염두에 두었던 호수는 비르카트 람, 훌레, 사해, 카네레트 가운데 한 곳이었을 것이다. 내가 『성서』의 저자였다면, 나는 분명히 내 앞에 펼쳐져 있는 하프처럼 생긴 사랑스러운 호수를 택했을 것 같다.

왼쪽으로는 어린 시절 교회 수련회에 갔을 때에 불렀던 노래에 나오는 강이 있었다. "요르단 강은 깊고도 넓다네. 강 건너편에는 젖과 꿀이 흐른다네." 노래 가사와 달리 이제 요르단 강은 깊지도 넓지도 않다는 사실을 알고 있었지만 나에게는 여전히 경이로운 강이었다.

아래쪽과 오른쪽으로는 빵과 물고기의 기적이 일어났다고 알려진 타브가가 있다. 그곳에 있는 수도원에는 샘에서 물을 공급받는 작은 연못이 있는데, 그 연못에서는 아주 작은 타브가 고유종 생물(장님

226

동굴 새우[*Typhlocaris galilea*])이 살고 있다. 이 작은 생물은 샘이 흘러가는 어두운 석회암 동굴에서 진화했다. 공교롭게도 새우의 속 명인 *Typhlocaris*는 우아함이나 친절함을 뜻하는 그리스어 karis와 비슷하다. 새우를 보호하는 수도사들에게 정말로 어울리는 찬사가 아닐 수 없다.

갈릴리 언덕 너머에는 그곳에서는 보이지 않지만 메기도 언덕이 있다. 「요한 묵시록」이 이 세상 최후의 격전지인 아마겟돈으로 지정한 곳이다. 나는 오랫동안 메기도 언덕을 괴롭혔을 수많은 갈등을 생각했다. 이곳, 세상의 나머지 부분으로 가는 고대 출입구에서 150만 년 동안 있었던 사람과 사람이 출현하기 전에 살았던 생물들의 존재는 이런 증거와는 상반되는 "이 땅은 우리만의 것이다"라는 주장을 비극적인 역설로 만든다.

자동차로 돌아오는 동안 산상수훈의 한 구절이 떠올랐다. "평화를 이루는 사람은 행복할지니, 그들은 하느님의 자녀라 불릴 것이다." 지구에 존재하는 모든 생명체는 서로가 서로의 친척이며, 모두 지구에 있는 동일한 원소로 만들어졌다고 본다는 점에서 유전자, 화석, 진화생물학의 원리는 분명히 산상수훈의 가르침과 일치한다.

우리의 공통적인 인간성은 이제 과학이 우리 종이라는 한계를 넘어서 확장한 친족 관계에 뿌리를 두고 있다. 우리의 포유류 조상의 털을 세우던 입모근 수축은 여전히 우리 몸에 소름이 돋게 하며, 소리 나는 방향으로 귀를 움직일 능력이 사라졌는데도 우리는 갑자기 소리가 들리면 귀 밑에 있는 근육을 반사적으로 움직인다. 모든 생물이 공유하고 있는 생명의 뿌리를 좀더 깊이 파고들면 분명히 사해에

키네레트가 내려다보이는 베아티투데스 산(사진: 커트 스테이저)

살고 있는 원핵생물들과 상당히 유사한 존재를 만나게 될 것이다.

생명의 단일함은 원자 단계까지 쭉 이어진다. 사람이 야생에 사는 성 베드로 물고기를 먹으면 요르단 계곡의 단층대 바위에 녹아 있던 인과 구름이 내린 비를 구성하는 수소와 산소, 대기와 공유하고 있는 탄소를 흡수하게 된다. 우리가 내쉬는 숨은 성 베드로 물고기가 그렇듯이 토양과 물, 대기에 원자를 공급한다. 이런 통찰력은 그저 신화와 공상이 낳은 비약이 아니라 충분히 입증된 과학 지식으로 여러 종교 전승만큼이나 감동적이다.

내가 다녀왔던 이스라엘을 거의 30년이 지나서 떠올리는 지금 한 가지 좋은 소식을 알게 되어서 기쁘다. 최근에 전해들은 바에 따르면 요르단 계곡의 단층대를 관리하는 사람들이 약속의 땅을 더 많은 약속의 땅으로 바꾸려고 노력하고 있다고 한다.

말라버린 훌레 호수 때문에 결성된 환경 단체들은 훌레 호수의 일부를 복원하려고 노력했고, 그 결과 아그몬 호수라는 결실을 맺을 수 있게 되었다. 현재 아그몬 호수는 많은 사람들이 찾는 관광명소이자 두루미, 황새 같은 많은 철새들에게 반드시 필요한 중간 기착지가 되어주고 있다.

해수를 담수로 만드는 공장들이 이스라엘에 많은 양의 물을 공급하기 때문에 1988년에 내가 다녀온 뒤로 키네레트에 의존하는 정도는 크게 줄어들었다. 도시의 폐수도 정화해서 관개수로 재활용하고 있다. 키네레트는 1년 내내 충분한 물이 차 있어서 요르단 강 하류로 더 많은 양의 물이 넉넉하게 흘러가고 있다. 기후 모델(일정 시간으로 나누어서 컴퓨터로 과거부터 미래까지의 기후를 수치로 예측하는 방법/옮긴이)에 따르면, 지구온난화로 중동 지방의 증발률이 높아지고 있기 때문에 과학이 적절하게 개입하는 일이 갈수록 중요해지고 있다.

지난 반세기 동안 요르단 강물이 줄어들면서 1년에 수 미터씩 수면이 낮아지고 있는 사해를 복구하는 계획도 진행 중이다. 홍해에서 사해로 물이 흘러갈 수 있도록 터널을 뚫고, 그 물을 이용해서 담수화 공장에 전력을 공급할 수력발전 시설을 건설하여 화석연료를 과도하게 사용하지 않고 공장을 가동한다는 계획이다. 물론 모든 사람들이 홍해와 사해를 잇는 계획에 찬성하는 것은 아니다. 사해보다 염분이 적은 홍해 물이 사해에 유입될 경우 염도가 높은 사해 물 위에 홍해 물이 쌓이면서 해로운 조류가 증식할 수도 있다고 염려하는 환경 단체도 있다. 하지만 그렇다고 하더라도 요르단과 이스라엘 정부가 서로 협력하는 좋은 사례가 될 이 방대한 프로젝트는 사해의 생태계뿐만 아니라 정치와 경제적인 측면을 고려하여 진행될 것이다.

이 세상이 창조되었음을 믿는 일을 도덕적인 의무로 여기고 말하는 권위 있는 신앙 공동체들도 환경문제에 관해서 심각하게 우려를 표하고 있다는 사실 또한 다행스러운 일이다.

2015년, 프란체스코 교황은 환경 보호 회칙 「찬미 받으소서(*Laudato Si*)」를 발표하면서 환경문제는 종교 교리 때문에 발생하는 것이 아니라 종교 교리를 잘못 해석하기 때문에 발생하는 것이라고 했다. 「창세기」에 사람이 지구를 일회용 소모품처럼 사용해도 된다고 적혀 있다고 해석하는 사람들을 향해서 교황은 사람에게 자연을 "지배할" 권리가 있다고 생각하는 것은 『성서』를 오독한 행위라고 했다. 그는 "미래 세대를 위해서 지구를 보호하는 일"이야말로 우리 인류의 의무이며 우리는 창조의 일부이자 지구 생명체들이 다 함께 만들고 있는 그물망의 일부라고 했다. 회칙에서 교황은 오염, 다른 생물의 멸종, 사람이 야기하는 기후변화는 신을 거역하고 사람의 존엄성을 해치는 죄라고 했다. 그는 종교를 믿지 않는다고 해도 과학자들은 "창조성"을 위한 투쟁을 함께하는 "귀중한 동맹자"로, 종교와 과학이 맺는 동맹 덕분에 신앙과 희망이 과학이라는 굳건한 바위 위에서 새로운 불꽃을 피우게 될 것이라고 했다. "자연은 우리와 분리해서 생각할 수 없다. 자연은 그저 우리가 사는 무대에 불과하지 않다. 우리는 자연의 일부이며, 자연 안에 속해 있어서 끊임없이 자연과 상호작용하며 살아간다."

오늘날 우리가 하는 말과 신화 속에는 미래의 씨앗이 들어 있다.

(사진 : 캐리 존슨)

앞으로 무엇이 우리를 기다리고 있는지는 모르지만 지구에 존재하는
호수들은 인류 최초의 사람들이 아주 오래 전에 요르단 계곡에 있는
고요한 호수 사이를 거닐 때부터 그랬던 것처럼 앞으로도 영원히 인
류의 역사를 반영하고 기록해나갈 것이다.

6

하늘의 물

/

가장 위험한 세계관은
아직 이 세상을 본 적이 없는 사람이 가진 세계관이다.
_ 알렉산더 폰 홈볼트(에드워드 윌슨, 『절반의 지구 : 생명을 위한
우리 행성의 싸움[Half Earth : Our Planet's Fight for Life]』에서 인용)

우리를 태운 작은 연락선이 지구에서 가장 깊은 호수인 바이칼 호수의 목재 선착장에 도착했을 때 깨끗하고 상쾌한 공기를 가득 메운 시베리아소나무의 송진 냄새가 풍겼다. 난간 밖으로 몸을 내밀고 잔잔하게 물결치는 호수를 내려다보자 바닥에 깔린 자갈이 보였다. 바이칼 호수는 넓이와 수심뿐만 아니라 깨끗한 것으로도 유명해서 햇빛이 잘 드는 곳의 가시성은 종종 25미터가 넘는다. 끼이익 소리와 함께 금속으로 된 판이 내려가자 승객들이 자갈 깔린 호숫가로 이동하기 시작했다. 나는 무거운 배낭을 멘 미국 고등학생 10여 명이 배에서 내릴 때까지 기다렸다. 모스크바에서 온 고등학생들도 어른 3명과 함께 배에서 내렸다. 그 어른들이 우리에게 3주일 동안 야생을 소개해줄 사람들이었다.

그때는 1990년 8월이었고, 소련이 감추고 있던 부분들이 서방에 공개되고 있었다. 내가 이끄는 어린 학생들과 부단장인 캐리 화이트

바이칼 호수의 카쿠시 온천에서 내리는 사람들(사진: 커트 스테이저)

와 나는 미국인들은 거의 온 적이 없는, 배를 타야만 올 수 있는 소박한 관광지인 카쿠시 온천 호숫가에 발을 내딛었다. 냉전시대에 흑백 텔레비전으로만 볼 수 있었던 냉혹한 모습을 시베리아의 첫인상으로 간직하고 있던 나는, 내가 가진 선입견과 나를 집어삼키고 있는 현실이 충돌하는 상황을 마음껏 음미하고 있었다. 야영지로 가려고 호숫가를 걸을 때는 특히나 이상할 정도로 친숙한 느낌이 들었다. 침엽수가 가득한 북반구 냉대 "타이가" 지역의 숲은 뉴욕 주의 북부에 있는 우리 집 뒤쪽 숲만큼이나 녹음이 짙었고 좋은 냄새가 났고, 지역 주민들은 친절했으며 바이칼 호수는 너무나도 아름다웠다.

　그곳에서 내 역할은 탐사 여행의 공동 기획자였지만 어떻게 보면 나는 순례자이기도 했다. 자존심 강한 호소학자라면 누구나 죽기 전에 바이칼 호수에 가보고 싶다는 소망을 품고 있지 않을까? 바이칼 호수는 세계 최고의 호수라는 명성을 두루 갖추고 있는데, 그 명성은 일부는 맞고 일부는 틀리다.

러시아 사람들은 바이칼 호수에서 가장 깊은 지점이 거의 1,642미터나 된다고 자랑스럽게 말할 것이다. 맞는 말이다.

긴 해자처럼 생긴 열곡호(rift lake)의 길이는 거의 640킬로미터나 되며 모양이나 생성 기원이 아프리카 대륙에 있는 탕가니카 호수와 비슷하다. 이 말도 맞다.

세상에서 가장 오래된 호수 가운데 하나로 적어도 2,000만 년 전에 열곡이 형성될 때에 함께 생성되었다. 맞는 말이다.

전 세계 담수의 20퍼센트를 담고 있다. 완벽하게 맞는 말은 아니다. 미국 지질조사국의 발표대로라면 부피가 2만3,000세제곱킬로미터쯤 되는 바이칼 호수에는 현재 전 세계 호수가 간직하고 있는 담수의 25퍼센트 정도가 들어 있다. 그러나 호수에 있는 물을 전부 합한 것보다 훨씬 더 많은 양의 지구의 담수는 얼어 있거나 지하수의 형태로 숨어 있거나 대기에 증발해 있다. 단단한 고체 형태로 존재하는 빙산과 산악빙하는 2,400만 세제곱킬로미터의 담수를 간직하고 있으며 지하수는 1,040만 세제곱킬로미터의 담수를 저장하고 있다. 대기에는 수증기 형태로 담수가 1만2,500세제곱킬로미터가 들어 있는데, 이 물을 공기 밖으로 모두 짜낼 수 있다면 지구 전체에 강우량 25밀리미터로 비가 오거나 바이칼 호수의 절반을 채울 수 있을 것이다. 이런 수치들을 대양의 해수 부피(13억 세제곱킬로미터)와 비교하면 바이칼 호수가 차지하고 있는 담수의 비율은 아주 보잘것없이 느껴진다. 하지만 그렇다고 해도 바이칼 호수는 코네티컷 주를 1.6킬로미터 깊이로 덮을 수 있는 엄청나게 거대한 호수임이 분명하다.

우리는 선착장에서 조금 떨어진 호숫가가 보이는 장소를 야영지로 정했다. 텐트를 치는 학생들을 돕는 동안 하늘에서는 보슬비가 내렸다. 비를 보면서 바이칼 호수의 그 많은 물이 어디에서 왔는지 생각했다. 결론만 말하자면, 바이칼 호수의 물은 날아왔다.

호수는 셀 수 없는 빗방울과 눈송이의 형태로 아주 조금씩 공중에서 이동해와서 머물다가 회오리가 되어 다시 공중으로 올라가는 증류된 바닷물이다. 구름과 구름 사이에 텅 비어 있는 것 같은 습한 대기, 비와 눈, 호수와 강, 딸기 주스와 우리 입안의 습기들은 모두 태양에서 증발했고 결국에는 다시 태양으로 돌아갈 물 분자로 가득 차 있다. 순환하는 물이 없다면, 하늘에서 떨어지는 물이 살아 있는 세포를 계속 존재하게 할 만큼 충분히 모이는 곳을 제외하고는 육지에서 살 수 있는 생명체는 하나도 없을 것이다. 목화솜처럼 보이는 적운에는 일반적으로 1만 명의 사람이 가지고 있는 수분(450톤 정도 되는 물)이 들어 있다. 물이 사람 몸무게의 3분의 2 정도를 차지하고 있다는 사실은, 사람은 문자 그대로 생명이 살아 있는 세상을 만들 수 있게 그리고 우리가 그 속에서 여러 생명과 관계를 맺을 수 있게 도와준 구름과 호수와 태양과 원자적으로 혈연관계를 맺고 있다는 뜻이다.

식물은 매일같이 1,040세제곱킬로미터의 물을 대기로 배출하는데, 유기체들은 언제나 하늘에서 떨어지는 물 중에서 그만큼 정도는 내부에 간직하고 있다. 살아 있는 유기체 내부의 이런 분자들의 순환은 아주 빨라서, 사람의 경우에는 대기 속 수증기가 보통 1주일에서

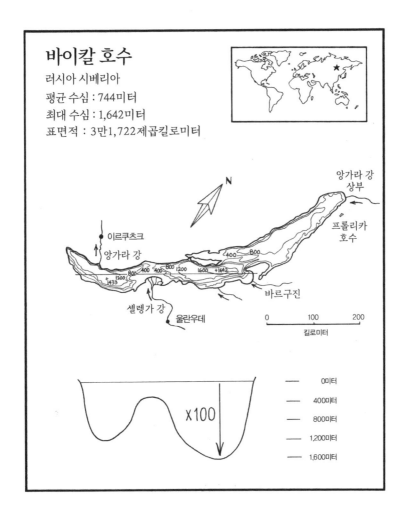

바이칼 호수

러시아 시베리아
평균 수심 : 744미터
최대 수심 : 1,642미터
표면적 : 3만1,722제곱킬로미터

N

앙가라 강
상부

이르쿠츠크

앙가라 강

프롤리카
호수

바르구진

셀렝가 강

울란우데

0   100   200
킬로미터

—— 0미터

—— 400미터

—— 800미터

—— 1,200미터

—— 1,600미터

x100

2주일 정도 몸에서 머물다가 나간다. 1930년대에 헝가리 과학자 죄르지 헤베시는 중수소 동위원소 표지를 넣은 물을 이용해서 사람의 몸에서 물 분자가 머무는 평균 체류시간을 측정했다. 간헐적으로 자신의 몸으로 들어왔다가 나가는 강물을 측정한 헤베시는 이른바 중수소로 이루어진 "무거운 물"은 마신 뒤 30분쯤 지나면 소변으로 빠져나간다는 사실을 알아냈다. 이런 동위원소의 통과율을 자기 몸의 조직과 기관에 들어 있는 셀 수 없이 많은 물 분자에 적용하여 계산한 그는 개별 물 분자가 몸의 일부가 된 뒤에 다시 밖으로 빠져나갈 때까지 걸리는 시간은 보통 11일에서 13일 정도가 되리라는 결론을 내렸다.

매일 몸 안으로 들어왔다가 나가는 물의 양과 상관없이 우리 몸의 부피가 거의 일정하게 유지되는 것처럼 호수의 부피도 거의 일정하게 유지된다. 호수로 유입되는 물의 양과 유출되는 물의 양이 이루는 균형 상태를 측정한 호소학자들은, 호수의 수심과 기후 같은 다양한 요소들이 호수에서 물이 체류하는 시간을 결정한다는 사실을 알아냈다. 작은 호수의 경우 커다란 여러 지류와 하구가 있어서 며칠 내지 몇 주일 만에 모든 물 분자가 완전히 바뀌는 경우도 있고 훨씬 더 오랫동안 물 분자를 간직하고 있는 호수도 있다. 제네바 호수에서 물 분자는 보통 10년 정도 머문다. 제네바 호수에 있던 물 분자가 바이칼 호수로 들어오면 300년 이상 갇혀 있을 수도 있다. 이 물 분자가 예니세이 강을 지나 북극해로 들어간다면, 이번에는 3,000년도 넘게 빠져나오지 못할 수도 있다.

비가 물을 공급하는 동안 바이칼 호수는 부드럽게 쉬이 하는 소리를 냈고, 잔물결이 이는 호수의 표면은 너무나도 작아서 떨어지지 못하고 차가운 공중에서 플랑크톤처럼 떠도는 작은 물방울이 만든 회색빛 안개에 가려서 보이지 않았다. 이제 곧 어두워질 것이고 우리는 모두 흠뻑 젖게 될 테니 물의 순환 과정에서 내가 어느 곳에 있는지를 고민하기보다는 불을 피우는 일에 집중하는 것이 더 좋겠다는 생각이 들었다. 미국 아이들에게는 그들을 책임지고 있는 사람이 유능한 사람이라는 확신을 줄 필요가 있었고 새로운 러시아 친구들에게는 숲에서 살아가는 방법을 제대로 아는 사람이 그들만이 아님을 보여줄 필요도 있었다.

나는 자작나무 껍질은 젖었을 때에도 불이 붙을 정도의 인화성 오일이 들어 있다는 것을 알고 있었기 때문에 근처에 있던 자작나무에서 종이처럼 얇은 껍질을 벗겨왔다. 이런 일은 그때까지 100만 번도 더 해본 일이었다. 모두가 내 주위로 몰려와서 지켜보는 동안 나는 죽은 가문비나무 가지 더미 밑에 어떤 경우라도 절대 실패할 리 없는 자작나무 껍질을 밀어넣고 불을 붙였다.

그러나 아무 일도 일어나지 않았다.

나는 몇 번이고 다시 해보았지만 불은 붙지 않았고, 미국 아이들의 얼굴은 점점 절망적으로 변했다. 이와는 대조적으로 러시아 아이들의 얼굴에는 웃음이 번졌다. 아주 공손한 웃음이었지만 제 정신이 아닌 내 마음을 헤아린 듯한 웃음이었다. 이번 여행의 진짜 대장인 겐나디가 마침내 내 옆에 웅크리고 앉더니 도와주겠다고 했다.

그는 아주 조용한 목소리로 속삭였다. "이건 미국 자작나무와 달라요. 시베리아 자작나무니까요. 이 자작나무는 쉽게 타지 않아요." 내가 이렇게 습한 날에 러시아 사람들은 밖에서 어떻게 불을 붙이느냐고 묻자, 겐나디는 나이가 가장 많은 러시아 학생을 보면서 고개를 끄덕였다. 그 학생은(이름이 팀이었다) 뒷주머니에 손을 넣더니 반쯤 녹은 플렉시 유리를 꺼내서 겐나디에게 건넸다. "이건 어쨌든 불이 붙죠." 겐나디는 그렇게 말하고 플렉시 유리의 한쪽 끝에 불을 붙이더니 내가 쌓아둔 젖은 가문비나무 가지 밑에 넣고 불이 붙을 때까지 기다렸다. 마침내 우리 장작에 불이 붙자 그는 플렉시 유리를 청부살인자의 권총처럼 들어올려서 입김을 불어 끄더니 팀에게 돌려주었다.

내 자존심은 타닥타닥 타들어가는 나뭇가지와 함께 연기가 되어 사라졌지만 의도하지 않게 나는 과학의 중심 원리와 이번 여행의 중심 주제를 동시에 학생들에게 가르칠 수 있었다. 현실이 언제나 우리가 생각하는 것처럼 흘러가지는 않으며, 우리는 서로가 서로에게 많은 것들을 배울 수 있다는 진리를 말이다.

다음 날 이른 아침, 바이칼 호수는 깨끗한 하늘을 향해서 안개를 내뿜기 시작했다. 야영지가 시끌벅적하게 깨어나고 있었기 때문에 호숫가에서 오래 머물 수는 없었지만 나는 잠시나마 그 모습을 즐길 수 있었다. 내 발밑에서 몽글몽글 밟히는 자갈들은 거센 파도에 씻겨서 둥글어졌지만 잠시 동안 바이칼 호수의 표면은 하늘 한 조각이 떨어져 내린 것처럼 매끈했는데, 사실 원소라는 관점에서 보면 실제로 하늘 한 조각이 떨어졌다고 해도 무방했다.

하늘을 비추는 거울 밑에는 바이칼 호수에만 사는 많은 생명 공동체가 있다. 맛도 있고 개체 수도 많아서 지역 어부들을 충분히 먹여 살리는 은빛 물고기 오물(omul), 오물을 잡아먹고 사는 바이칼 물범 네르파(nerpa), 그 사이를 헤엄쳐 다니는 반투명한 골로미안카(golomyanka) 물고기. 골로미안카는 다른 물고기들이 물에서 뜨거나 가라앉을 때에 사용하는 내부 장기인 부레가 없다. 대신에 몸무게의 3분의 1이 부유성 오일로 채워져 있어서 말린 상태에서 불을 붙이면

양초처럼 탄다고 한다. 바이칼 호수 고유종으로는 이밖에도 100종이 넘는 달팽이, 민물해면 14종이 있고 새우처럼 생긴 갑각류가 적어도 260종이 있다. 영구적으로 층이 나누어져 있는 동아프리카 지구대의 호수들과 달리 바이칼 호수는 표면이 차가워지는 계절 변화가 있어서 봄과 가을에 수층이 뒤집히는 기간이 되면, 산소가 많이 녹아 있는 위쪽 물이 아래쪽 물과 섞여서 모든 깊이에서 많은 자손을 낳는 동물들이 살아갈 수 있다.

시베리아는 추위로 명성을 쌓을 만큼의 자격이 충분히 있어서 겨울이면 영하 45도 아래로 내려갈 때가 많다. 그러나 시베리아의 여름은 아주 상쾌해서 지난밤에 비가 내리기는 했지만 낮에는 기분 좋게 상쾌하고 건조했다. 배에서 내릴 때, 나에게 빵을 판 한 노인은 시베리아로 유형(流刑)을 온 죄수들은 자신들을 시끄럽고 사람 많은 모스크바로 추방하는 벌은 절대로 내리지 말아달라고 지방 법원에 간청한다고 했다. 물론 겐나디가 통역해준 내용이다. 바이칼 호수의 기후는 북아메리카 대륙의 온대 호수 지역 대부분을 괴롭히는 거대한 대륙 빙상의 위협에서 벗어나게 해준다. 시베리아의 겨울은 아주 매섭게 춥지만 바이칼 호수가 있는 이 아시아 지역은 눈이 아주 적게 내려서 호수를 떠다니는 거대한 빙상은 생기지 않는다. 바이칼 호수에 수많은 고유종이 서식하는 이유는 바로 이 때문이다. 수백만 년 동안 바이칼 호수에서는 많은 고유종이 성장하고 진화해왔다. 그러나 얼마 전까지도 얼음으로 덮여 있었던 북아메리카 대륙의 오대호에는 독특한 물고기가 몇 종밖에 없으며, 그 물고기들도 대부분 시스코(호수 청어)들이다.

그날 아침, 내 미끼는 바이칼 호수에서 고유종도 외래종도 낚아 올리지 못했기 때문에 아침 식사 메뉴에 물고기를 올릴 수 없었다. 우리는 물고기 대신 시리얼을 잔뜩 먹고 배낭을 메고 숲에 나 있는 작은 오르막길을 따라서 내륙으로 들어갔다. 목적지는 바이칼 호수의 한 지류로 물을 공급하는 프롤리카 호수였다. 겐나디는 학생들을 이끌고 프롤리카 호수에 여러 번 다녀왔지만 미국 팀과 함께 온 것은 이번이 처음이라고 했다. 이 여행은 국제 청소년 교환 프로그램과 탐사 여행을 여러 번 기획하고 진행했던 내 아버지의 작품으로 겐나디와 나는 서로를 알아가는 동안 공동 기획자로서 맡은 책임을 균형 있게 나누는 법을 배워야 했다. 겐나디는 이곳 사정을 이미 잘 알고 있었기 때문에 나는 많은 일들을 그에게 맡겼지만 전부 그런 것은 아니었다.

두 나라 학생들의 문화가 다르다는 사실은 한눈에도 분명히 알 수 있었다. 미국 학생들의 옷은 색이 화려한 비싼 공산품이었다. 러시아 학생들의 옷은 대부분 단조로운 국방색이었고 거의 집에서 만든 옷이었다. 우리 학생들은 반바지에 티셔츠를 입고 앞코가 단단한 앵글 부츠를 신고 있었다. 러시아 학생들은 파카 점퍼에 무릎까지 오는 고무장화를 신고 있었다. 행진을 멈추고 잠깐 쉴 때, 땀이 흥건한 러시아 아이들은 우리가 가지고 있는 물병을 애타는 눈길로 쳐다보았다. 나는 아이들에게 마음껏 물을 마시라고 했지만, 겐나디는 물을 마시면 걷는 동안 심각한 경련이 일어날 수도 있다며 물을 마시지 못하게 했다. 러시아 여학생들은 우리가 "엉덩이 패드"라고 부른 사각형 패드를 뒤에 묶고 있었다. 캐리가 왜 그런 패드를 엉덩이에 대고 있는지 묻자, 겐나디의 동료인 올가는 차가운 땅에 앉을 때 여자들의 중요 부위를 보호하기 위해서라고 했다. "젊은 여자들은 반드시 미래를 생각해야 하니까요." 올가의 설명에 우리 미국인들은 모두 눈이 휘둥그레졌다. 우리는 두 나라의 문화가 다르다는 사실을 인정하고 서로 각기 다른 규칙을 따르기로 합의했다.

몇 시간 뒤에 프롤리카 호수에 도착한 우리는 야영 준비를 했다. 쉼표처럼 생긴 프롤리카 호수는 길이가 10킬로미터쯤 되고 너비는 1킬로미터쯤 되는데, 두 하류곡을 가르는 능선 아랫부분을 휘휘 감아서 돌다가 서쪽에서 바이칼 호수로 흘러든다. 큰길은 그곳에서 끝이 났지만, 이제 숲과 호수 사이에 나 있는 큰 돌이 많이 깔린 좁은 모래밭 길이 우리에게 들어와서 탐험해보라고 손짓하고 있었다.

모래밭 길에 깔린 큰 돌들에는 노란색 페인트처럼 보이는 가로 줄무늬가 있었다. 겐나디는 그 물질이 소나무 꽃가루라고 했다. 매년 봄이면 이곳 침엽수들은 엄청난 생식력을 자랑해서 호수는 황금빛으로 변하고 호수 가장자리는 두툼하게 쌓인 노란색 꽃가루에 파묻힌다고 했다. 잔뜩 쌓여 있는 띠들은 꽃가루가 날리기 시작했을 때부터 호수에 차례차례 쌓여왔음을 말해주고 있었다. "올해는 아주 건조합니다. 엘니뇨 때문이죠." 그때는 모르고 있었지만 그해 엘니뇨는 몇 달이 아니라 그후로도 몇 년이나 지속되어서 최장기 엘니뇨라는 기록을 세울 예정이었다. 다른 곳에는 큰 피해를 준 엘니뇨였지만 그 때문에 우리는 전혀 예상하지 못했던 평온한 여행을 즐길 수 있었다.

먼 오지에 있는 호수와 지구 반대편에 있는 따뜻한 지역의 대양 일부가 서로 연결되어 있다는 사실은 정말로 경이롭다. 보통은 호수

프롤리카 호수(사진 : 커트 스테이저)

가장자리를 숲이 끝나는 부분에 묶어두려는 하늘이 적극적으로 균형
을 맞추고 있기 때문에 프롤리카 호수에서는 많은 양의 물이 밖으로
배출되거나 증발한다. 그러나 몇 년에 한 번씩 열대풍이 약해지면
태평양 수면 위에서 온도 패턴이 바뀐다. 엘니뇨가 발생하면 홍수가
페루 사막을 덮치고, 인도네시아 열대우림이 건조해지다가 불이 나
고, 중앙 아시아에 부는 바람이 수증기를 땅으로 떨어뜨리지 않고
계속 공기 중에 간직하며, 바이칼 호수와 프롤리카 호수가 습기에
목말라 하는 것은 모두 그 때문이다. 하늘의 기체 물이 만드는 보이
지 않는 강은 호수의 생명선인데, 우리가 갔던 해에 시베리아 기체
강물의 흐름은 여느 때보다 약해져 있었다(적어도 우리가 있을 때는
호수에 수분을 채워줄 구름이 만들어질 정도의 수증기는 없었다).
그 덕분에 오지에서 어린 학생들과 야영을 하는 동안 한 가지 걱정은 하지 않을 수 있었다. 둘째 날부터 야영을 마칠 때까지 하늘에서는 비가 내리지 않았다.

다음 날 아침, 우리는 다시 짐을 싸고 다양한 크기와 형태로 놓여 있는 바위 미로를 극도로 조심스럽게 통과하면서 천천히 호숫가를 따라서 걸어갔다. 통나무로 급하게 만든 뗏목을 타고 강 하구를 건넌 뒤에 다시 텐트를 쳤다. 그날 오후 늦게 몇 명이서 호수에서 물고기를 잡기 시작했는데, 의도치 않게 경쟁 구도가 형성되었다.

러시아 쪽 부단장인 세르게이가 거대한 슈카(러시아 노던파이크)를 잡았다. 그 물고기는 정말 컸는데, 세르게이가 허리춤까지 물고기를 들어올리자 꼬리지느러미가 땅바닥에 닿을 정도였다. 내가 잡은 것은 아주 작은 노란퍼치 한 마리뿐이었다. 그러나 야영지로 돌아온 뒤에는 모든 물고기들을 토막 내어서 이제 막 잘라온 오리나무 조각을 깐 튼튼한 금속 상자에 넣고 뜨겁게 달군 숯 위에 올렸다. 몇 분 뒤에 금속 상자 뚜껑을 열자 훈제 물고기 냄새가 우리를 둘러쌌다. 올가와 여학생들이 물고기 살을 발라서 야생 부추와 섞고 작은 계란처럼 동그랗게 빚어서 구웠다. 아주 맛있었다.

저녁을 먹은 뒤에 나는 호숫가를 걸으며 지는 해가 물들인 호수를 바라보았다. 우리 야영지에서 조금 떨어진 숲속에는 텐트가 몇 개 있었고, 연기가 나는 불가에는 우락부락하게 생긴 남자들이 모여 있었다. 그들의 옷은 더러웠고 수염은 깎지 않은 채였으며 우리 팀에 있는 성인의 수보다 인원이 2배는 더 많았다. 어떤 상황인지 몰랐기 때문에 나는 겐나디에게 우리 말고도 다른 사람들이 더 있다는 사실을 알려주려고 황급히 몸을 돌렸다. 그때 아주 거친 목소리가 들려왔다. "아메리칸스키!"

나는 그 사람들에게 손을 흔들어주고 계속 걸어갔다.

또다시 "아메리칸스키!"라는 말이 들렸고 아주 빠른 속도로 "도브로포찰로바차브스트레추"라고 말하는 것 같은 소리가 들렸다. 나는 뒤로 돌아서 그 낯선 사람들을 보았다. 그들은 계속해서 소리를 지르면서 나에게 가까이 오라고 손짓했다. 나는 그들에게 다가가서 러시아어를 모른다고 말했다. 그러나 내 대답을 알아듣지 못한 그들은 그저 멍한 표정을 짓더니 계속 러시아어로 말했다. 그 사람들은 나에게 옆에 앉으라는 몸짓을 해보였고 나는 모닥불 앞에 앉았다.

제일 먼저 나를 부른 남자는 나에게 자신을 확실하게 소개하겠다는 결의를 단단히 한 것 같았다. 그는 다양한 단어와 몸짓을 써가면서 많은 말을 했지만 내가 할 수 있는 일이라고는 그저 어깨를 으쓱해 보이면서 웃는 것밖에 없었다. 그러다 갑자기 남자의 더러운 얼굴이 환하게 밝아졌다. 그는 땅에 떨어져 있던 자작나무를 집어들더니 껍질을 벗겨서 불에 탄 나무 막대로 무엇인가를 적어서 나에게 내밀었다. 자작나무 껍질에는 에틸알코올 화학식(C_2H_6O)이 적혀 있었다. 내가 씩 웃으면서 고개를 끄덕이자 남자의 얼굴은 더욱 밝게 빛났고 나머지 사람들은 환호했다. 보드카가 들어 있는 양철통, 깡통따개, 보드카를 따라서 마실 플라스틱 필름 통 2개가 그 남자들의 배낭 속에서 나왔고, 두 나라 사람들은 새로운 관계를 맺었다. 모두 과학이라는 국제 언어 덕분이었다.

사람은 서로를 오해할 때가 너무나도 많은데, 호수와 우리가 상호작용을 할 때나 호수가 우리에게 이야기를 들려줄 때에도 마찬가지이다. 과학이 형성해가는 세계적 관점은 호수가 말해주는 이야기들을 더 정확하게 해석할 수 있게 도와주며, 가상의 세계에서 전 세계의 호수를 잠시 동안 방문할 수 있는 것처럼 상공에서 내려다본 디지털 이미지는 훌륭한 정보를 제공한다.

과학은 무기를 만들거나 이 세상을 오염시키는 등 가끔은 문제를 일으키기도 하지만 사실 과학이 없다면 사람은 장님이나 마찬가지일 것이다. 구글 어스(Google Earth)가 이 같은 예를 보여주는 단적인 증거이다. 처음 출시된 2005년부터 구글 어스는 우리가 우리의 고향 행성을 볼 수 있게 해주는 놀라운 일을 해내고 있다. 누구나 무료로 이용할 수 있는 온라인 프로그램인 구글 어스를 통해서 우리는 정기적으로 업데이트되는 위성 사진, 공중촬영 사진, 지상촬영 사진을 기반으로 지구를 3차원 입체 모형으로 확인할 수 있다. 아주 먼 곳에서 디지털 영상으로 만들어진 지구를 바라보고 조작할 수도 있고 크게 확대해서 특별히 자신이 선택한 장소를 아주 자세하게 관찰할 수도 있다. 마우스 클릭 한 번이면 우리가 상상해왔거나 살고 있는 지역의 문화 전승이 가르쳐왔던 것과는 별개인 지구 표면의 모습을 상당히 많이 볼 수 있다.

예를 들면 구글 어스의 시작 화면이 근대 과학 이전 시기의 세계관에 어떤 영향을 미쳤는지를 생각해보자. 구글 어스는 우주 공간에 떠서 사용자가 어떤 방향으로든 회전하고 기울일 수 있는 구를 하나 보여준다. 이 구형인 지구를 천국이라는 단단하고 둥근 "창공" 아래에 평평하게 놓여 있는 땅이라는, 「구약성서」가 제시한 우주관에 나오는 지구와 비교해보자. 「구약성서」의 우주관에서는 창공 위에 철길을 따라서 움직이는 빛처럼 미끄러지는 해와 달도 있다. 과학기술 때문에 기존 신화가 과학과 공개적으로 충돌할 때, 우리는 아주 중요한 선택을 해야 한다. 우리는 실험과 관찰을 근거로 제시된 강력한 증거 앞에서 우리가 계속해서 믿어왔던 이야기를 기꺼이 수정하게 될까, 아니면 현실보다는 환상 속에 사는 삶을 소중하게 간직하게 될까?

구글 어스만 있으면 과거에는 가장 헌신적인 탐험가만이 도달할 수 있었던 호수들을 아주 빠르고 편하게 연구할 수 있다. 인공위성을 기반으로 분석한 결과에 따르면, 마음만 먹으면 집에 앉아서 1억 1,700만 개의 호수에 다녀올 수 있다. 가상 세계에서 계속해서 화면을 돌리면 이 세상에서 가장 큰 호수 3곳을 아주 쉽게 찾아낼 수 있다.

거대한 카스피 해는 가까이에 있는 터키와 크기나 모양이 닮았다. 카스피 해는 이름은 바다이지만 육지에 갇혀 있는 물이기 때문에 호소학자들은 대부분 카스피 해를 세상에서 가장 큰 호수라고 생각한다. 카스피 해의 물은 해수이지만 아주 짜지 않아서 상업적인 어업이 가능하며, 이곳에서 잡힌 철갑상어의 알은 전 세계에서 유통되는 캐비아 가운데 상당량을 차지하고 있다. 호소학자들은 카스피 해를 호수라고 생각하지만 아직 국제법은 이 수역이 바다인지 호수인지를 정하지 않았다. 해수를 담고 있어서 카스피 해를 바다라고 정한다면, 카스피 해의 관할권은 국제연합(UN)이 소유하여 이곳의 자원을 전 세계 모든 나라가 활용할 수 있다. 그러나 호수라고 정한다면 카스피 해를 둘러싸고 있는 러시아와 이란을 포함한 여러 나라들(러시아,

이란, 카자흐스탄, 아제르바이잔, 투르크메니스탄, 5개국이다/옮긴이)에서 호수 사용권을 분할해야 할 것이다. 이런 분쟁이 일어나는 이유는 카스피 해가 캐비아말고도 다른 자원을 가지고 있기 때문이다. "어떤 이름으로 부르든지" 카스피 해 물 밑에 있는 퇴적물에 석유와 천연가스가 가득 들어 있다는 사실은 변하지 않는다.

화면을 돌려서 북아메리카 대륙으로 이동하면 세인트로렌스 강과 연결된 오대호 가운데 가장 서쪽에 있는 슈피리어 호수가 보인다. 담수호로는 전 세계에서 가장 큰 호수이다. 오대호 자체는 마지막 빙하기가 끝날 무렵에 녹은 물이 그 일대를 모두 덮은 거대한 호수가 되었다가 줄어들어서 남은 흔적들이다.

아프리카 대륙 동쪽에서 적도에 걸쳐 있는 커다란 파란색 덩어리는 지구에서 가장 거대한 열대 호수인 빅토리아 호수이다. 불규칙한 프랙털(fractal)처럼 생긴 호수 가장자리는 물속에 가라앉아 있는 넓은 평원의 윤곽선을 드러낸다. 이 평원은 아래쪽으로 살짝 뒤틀리듯이 기울어져 있어서 동아프리카 지구대 계곡들의 어깨 지점에 있는 구름 많은 고지대에서 흘러내려오는 강물이 넓은 호수로 한데 모인다. 호수 북쪽에 있는 섬들은 모두 거대한 물웅덩이 위로 고개를 내민 언덕들로 호수 주변뿐만 아니라 호수 밑에도 숨겨진 지형이 있음을 상기시킨다.

누구나 이런 식으로 호수를 탐험하고 호수의 색과 모양을 근거로 호수의 상태를 파악하면서 몇 시간이고 보낼 수 있다. 볼리비아의 건조한 지역에 있는 소다(Soda) 호수들은 인근 토양의 알칼리성 물질이 호수로 녹아들기 때문에 피 웅덩이처럼 보이며, 이 때문에 강인하고 붉은 호염성 박테리아들이 플랑크톤의 세계를 지배하고 있다. 청록색으로 유명한 루이스 호수와 캐나다의 로키 산맥에 있는 호수들은 녹은 빙하가 호수에 쏟아부은 미세한 암석 가루들이 햇빛을 흐트러뜨리기 때문에 청록색을 띤다. 뉴질랜드 화산에 있는 나코로 호수는 유황 입자 때문에 겨자 스튜 색을 띠며 인도네시아 플로레스 섬에 있는 작은 화구호는 그곳에서 서식하는 플랑크톤이나 온천에서 나오는 무기질의 종류에 따라서 녹색, 청록색, 검은색, 갈색 눈처럼 보인다. 플로레스 섬 사람들은 호수의 색이 계속 바뀌는 이유를 호수 밑에 살고 있는 옛 사람들의 영혼이 계속해서 기분이 바뀌기 때문이라고 설명한다.

플랑크톤도 없고 용해 물질도 없는 호수의 물은 놀라울 정도로 투명하다. 오리건 주에 있는 크레이터 호수는 1972년에 표본을 채취할 때는 44미터 수심에서도 지름이 1미터인 흰색 원반이 보였다. 바이칼 호수처럼 부피가 아주 크기 때문에 놀라울 정도로 투명한 곳도 있다. 넓은 바이칼 호수는 상당히 작은 유역에 있는 상당히 척박한 토양에서 아주 적은 영양분이 호수로 흘러든 뒤에 희석되기 때문에 플랑크톤이 거의 살지 않는다. 오스트리아 트라괴스에 있는 한 호수도 상당히 투명한데, 그 이유는 봄에 몇 주일 동안 주변 산에서 깨끗하고 차가운 눈 녹은 물이 흘러들어서 호수를 형성해서, 플랑크톤이 많이 증식할 시간이 없기 때문이다. 이 호수의 수면이 주변 공원을 덮을 정도로 높아지면 스쿠버 다이버들은 천천히 움직이는 새처럼 바닥에 보이는 보도를 따라서 물속을 헤엄쳐 텅 빈 공원의 벤치와 푸른 잔디밭, 잎이 무성한 건강해 보이는 나무 사이를 거닌다.

생성된 이유를 명확하게 보여주는 호수도 있다. 인도네시아 토바 호수는 7만5,000년쯤 전에 인류 역사상 가장 엄청난 화산 폭발 가운데 하나로 꼽을 수 있는 사건이 발생하면서 생성되었다. 토바 화산이 폭발하면서 남아시아에는 15센티미터 두께로 화산재가 쌓였고 길이는 81킬로미터, 수심은 505미터인 화산 분화구에는 고리처럼 생긴 호수가 생겼다. 2억1,400만 년 전에 소행성이 강타한 캐나다 동부에는 부풀어오른 충돌 자국을 에워싼, 지름이 63킬로미터인 더 울퉁불퉁한 고리형 호수가 있다. 퀘벡의 마니쿠아강 저수지는 움푹 꺼진 가장자리로 물이 범람하기 때문에 이 충돌 분화구호는 구글 어스에서 좀더 잘 보인다.

호수가 많이 생성되는 지역에서 흔히 볼 수 있는 특징도 확인할 수 있다. 지상에 호수가 존재하기 위한 무엇보다도 중요한 조건은 당연히 물이 있어야 한다는 것과, 지구 전역에서 어느 정도는 예측 가능한 패턴으로 대기가 물을 분배해야 한다는 것이다. 산은 산등성이를 타고 올라가는 공기의 수분을 빼앗기 때문에 호수가 생성되는 과정을 훨씬 더 복잡하게 만들지만 일반적으로 눈과 비는 습한 기류가 위로 올라가면서 응축되는 곳에서 많이 내린다. 특히 적도를 두르고 있는 띠처럼 넓은 지역과 양쪽 극지방에 있는 좁고 동그란 부분에 비가 많이 내린다. 따라서 대륙은 각 기후대마다 생명을 지탱하는 물이 풍부한 지역과 부족한 지역이 다른 색으로 나타난다.

우주에서 지구를 내려다보면 적도 지역은 대부분 나뭇잎으로 덮인 녹색을 띤다. 지구 중심을 두르고 있는 습한 띠 옆에 있는 지역은 일반적으로 호수가 적은 사막이나 초원 지대여서 붉은색이나 갈색,

황금색 같은 조금 생기가 없는 색을 띤다. 바람이 기후를 세 부분으로 나누어서, 평행하게 색이 칠해져 있는 아프리카 대륙은 위와 아래에 각각 사하라 사막과 칼라하리 사막이라는 빵을 얹어놓은 열대우림 샌드위치처럼 보인다. 바싹 말라붙은 아프리카 사막에 과거에 호수와 강이 있었다는 희미한 흔적이 남아 있다는 사실로 미루어볼 때 아주 먼 과거에는 비가 내리는 지역이 지금과 달랐음을 알 수 있다.

그러나 물만으로는 호수를 만들 수 없다. 호수가 생성되려면 물을 담을 수 있어야 하므로 종류가 무엇이든 간에 함몰된 부분이 있어야 한다. 동아프리카 지구대와 아프리카 동부에 있는 울퉁불퉁한 고지대에는 움푹 들어간 지역이 많지만, 아프리카 서쪽에 있는 녹음이 우거진 거대한 콩고 분지는 너무 평평해서 물을 담을 공간이 없다. 이곳에서는 강이 대부분의 빗물을 바다로 돌려보내고 광대한 숲이 강이 보내지 못한 나머지 물을 대부분 증발시킨다. 아마존 저지대에는 호수가 적고 안데스 산맥 봉우리에는 호수가 많은 이유도 모두 비슷한 지리적 특성 때문이다.

뒤로 물러난 빙하가 남긴 불규칙한 지형이 많은 북반구 중위도 위쪽 지역에도 호수가 많다. 이곳에서는 대기도 물을 많이 내리고, 기온도 낮아서 증발도 많이 일어나지 않는다. 유라시아의 북부 지역 대부분과 캐나다 전역, 미국의 북쪽 가장자리 지역에는 비교적 젊은 호수가 많은데, 특히 빙하가 물러나고 얼음덩어리가 녹으면서 모래나 자갈 퇴적물에 구멍을 남긴 곳에 많이 생성되었다. 건기에는 바람이 모래언덕을 밀어서 공간을 만들고 우기에는 지하수면이 모래언덕 사이에 있는 낮은 지점을 채우면서 호수가 생성되기도 한다.

알래스카 북부 해안에 있는 수백 개의 타원형 툰드라 호수들이 우세 풍(prevailing wind, 한 지역에서 가장 많이 부는 바람/옮긴이)이 부는 방향과 평행하거나 수직인 방향으로 생성되었다는 사실은 원래는 모래언덕이었던 지형이 바람이나 물에 깎여나갔음을 의미한다.

위에서 호수를 내려다볼 때 알 수 있는 한 가지 사실은 상상과 현실 사이에 놓인 긴장을 설명하려면 단일 수역의 특징을 좀더 수월하게 평가할 수 있어야 한다는 것이다. 스코틀랜드의 전설적인 네스 호수에서라면 이 말이 무슨 의미인지를 알 수 있을 것이다.

아마 당신도 들어보았을 것이다. 스코틀랜드에는 쉽게 모습을 드러내지 않는 괴물이 사는 호수(loch)가 있다는 이야기 말이다. 1934년에 네스 호수의 괴물을 찍었다며 등장한 유명한 사진(긴 목과 머리가 찍혀 있었다)은 사진을 본 모든 사람들의 상상력에 불을 지폈는데 그 상상력은 결국 그 사진이 가짜임이 밝혀진 뒤에도 사그라지지 않았다. 네스 호수의 괴물은 보통 암컷이라고 추정되는데 아마도 "네시"라는 이름이 베스나 테스 같은 여자 이름과 비슷하기 때문일 것이다. 그러나 네시는 네스 호수로 물을 공급하는 그 지역 강의 게일어 이름이다. 네스 호수의 괴물을 믿는 사람들은 네스 호수의 괴물들이 아니라 네스 호수의 그 괴물이라고 한 마리로 표현하며, 네시의 굽은 목과 중생대 잔류자들을 충분히 포용할 수 있을 것 같은 네스 호수의 수심과 어둠 때문에 네시를 수장룡(plesiosaur)이라고 생각한다.

지역 박물관에는 네시임을 확인할 수 있는 표본이 하나도 없고 진짜임이 분명한 사진도 한 장 없으며 내가 아는 호소학자 가운데 네시

네스 호수(사진 : 커트 스테이저)

를 믿는 사람은 한 명도 없다. 역사학자들은 네스 호수에 사는 괴물이 6세기경, 스코틀랜드 고지대를 찾아온 선교사 성 콜룸바의 전설을 기록한 문서에서 처음 등장했다고 설명한다. 성 콜룸바는 십자가형상을 만들어서 물에 사는 난폭한 괴물을 물리쳤다고 하는데, 회의적인 과학자들보다는 그 지역에 살고 있던 이교도들을 감화하려고만든 이야기였을 것이다. 그외에 다른 문헌 기록은 대부분 지금으로부터 100년이 넘지 않은 것들이다.

그러나 자신의 마음과 감각이 틀렸다고 믿는 것보다는 호수에 괴물이 산다고 믿는 것이 훨씬 더 쉬운 사람들이 있다. 인기 있는 믿음에 반하는 사실을 기반으로 하는 주장은 오히려 그들이 믿음을 강화할 뿐이다. 냉혹한 지식들이 네시의 존재를 부정하고, 네시가 속한 마법과 신비로 가득 찬 세상을 제거하려고 시도하는 것처럼 느껴져서, 네시를 믿는 것이 마치 신성한 의무처럼 되어버리는 것이다.

그러나 네스 호수 자신은 이 모든 이야기들에 도대체 무슨 말을 하고 있을까?

구글 어스로 보면 네스 호수는 글래스고 북쪽에 주름이 접힌 것처럼 보이는 바위 지형에 마치 선을 그은 것처럼 길게 자리잡고 있다. 위에서 보면 그 주름은 넓은 땅덩어리 2개를 느슨하게 붙잡고 있는 이음새처럼 보이는데, 실제로도 그런 역할을 하고 있다. 4억 년 전에 바이칼 호수를 만든 단층과 상당히 비슷한 단층이 영국 제도를 북아메리카 대륙에서 떼어내고 멀리 떨어뜨리면서 대서양을 만들었다. 그때 지구의 지각에 동서로 긴 균열이 생겼는데, 그 균열의 한쪽은 월든 호수에서 가까운 뉴잉글랜드에서 끝이 났고 다른 한쪽은 스코틀랜드에서 그레이트글렌 단층을 형성하면서 끝이 났다. 그 균열을 따라서 길게 늘어난 모양의 호수가 몇 개 더 있지만 그 호수들에는 내세울 수 있는 괴물 이야기도 없고 인근 고지대에 비슷하게 생긴 호수가 수십 개 있는 것도 아니기 때문에 특별한 이름이 없다.

네스 호수는 길이가 37킬로미터이고 너비는 1.7킬로미터, 수심은 227미터로 스코틀랜드에서는 두 번째로 깊은 호수이다. 2012년에 나와 캐리가 함께 갔을 때는 호숫가에서 가만히 쳐다보는 것만으로도 네스 호수가 신비로운 곳임을 분명히 알 수 있었다. 속을 훤히 보여주는 바이칼 호수와 달리 짙은 갈색인 네스 호수는 토탄이 많은 토양과 인근 유역에서 흘러드는 유기물질 때문에 수면 밑을 들여다볼 수가 없었다. 이렇게 어둡고 깊은 호수에서는 아주 큰 생명체도 숨을 수 있을 것 같았지만 이런 특징이 네스 호수만의 것은 아니었다. 네스 호수 서쪽의 모랄 호수도 수심이 76미터로 깊지만 괴물은 없다.

사람들이 그 존재를 굳게 믿는 수장룡 외에 네스 호수에는 어떤 동물이 살고 있을까? 요각류, 패충류(조개같이 껍데기를 가진 작은 새우처럼 생긴 동물들), 브라운송어, 연어 같은 물고기가 살고 있지만 특별히 특이하다거나 고유종이라고 할 수 있는 생물은 살고 있지 않다. 그와 달리 같은 유럽 대륙에서 비슷한 위도에 위치한 바이칼 호수에는 고유종이 아주 많이 서식하고 있다. 그런 차이가 나는 이유는 두 호수의 지질학적 역사가 다르기 때문이다.

바이칼 호수와 달리 스코틀랜드 고지대는 빙하기 내내 여러 차례 범람했는데, 하늘에서 보면 그 흔적을 볼 수 있다. 언덕 위에 있는 매끈한 기반암은 물에 쓸린 계곡과 빙하가 낸 구멍만큼이나 수많은 호수가 형성될 수 있는 토대를 제공했다. 호수가 생성되기 전에 마지막 빙하가 떨어뜨리고 간 굵은 입자들 위로 가는 진흙 퇴적물이 아주 얇게 쌓여 있는 젊은 네스 호수의 퇴적물도 비슷한 이야기를 해준다. 그와 달리 고대 바이칼 호수에는 수백만 년 동안 빙하가 크게 개입했다는 흔적이 전혀 없는 퇴적물이 5킬로미터 이상 쌓여 있다.

편견이 없는 관찰자가 보기에 네스 호수의 지질 구조나 특징이 없는 서식 생물들의 목록은 이 호수가 영원히 살 것만 같은 네시나 수장룡의 후손들을 오랫동안 숨기고 있기에는 너무 젊다는 사실을 보여준다. 그런 생물이 숨어 있을 곳은 네스 호수가 아니라 다른 곳이어야 할 것 같다. 부근에 있는 다른 호수들도 같은 이유로 피난처가 될 수 없었을 것이다. 현재 스코틀랜드를 비롯해서 전 세계에서 발견되는 수장룡 화석은 대부분 중생대까지 거슬러올라가는 암석에 묻혀 있지, 그보다 젊은 암석에서는 발견되지 않는다. 스코틀랜드 호수들의 나이보다 5,000배는 더 긴 시간(6,500만 년) 동안 눈에 띄지 않고 살아남은 네시 같은 동물을 찾아내려면 빙하가 만든 스코틀랜드의 호수 지역이 아니라 더 안정되고 오래된 서식지를 뒤져야 한다.

대양은 어떨까? 수장룡은 대부분 해양 동물이었는데, 수장룡 한 마리가 헤엄을 치거나 오늘날 바다 포유류들이 그렇듯이 북대서양에서 그레이트글렌 단층 지역까지 뒤뚱거리며 걸어서 네스 호수까지 왔을 수도 있다고 믿는 사람들도 있다. 바이칼 호수의 네르파 물범이라면 그런 가설이 들어맞을 수도 있다. 네르파 물범은 북극해에서 바이칼 호수로 들어와서 살다가 진화한 생물이기 때문에 그런 가설이 완전히 틀렸다고 할 수는 없다. 카스피 해에도 비슷한 기원을 가진 독특한 수생 포유동물이 있으며 핀란드의 사이마 호수에도 빙하기가 끝난 뒤에 바닷물이 높아지면서 육지에 갇힌 조상들이 진화한 민물물개가 있다. 그러나 물개나 물범 같은 수생 포유류는 바다에서 흔히 볼 수 있으며 전 세계 호수에서 담수동물들을 찾을 수 있는 반면에, 중생대의 잔류 동물인 네시는 분명히 하나의 개체 또는 아주 적은 개체가 스코틀랜드의 단 하나의 호수에서만 살고 있다.

네스 호수와 바이칼 호수에서 찾은 여러 가지 증거들을 근거로 이제 몇 가지 결론을 내릴 수 있다. 네시가 정말로 수장룡이라면 네시는 지난 100년 동안에 조작된 사진과 거짓 목격담을 제외하고는 그 어떠한 것을 통해서도 모습을 드러내지 않은 아주 교묘한 생명체임이 분명하다. 네시가 실제로 존재한다면 네시 이야기는 수백만 년 동안 전 세계의 지질 기록을 속여온 획기적인 사건일 수밖에 없으니, 네시가 세운 업적은 완벽한 기만이거나 아니면 그 무엇보다도 놀라운 성과일 것이다. 네시는 이 행성에 사는 다른 수장룡이 모두 멸종된 뒤에도 살아남았고, 그 오랜 시간 동안 어떤 흔적도 남기지 않은 채 자손을 길러왔고, 수많은 도로와 주택과 사업체가 가득한 사람들의 거주지에서 가까운 차갑고 어두운 스코틀랜드의 호수에서 잡히지도 않았고 수면 밖에서 숨을 쉬는 모습이 사진으로 찍히지도 않았다. 이것은 정말로 엄청난 업적이 아닐 수 없다. 그런 네시에게 우리가 해줄 수 있는 최소한의 배려는, 네스 호수가 그럴 수 없다면 우리 마음속에라도 그 녀석이 편안하게 쉴 수 있는 평온한 은신처를 마련해주는 것이 아닐까?

잠시 옆길로 샌 네스 호수 이야기는 여기서 멈출 수밖에 없겠지만 네시 이야기는 우리가 세심하게 귀를 기울이면 호수에게서 배울 수 있으며 우리의 믿음도 영구적으로 간직할 수 있음을 알려준다. 고백하건대, 캐리와 나는 네시에게 회의적인 만큼 네시를 사랑한다. 우리 집 식탁 옆 창가에는 도자기로 만든 네시가 있다. 우리 부부는 집에서 가까운 뉴욕 주 북부에 있는 샘플레인 호수에 산다는 가짜 네시인 "챔피"를 그린 표지판을 지나갈 때마다 씩 웃게 되고, 호수를 연구하는 나는 호수의 퇴적물 표본을 채취하기 전에 호수에 작은 공물을 바칠 때가 많다. 가능하다면, 나는 지역 주민들이 전통적으로 그곳에 거주하는 괴물들과 영혼들의 입맛에 맞춰서 준비했던 공물을 바쳤다. 카메룬 호수에서는 위스키를 바쳤고 빅토리아 호수에서는 커피를 주었다. 페루에서는 잉카 부적을 가득 담은 작은 유리

호수에 떠오른 얼굴(사진 : 커트 스테이저)

단지를, 애디론댁 모호크 지역에 사는 호수 흑표범에게는 옥수수나
담배를 공물로 준비했다.

　물론 그런 미신을 전적으로 믿는 것은 아니지만, 내가 지역 주민들
의 전통을 인정하고 따르는 이유는 나보다 먼저 호수를 알았던 사람
들에게 경의를 표하고 싶기 때문이다. 더구나 그런 의식을 행함으로
써 나는 잠시 멈춰서 현장 연구에서 생길지도 모를 위험을 미리 파악
하고 주변 환경을 더 잘 이해하고 인지할 수 있으며, 이 세상을 경험
하는 방법은 단 하나가 아님을 깨달을 수 있다. 이런 식으로 어떤
신화들은 우리의 삶에 기여하고 우리의 삶을 향상시킨다. 과학자들
의 삶도 말이다.

현대 이전에는 호수들 대부분이 전적으로 역학적인 과정에 따라서 형태와 색과 위치가 결정되었다. 토양은 호수를 얼룩지게 했고 빙상은 호수를 뒤덮거나 토사를 품고 있던 얼음을 녹여서 호수를 막아버렸다. 화산과 소행성은 단단한 암석으로 호수 바닥을 날려버리고 가뭄은 호숫물을 말리고 장마는 호수를 넘치게 한다. 이제 사람들은 그런 자연 요소들이 작용하는 것과 거의 비슷한 규모로 호수를 만들고 파괴하고 바꾸고 있는데, 우리가 하는 일을 어느 정도는 인지하고 있기 때문에 사람이 호수에 행하는 일에는 윤리라는 측면이 추가된다. 우리가 호수에 어느 정도 영향을 미치고 있는지를 정확하게 알기는 어렵지만 구글 어스를 이용해서 호수를 연구하면 자연에서 사람이 차지하는 위치와 이 행성의 상태에 관한 중요한 통찰력을 얻을 수 있다.

현재 같은 지역에 사는 사람들에게 영향을 받았다는 명백한 증거를 품고 있는 호수는 많다. 베네수엘라의 마라카이보 호수에는 좀개구리밥이 소용돌이치고 있고, 중국의 타이 호수는 시아노박테리아로 인해서 완두 스프처럼 변했다. 오스트레일리아의 깁슬랜드 호수 남동쪽 연안에는 적조가 발생했다. 이런 호수들을 비롯해서 전 세계적으로 색을 띤 호수가 많다는 사실은 생활하수, 축사 오물, 토양 침식물, 비료로 인해서 영양물질에 오염이 된 호수가 많다는 뜻이다. 얄궂게도 독일과 스위스 사람들이 안전한 식수원으로 활용하고 있는 보덴 호수는 유리처럼 맑고 투명한데 그 이유는 부분적으로는 사람 때문이라고 할 수 있다. 한때 조류 때문에 뿌옇던 보덴 호수는 현재 농장이나 생활하수에서 흘러드는 인을 강력하고 효과적으로 규제하는 환경 정책 때문에 오히려 낚시꾼들이 플랑크톤이 너무 없어서 잡을 물고기가 없다고 투덜대는 상황이 되었다. 지나치게 깨끗해져버린 것이다.

팽창과 수축을 반복하는 캘리포니아 주의 솔턴 호수나 서아시아의 줄어드는 아랄 해처럼 물가에 욕조에 낀 때 같은 무늬가 나타나는 곳에서는 강수량과 거주지, 농장, 공장에서 방류하는 물의 양이 다양하게 변한다는 사실을 알 수 있다. 가나의 볼타 호수(넓이가 8,500제곱킬로미터에 달하는 세계 최대의 인공 저수지 가운데 한 곳) 같은 곳은 물에 잠긴 울퉁불퉁한 호안선과 자로 잰 듯한 곧은 가장자리가 특징인데 호수를 막은 댐이 그런 호수들이 한때는 강이었음을 알게 해준다.

지난 세기에는 미국만 해도 댐을 쌓아서 강을 막거나 땅을 파내서 상수도, 어장 같은 여러 목적으로 사용할 호수를 500만 곳가량 만들었다. 사람이 만드는 호수는 수생생물에게 번성의 기회를 제공하는 듯이 보이지만 오히려 생물의 다양성을 위협하는 경우도 있다. 최근에 「사이언스」는 아마존 강, 콩고 강, 메콩 강에 건설한 수력발전 댐 때문에 서식지에 물이 범람해서 강의 고유 어종이 사라지고 있다는 기사를 실었다. 놀랍게도 사람이 만든 수역은 물을 채워도 그냥 내버려두어도 수세기 동안 함께 진화해온 생물들에게 위협이 될 수 있다. 일본의 시골에서는 인구가 줄고 먹는 음식이 바뀜에 따라서 버려진 논이 퇴적물로 메워지면서 한때 논에 살았던 진귀한 잠자리 같은 곤충들이 사라지고 있다.

컴퓨터 화면에 떠 있는 지구를 빙글빙글 돌리고 있으면, 한 지역에서 부는 바람은 다른 지역으로 퍼져나가며, 그로 인한 공기 오염은 이 세상 모든 호수에 영향을 미친다는 사실을 쉽게 알 수 있다. 이제 는 현명하게 시행되고 있는 환경 규제 덕분에 정도가 덜하기는 하지 만 미국 북동부와 유럽 대부분의 지역에는 오염된 비가 내리는데, 대도시나 산업 중심부에서 그쪽으로 바람이 불기 때문이다. 뉴질랜 드 태즈먼 빙하 지대의 돌출부에 생긴, 실트가 섞인 우윳빛 호수는 점차 커지고 있는데, 화석연료를 태운 열기가 전 세계의 빙하를 녹이 고 있기 때문이다. 캐나다 북극 툰드라 지대에는 넓은 지역에 달걀처 럼 생긴 호수들이 생겨나고 있는데, 그 이유는 지구온난화 때문에 녹은 영구 동토층의 가장자리가 파도가 치면서 훨씬 더 심하게 깎여 나가기 때문이다. 이런 변화들은 대규모 장기 관측 덕분에 최근에야 알게 된 지구 행성의 패턴에 꼭 들어맞는다.

2015년에 일리노이 주립대학교의 캐서린 오라일리가 이끄는 대규 모 국제 연구팀은 지금까지 이 문제를 다룬 포괄적인 연구 결과 가운 데 하나를 발표했다. 연구팀은 30년간 촬영한 위성 사진을 기반으로 지구 표면에서 일어나고 있는 온도 변화를 검토하고 직접 채집한 표 본을 검사해서 지구 행성에서 일어난 변화를 기록한 엄청난 자료를 만들었다. 지구 담수를 절반 이상 담고 있는 235개 호수도 조사 대상 이었는데, 이들은 놀라운 사실을 발견했다. 여름에 호수가 따뜻해지 는 속도는 대체적으로 호수 위의 대기보다 빨랐는데, 그 때문에 생태 계에 중요한 변화가 생긴 것이다.

호수가 수면 위에 있는 대기보다 더 빠른 속도로 따뜻해지는 이유 는 정확하게 밝혀지지 않았지만 맑은 대기 때문에 따뜻해지는 경우도 분명히 있다. 지역에 따라서는 생성되는 구름의 양이 적어져서 태양열이 훨씬 더 빨리 수면을 강타한다. 얼음이 녹는 이유도 그 때문일 수 있다. 겨울이면 보통 얼음이 어는 북아메리카 북부 지역과 유라시아 지역에서 아주 극심한 변화가 일어나고 있다. 지구온난화로 얼음이 어는 기간이 짧아지면서 호수가 더 오랫동안 햇빛을 받게 되었다. 일반적으로 얼음이 얼었던 호수의 수온이 1980년 이후로 10년 사이에 0.5도 증가하면서 얼음이 얼지 않는 호수의 수가 거의 2배로 급격하게 늘었다.

캐나다 북극과 알래스카에 있는 얕은 호수들은 여름이면 증발을 막아주던 얼음 막이 사라지면서 점점 말라가고 있다. 얼음이 없는 긴 시간 동안 호수 밑이 층층이 나누어진 상태로 있어야 하는 호수도 있다. 점점 더 고립되는 바닥층에서 산소의 농도가 낮아지면 수천 년 동안 퇴적물 속에 저장되어 있던 조류 생성을 촉진하는 영양물질이 방출된다. 아프리카의 거대한 호수들은 그와는 정반대의 문제 때문에 힘들 수도 있다. 공고하게 층이 진 이런 큰 호수에서는 영양물질이 바닥에 갇힌 채 계절풍의 도움을 받지 못해서 수면 위로 올라오지 못하기 때문에 플랑크톤의 먹이가 부족해질 수 있다. 탕가니카 호수의 경우, 지구온난화로 먹이사슬의 토대를 형성하는 조류가 줄어들어서 사람들의 어업 활동이나 생계를 위협할 수도 있다.

변화가 불규칙하게 일어난다는 것도 오라일리 연구팀이 발표한 놀라운 결과였다. 호수는 균일하게 따뜻해지지 않고 지역마다 따뜻해지는 정도가 다르기 때문에 지구 전체를 살펴보지 않는다면 전체 동향을 파악하기가 어렵다. 다시 말해서 당신이 좋아하는 호수 한 곳의 상황만으로는 혹은 그 호수를 몇몇 호수와 비교해보는 정도로는 전 세계 호수에서 벌어지고 있는 일을 명확하게 말할 수 없다는 뜻이다. 호수의 수심과 우세풍의 방향 같은 여러 가지 요소들이 상황을 아주 복잡하게 만드는데, 일반 관찰자들은 아무 문제가 없다고 잘못 생각할 수 있다. 오라일리는 「사이언스」와의 인터뷰에서 "지구온난화가 호수 생태계를 바꾸는 문제는 임박한 문제가 아니다. 세계 많은 곳에서 이미 진행되고 있는 문제이다"라고 했다.

며칠 동안 프롤리카 호수 주위를 돌면서 우리는 야생 속으로 더 깊이 들어갈 준비를 했다. 겐나디는 호수 동쪽 연안에 있는 강을 따라 몇 킬로미터 정도 올라가서 호수 동쪽 끝에 있는 고지대 호수로 학생들을 데려갈 생각이었다. 그때 우리 모두는 고산 호수를 둘러본다는 생각에 흥분해 있었지만 나는 그 경험 이후로 다시는 낯선 사람의 여행 방식을 전적으로 따르는 일은 없으리라고 굳게 결심했다. 고산 호수를 향해서 출발하는 날 아침이 되어서야 나는 그 지역에 사람이 다니는 길이 없다는 사실을, 우리 미국인들은 그런 길을 걸어갈 준비가 거의 되어 있지 않다는 사실을 깨달았다.

아침을 먹은 뒤에 겐나디는 나를 한쪽으로 데려가더니 아주 힘든 등반을 하게 될 것이라고 말했다. 그가 무릎 위에 펼친 너덜너덜한 지도에는 등반로도 없었고 호수에 도착할 때까지 야영을 할 수 있는 평지도 없었다. 프롤리카 호수에서 이틀 정도 행진해가야 하는 우리의 목적지는 이름조차 없는 곳이었다. 겐나디는 우리보다 먼저 그곳에서 야영한 사람들이 그랬던 것처럼 그곳을 그저 "타이가 호텔"이라고만 불렀다. 뭐, 그것은 어쩔 수 없는 일이었지만 지도에 나오는 또다른 특징들은 왠지 더욱 난감하게 느껴졌다. 우리가 지금까지 프롤리카 호수를 따라서 걸어왔던 길도 그 지도에는 표시가 되어 있지 않았다.

"보통은 어떤 길로 다니십니까? 전에는 아이들과 어떤 길로 다니셨죠?" 내 질문에 겐나디는 잠시 동안 어리둥절한 표정을 지었지만 곧 무슨 말인지 알아들었다. 그는 러시아팀은 이번에 우리가 함께 걸었던 것처럼 언제나 무거운 배낭을 메고 호숫가를 따라서 걷는다고 했다. 그러나 엘니뇨가 아니었다면 우리가 걸어온 잡석이 깔린 호숫가는 정강이까지 오는 물에 덮여 있었을 것이라고 했다. "그래서 우리 학생들이 고무장화를 신고 있는 겁니다. 여러분이 올해에 오신 건 정말 행운인 거죠."

우연히 호수 높이가 변하는 바람에 우리 미국인들의 시베리아 여행은 극심한 고난이 아니라 모험이 될 수 있었다. 그때 나는 엘니뇨에 저주를 퍼붓지 않고 조용히 감사를 드린 지구상에 몇 안 되는 사람 가운데 한 명이 되었다.

다음 날 아침, 우리는 사람이 지나다닌 흔적이 있는 숲길을 따라서 걸어갔다. 길옆에는 매끈한 적갈색 물고기가 헤엄치는 맑은 시내가 흐르고 있었다. 그 물고기는 그늘에서 헤엄치는 올챙이처럼 재빠르게 움직였다. 모두 멈춰서서 물고기를 쳐다보는 동안 나는 그 물고기가 세상에서 가장 큰 연어 가문의 일원인 시베리아송어의 어린 개체가 아닐까 하는 생각을 했다. 다 자란 시베리아송어는 길이가 1.5미터 정도이고 무게는 41킬로그램에 달해서 낚시 안내인들은 시베리아송어를 잡으려면 생쥐 한 마리를 통째로 미끼로 사용해야 한다고 조언할 정도였다. 시베리아 사람들은 시베리아송어를 강 정령들의 아이라고 생각한다. 전설에 따르면 이곳에 온 한 무리의 사람들이 얼어붙은 강 속에서 얼어 있던 송어의 살을 발라 먹으며 겨울을 났다. 봄이 되어서 얼음이 녹자, 송어의 남은 부위가 땅으로 올라오더니 자신을 먹은 사람들을 잡아먹었다고 한다.

바이칼 호수 근처에 사는 부랴트족의 민간신앙과 의식에는 수천 년 동안 시행착오를 겪으면서 어렵게 알게 되었고 자손 대대로 구전되어온 생태계와 관련된 지식이 반영되어 있다. 예를 들면 부랴트족의 우주관에는 수문학자(물의 성질과 분포, 지하수원 등을 연구하는 학자/옮긴이)라면 당연히 알고 있는 물의 순환 과정이 반영되어 있다. 부랴트족 전승에서 강은 영혼이 죽은 뒤에 지나가는 길이다. 강을 따라가던 영혼이 바다에 도착하면 이번에는 새가 되어서 강이 시작되는 곳으로 날아간다. 아주 뛰어난 인물의 영혼은 구름에 머물면서 비가 되어 내리거나 이번 여름처럼 그저 하늘 높은 곳에 머물면서 내려오지 않는다.

그러나 프롤리카 호수가 있는 계곡을 우리와 함께 나누고 있던 존재는 물고기와 영혼만이 아니었다. 마지막 야영지 가까이에 있던 젖은 모래밭에서 커다란 발톱이 달린 발의 발자국을 보았을 때, 겐나디는 그 지역에 사는 갈색 곰은 수줍음이 아주 많으므로 걱정하지 않아도 된다고 했다. 비단처럼 부드러운 검은 털이 특징인 족제비를 닮은 바르구진 담비도 이곳에 산다. 세상에서 가장 귀한 모피를 가지고 있다고 평가를 받는 동물이다. 우리가 걷고 있는 길도 어쩌면 길옆에

프롤리카 호수를 따라서 걷는 학생들(사진 : 커트 스테이저)

창문이 없는 통나무집을 짓고 간 담비 사냥꾼들이 냈을지도 몰랐다. 통나무집은 너무 작고 좁아서 그곳에서 긴 겨울을 난 사냥꾼들은 날씨보다도 통나무집 자체 때문에 더 힘들었을지도 모르겠다는 생각이 들었다. 수백 년 동안 합법적이거나 불법적인 사냥꾼들에게 쫓겼던 야생 생명체들은 사람을 조심해야 한다는 사실을 깨달았음이 분명했다. 길을 걸어가는 동안 우리는 사람을 제외하면 다람쥐보다 큰 포유동물은 단 한마리도 보지 못했다.

지는 해가 계곡에 그늘을 드리울 때까지 우리는 아주 오랫동안 걸었지만 야영을 할 만한 장소는 찾을 수가 없었다. 결국 우리는 가파른 숲속 공터에 짐을 내려놓고 그 밤을 편하게 보낼 수 있는 방법을 찾아보려고 했다. 바위가 많은 바닥은 울퉁불퉁해서 텐트를 치기가 힘들었고 잠을 자기란 더더욱 힘들었다. 침울해진 동반자들을 위로

하기 위해서 겐나디는 이곳을 평소처럼 타이가 호텔이라고 부르지 않고 "고브노 호텔"이라고 명명하더니 아주 기이한 목소리로 웃었다. 곧바로 러시아 아이들도 웃기 시작했고 통역한 이야기를 들은 뒤에는 미국 아이들도 웃기 시작했다. 그렇게 해서 숲은 "똥"이라는 이름을 가지게 되었지만 어쨌거나 그 덕분에 우리의 기분은 조금 나아졌다. 우리는 모닥불 앞에 모이는 시간은 건너뛰고 대충 차가운 음식으로 저녁을 먹고 곧바로 피로에 지쳐서 곯아떨어졌다. 다음 날 아침, 우리는 문자 그대로 이번 여행에서 우리가 도달할 수 있는 가장 높은 곳에 가게 되리라는 사실을 예감했다.

새벽에 잠에서 깬 우리는 점점 가파른 길을 따라서 걸어가기 시작했다. 몇 시간 정도 지나자 나무가 자라는 숲을 벗어났고, 그 뒤로는 고산 습지를 지나서 아름다운 호숫가에 도착했다. 호수의 너비는 180미터 정도 되는 것 같았다. 겐나디는 우리가 이곳에 온 첫 번째 미국인들이라고 했다. 우리 미국인들은 짐을 내려놓고 러시아 사람들 옆에 앉아서 온몸에서 베어나온 미지근한 땀을 차가운 바람으로 식혔다. 올가는 털썩 눕더니 통통한 라즈베리와 황금색 살구를 교배한 것처럼 생긴 과일을 집어들고 입안으로 쏙 넣었다. 올가는 이가 세게 부딪칠 정도로 과일을 딱딱 씹어 먹으면서 "야생딸기예요"라고 말했다. 곧 우리가 가져간 금속 음료 잔은 달콤한 과일로 가득 찼다.

나는 시간이 지난 후에 참고하려고, 1킬로미터는 족히 올라왔을 그 고산 호수를 겐나디가 가지고 있는 거의 쓸모없는 지도에서 찾아보려고 했지만 찾을 수 없었다. 이름도 잊었기 때문에 구글 어스에서도 그 호수의 정확한 위치는 찾을 수가 없었다. 바르구진 산맥 정상

바르구진 산맥에 있는 고산 호수(사진 : 커트 스테이저)

에는 구름과 눈 녹은 물 때문에 비슷하게 생긴 호수가 여러 개 있는
데, 우리가 다녀온 호수는 먼 훗날 그 호수가 사라지기 전까지는 야
생딸기를 먹었던 장소로 기억될 것이다.

그 작은 호수는, 아이들이 잠시 후에 구경하려고 올라간 근처 산마
루에서 본 장관만큼 웅장한 장관을 연출하지는 않았다. 나는 호수
옆에 조금 오랫동안 앉아서 부랴트족 샤먼이라면 시베리아의 물속에
살고 있다는 고대 영혼에게 어떤 선물을 바쳤을지 생각해보았다. 바
이칼 호수에는 수룡을 부리는 루수드 칸 같은 고대 영혼이 살고 있
다. 전설에 따르면 루수드 칸은 잠시 동안 여자가 되어서 부랴트족의
선조들을 낳았다고 한다. 현재 네스 호수의 괴물을 믿는 사람들이
네시의 존재를 확증하려고 루수드 칸의 이야기를 활용하기도 하지
만, 나는 그보다는 시베리아 민속 문화와 다른 곳에서 볼 수 있는

민속 문화가 비슷하다는 사실에 더욱 흥미를 느낀다.

시베리아 지역에는 하늘에 거주하는 영혼이 물로 덮여 있는 지상의 원시 세계로 내려왔다는 창조 신화가 있다. 그 창조 신화에서는 한 아비가 호수로 뛰어들어서 바다에서 진흙을 가져와 또다른 수생 동물 위에 쌓아서 땅을 만들었다고 했다. 북아메리카 원주민에게는 그와 거의 비슷한 창조 이야기가 많은데, 내가 사는 뉴욕 주도 마찬가지이다. 모호크족은 바다거북의 등에 진흙을 쌓아서 땅을 만들었다고 했다. 따라서 북아메리카 대륙은 "바다거북 섬"이라고 할 수 있고, 해변에 부딪치는 파도는 지금도 거대한 거북이 원시 대양을 헤엄치고 있음을 알리는 증거이다.

비슷한 창조 신화가 두 대륙에 동시에 존재하는 것은 어쩌면 우연이 아닐 수도 있다. 시베리아는 마지막 빙하기 동안 베링 해협으로 연결되어 있던 광대한 툰드라 지역의 서쪽 끝에 놓여 있다. 석기시대 사람들은 빙하가 녹아서 두 대륙 사이에 바다가 생기기 전까지 수천 년 동안 툰드라 지역에서 순록과 매머드를 사냥했고, 동쪽으로 이동해서 초기 아메리카 원주민이 되어서 북아메리카 대륙을 식민지로 만들고 자신들의 우주관을 함께 가져왔을지도 모른다. 모호크족 장로들이 바다거북 섬에 관한 이야기를 할 때 그들의 목소리에는 베링 해협을 건너온 조상들뿐만 아니라 머나먼 시베리아 조상들의 목소리까지 담겨 있을 수도 있다.

호수에 사는 고대 영혼에 관한 이야기는 과학과도 놀라울 정도로 유사한 부분이 있다. 호수를 구성하는 물 분자는 우리의 몸도 구성하며, 물은 순환 과정을 통해서 전 세계로 퍼져나간다. 따라서 이 세상의 모든 수역 속에는 우리 조상들의 혈관을 흐르던 물 분자와 날숨에서 나간 수증기로, 구름의 구성원으로, 호수에 떠오르던 물안개로 모습을 바꾸어서 존재한 물 분자가 아주 조금은 포함되어 있을 것이다. 영어의 숨(breath)이라는 단어는 라틴어로 영혼(spiritus)이라고 번역할 수 있다. 따라서 호수에 고대 조상의 영혼이 살고 있다는 믿음은 과학적일 뿐만 아니라 정신과 마음과도 중요한 동맹을 맺고 있다.

다른 사람들이 올라간 산마루에서 환호성이 터져나왔기 때문에 나도 그곳으로 올라갔다. 산마루에 오르자 동쪽 지평선까지 끝없이 펼쳐진 침엽수림이 보였다. 저 아래의 깊은 골짜기에는 물 분자를 바이칼 호수로 운반하려고 정신없이 달려가는 흰색 거품 줄기가 보였다. 정말 현대 문명과는 너무나도 멀리 떨어져 있는 최전방이었다. 이곳에서 가장 가까운 도시(울란우데)도 남쪽으로 400킬로미터 이상 가야 했다. 우리 눈에 보이지 않는 서쪽 지평선 너머에서 침엽수림은 2,100킬로미터 떨어져 있는 북극해까지 이어지는 툰드라를 만날 것이다. 그리고 우리 앞에 펼쳐진 어두운 침엽수의 바다는 전혀 끊어진 부분 없이 1,600킬로미터를 달려서 결국 태평양을 만날 것이다.

그 순간은 상쾌하기도 했지만 씁쓸하기도 했다. 이렇게 방대한 호수와 숲도 아주 취약한 상태였기 때문이다. 구소련은 세계 경제에 숲과 호수를 개방했다. 러시아의 정부 관리와 기업가들은 산림 제품에 목말라하는 전 세계를 대상으로 돈을 벌기 위해서 브라질 열대우림과 거의 비슷한 규모의 광대한 시베리아 침엽수림으로 외국인들을 불러들였다. 고대 바이칼 호수는 가공 공장에서 떠내려가는 통나무에서 떨어진 파편들, 산업체가 방출하는 폐기물, 인근 마을에서 방류하는 오수에 더럽혀지고 있다. 그해 엘니뇨는 사람이 야기한 것을 포함해서 기후 교란이 한 지역의 수자원에 민감한 영향을 줄 수 있음을 보여주었다.

미국 국립우주항공국(NASA)이 수집한 위성 자료는 우리가 걱정해야 할 이유가 분명히 있음을 확증해주었다. 학생들과 함께 바라본 동쪽 침엽수림은 이제 합법이거나 불법인 과도한 벌목 때문에 산림이 크게 훼손된 지역으로 분류되고 있으며, 자주 발생하는 부주의한 산불 때문에 산림지대가 수천 제곱킬로미터 이상 사라지고 있어서 아마존 유역의 산림만큼이나 엄청난 속도로 줄어들고 있다. 바이칼 호수로 폐수를 엄청나게 쏟아붓던 펄프 공장과 종이 공장은 2013년에 문을 닫았지만 러시아 제1호 민간 환경 단체인 환경의 물결은 개발이 많이 진행된 곳에서는 증가하는 관광객 야영지와 배가 여전히 바이칼 호수를 더럽히고 있다고 했다.

이 작은 고산 호수를 둘러보면서 우리가 그토록 감동받은 이유는 낭만적인 서구 신화가, 야생이 살아 있는 사람의 손이 닿지 않은 에덴 동산이라는 신화가 우리 마음속에 어느 정도는 담겨 있기 때문일 것이다. 그러나 이 산맥에서 부랴트족이 수천 년 이상 살았고 가슴까지 오는 돌무덤이 말해주듯이 많지는 않더라도 가까운 곳에는 지금도 부랴트족이 살고 있다. 부랴트족에게 그런 돌무덤은 특별한 장소에서 살고 있는 영혼에게 존경을 표하는 방식이다. 월든 호숫가에 소로를 기리는 돌무덤이 있는 것처럼 말이다.

돌무덤 옆에서 나는 소규모로 모닥불을 피운 흔적과 낯선 도구 2개를 찾아냈다. 하나는 오므린 내 손에 쏙 들어가는 반짝이는 금속 그릇이었고 또 하나는 그릇 안에 들어 있는 물질을 떠내거나 저을 수 있는 납작하고 긴 금속 막대였다. 왠지 돌무덤 옆에 앉아 있는 부랴트족 샤먼이 훤히 보이는 것 같았다. 그는 그릇에 담은 신성한 풀을 금속 막대로 저어서 연기 나는 불 속에 집어넣었을 것이다. 조상에게 바치는 공물이었다. 그런 시베리아 문화와 원시 부족과 자연을 이어주던 진귀한 통로를 분명히 알고 있다는 사실에 나는 왠지 특권을 누리는 듯한 기분이 들었다. 그때 겐나디가 끼어들었다.

"뭐 하고 계십니까?" 그 질문에 나는 내가 발견한 사실을 알려주었지만 그는 나처럼 감동받은 것 같지는 않았다. 나는 고대 샤먼이 사용했던 그릇과 막대를 그에게 건네주면서 제대로 살펴보면 그도 나만큼 감동을 받으리라고 확신했다. 그러나 겐나디가 나에게 드러낸 감정은 감동이 아니라 침엽수림에서 첫날 밤을 보내면서 자작나무 껍질에 불을 붙이려는 나를 보고 지었던 그 미소뿐이었다. 두 도구를 받아든 그는 물약을 젓는 상상을 하는 것이 아니라 막대를 살짝 기울이더니 막대의 좁은 끝을 그릇 바깥쪽에 가져다댔다. 그 순간 내 얼굴은 시뻘게졌다. 샤먼의 도구는 사실 이곳에서 야영을 한 사람이 버리고 간 부러진 수프 국자였다.

내가 만들어낸 또다른 망상이 사실 앞에서 허무하게 쓰러져가는 모습을 보면서 나는 한숨을 내쉬었지만 웃음이 나오기도 했다. 이것이 바로 사람이라는 존재의 본질적 특성임을 익히 배워서 알고 있었으니까. 사람은 누구나 자기 자신을 기만하기 쉬운 존재이다. 다른 사람과의 생산적인 상호작용이야말로 그런 망상을 깨뜨리는 가장 좋은 방법이다. 사람들은 서로 다른 관점을 가지고 있지만 바로 이런

(사진 : 커트 스테이저)

관점이 서로의 망상을 깨뜨려주는 것이다.

과학도 바로 그런 식으로 작동한다. 개인의 오류를 집단 지성이 바로잡아주는 방식에 의존하는 사회 활동이 바로 과학이다. 과학은 세상에 귀를 기울이는 방식이다. 과학을 하려면 그저 사람들의 머리에 떠오르는 목소리들과 모습들보다는 믿을 수 있는 분명한 증거와 논리를 기꺼이 받아들이려는 마음과 겸손함이 필요하다. 신성한 수프 국자를 마음에 품고 국자가 준 가르침과 유용한 신화를 가지고서 나는 바이칼 호수를 품은 야생을 떠나서 집으로 돌아왔다.

시베리아의 전설에 따르면 공기는 사람의 가슴에서 영혼의 힘을 얻어서 "바람의 말[馬]"이라고 알려진 사람의 영혼으로 바뀐다고 한다. 강력한 바람의 말은 그 사람이 분명하게 사고하고 망상을 꿰뚫어

볼 힘을 주지만 바람의 말을 악한 목적으로 사용하면 우주의 균형이 깨져서 결국 바람의 말은 사라져버린다고 한다.

오늘날 과학도 우리가 과학을 존중하고 제대로 사용했을 때에는 바람의 말과 비슷한 힘을 우리에게 준다. 그러나 과학은 우리의 마음에 영향을 미칠 때뿐만이 아니라, 우리가 공유하고 있는 영적이고 정신적인 힘의 원천으로 이용할 수 있을 때에 가장 강력한 힘을 발휘한다.

7

유산(遺産) 호수

/

총을 겨누지 않고 새들의 이름을 불러본 적이 있는가?
들장미를 사랑하지만 꺾지 않고 그대로 두고 온 적이 있는가?
_ 랠프 월도 에머슨, 『절제(*Forbearance*)』

들쑥날쑥한 스트로부스소나무 숲 뒤로 해가 지자, 뉴욕 주 북부에
있는 애디론댁 산맥 깊은 곳에 자리한 리틀롱 호수의 표면 위로 나무
도 황혼도 그림자를 드리웠다. 9월의 그날 저녁에 나는 내가 아는
가장 성공한 자연주의자 가운데 한 명인 테드 맥과 함께 그의 카누를
타고 있었다. 나무 노는 낡은 알루미늄 배의 바닥에 놓여 있었고 바
람은 호수만큼이나 잔잔했지만 어쨌거나 우리가 탄 배는 천천히 앞
으로 나가고 있었다. 테드의 초경량 플라이 낚싯줄에 강하고 묵직한
무엇인가가 낚였다. 우리는 섬세한 낚싯줄이 끊어지지 않도록 줄을
감아올리지 않고 우리 무게를 약한 저항으로 이용해서 물고기와 대
치했다.

1990년대 초의 이 기억에 남는 순간에 폴스미스 대학의 사서였던
테드는 애디론댁 산맥에 있는 숲과 호수에서 상당히 많은 시간을 보
냈다. 나에게 그는 그곳에 사는 모든 새와 포유류, 어류와 개인적으
로 알고 지내는 사람처럼 보였다. 세인트레지스 카누 지역에 있는

3곳의 호수와 숲길을 처음부터 끝까지 배를 타고 이동하자는 생각은 테드가 했다. 그곳에 호수송어가 산다는 사실을 알았기 때문이다.

우리가 탄 배를 끌고 있는 신비한 생명체를 직접 보고 싶다는 마음은 간절했지만, 날이 어두워지고 있다는 사실이 마음에 걸렸다. 차를 세워둔 곳에서 멀리 왔지만 우리에게는 손전등도 없었다. 그러나 테드는 어둠 따위는 전혀 신경 쓰지 않는 듯했다. 그저 온 신경을 지금 잡고 있는 낚싯대에 쏟고 있었다. 낚싯대가 아직도 부러지지 않았다니, 놀라웠다.

초콜릿같이 진한 갈색에, 옆면에는 연한 반점이 있는 애디론댁 산맥의 호수송어는 이처럼 깊은 북부의 호수에서는 먹이사슬 꼭대기를 차지하는 포식자이다. 치어일 때는 플랑크톤을 먹고 살지만 자라면서 물고기 사냥꾼이 되는 호수송어는 자기보다 작은 먹잇감이라면 닥치는 대로 아무것이나 먹는다. 20년 이상 아주 천천히 자라는 호수송어는 풍부한 먹잇감을 제공하는 호수에서만 많은 개체들이 거대하게 자랄 수 있다. 근처에 있는 폴렌스비 호수에서는 14킬로그램짜리 호수송어가 잡히기도 했다.

이제는 밤이고 하늘 높이 떠오른 달이 그늘진 소나무 가지 사이로 우윳빛 빛을 쏟아냈다. 카누 앞쪽에 있던 테드가 낚싯대 그림자를 살펴볼 수 있도록 나에게 흔들리는 물그림자가 보이는 쪽으로 뱃머리를 돌리라고 했다. 그가 잡아당기는 힘을 살짝 빼고 낚싯줄을 감기 시작하자, 낚싯줄이 노래하듯이 울렸고 그에 화답하듯이 옆 호수에서 이비가 울었다. 플루트 같은 아비의 울음소리는 늑대가 울부짖는 것처럼 어둠 속을 뚫고 올라갔고, 숲속 나무들이 메아리로 대답했다.

아비는 그런 식으로 멀리 있는 동료에게 자신의 존재를 알린다.

아비의 울음소리는 아비 못지않게 사람의 감정도 강하게 자극한다. 그래서 영화제작자들은 아비의 울음소리를 녹음해서 불길한 조짐을 나타낼 때에 사용하기도 한다. 물론 아비의 울음소리에 익숙한 사람들은 영화를 보다가 낄낄대고 웃을 수밖에 없겠지만 말이다("저 불쌍한 새가 사막에서 뭐 하고 있는 거야?" 하는 생각이 들 테니까). 하지만 이곳 북부 지역을 사랑하는 수많은 사람들에게 아비의 울음소리는 뇌리에서 떠나지 않는 야생의 소리 그 자체이다.

그러나 언제나 그랬던 것은 아니다. 19세기에는 이곳을 찾은 손님들과 주민들은 모두 저 흰색과 검은색 반점이 있는 큰 새를 보면 총으로 쐈다. 수면에 낮게 떠 있는 데다가 필요하면 잠수도 하는 아비는 쉽게 맞출 수 없는 표적이었기 때문에 사냥 연습을 하기에 좋았다. 거위나 오리와 달리 물고기를 먹는 아비는 맛이 없어서 잡을 가치가 없는 새였기 때문에 충동적으로 죽이는 일도 전혀 자원을 "낭비하는" 일이 아니었다. 밤에 주로 활동했던 사슴 밀렵꾼들은 횃불만 들고 배에서 기다리다가 물을 마시러 온 사슴을 사냥했는데, 아비 때문에 깜짝 놀란 사슴이 달아나는 경우가 있다는 이유로 아비를 미워했다. 애디론댁 산맥으로 관광객을 끌어모은 작가들은 아비의 울음소리를 "비명"이라고 하거나 "기이한 웃음소리"라고 표현하여 아비에 대한 반감을 부추겼다. 그러나 작가들이 비명과 웃음이라고 표현한 울음소리는 사실 괴롭거나 누군가가 자기 영역을 침범했거나 흥분했을 때에 하는 의사 표현이지, 광기나 유머하고는 전혀 관련이 없다.

민물송어를 잡은 테드 맥(사진 : 커트 스테이저)

그러나 상황은 크게 바뀌었다. 이제 아비는 생태계의 환경 지표를
나타내는 바람직한 생물로 평가받는다. 호수 가까이에 아비 둥지가
있으면 그 호수는 수질이 좋다고 생각해도 된다.

테드가 천천히 줄을 감자 드디어 물고기가 모습을 드러냈다. 나는
수면을 가르고 올라온 지친 동물을 좀더 자세히 보려고 카누를 달빛
이 비치는 옆쪽으로 돌렸다. 테드는 손을 뻗어서 차갑고 시커먼 물속
으로 손을 넣었다가 부드럽게 들어올렸다. 커다란 송어가 마치 낚싯
바늘을 빼주기를 기다리는 것처럼 반쯤 물에 잠긴 채 그의 손에 얌전
히 놓여 있었다.

예전 낚시꾼들은 자신들이 지역 어류 공동체를 학살했다는 사실
을 전혀 자각하지 않고 송어를 줄줄이 꿰어서 자랑을 하거나 호수에
가장 적합하게 진화한 가장 크고 건강한 송어를 트로피처럼 벽에 걸

어두었다. 과거에는 테드와 나도 그렇게 했지만, 그날 밤 이 송어는 자유를 찾을 예정이었다. 심지어 테드는 이 송어가 아가미로 산소를 받아들일 수 있도록 물에 넣고 앞뒤로 천천히 흔들 때에도 송어의 크기를 잴 생각을 하지 않았다. 나는 꼬리지느러미로 세차게 물을 치면서 저 멀리 사라지는 송어를 보면서 몸길이가 60센티미터쯤 되겠다는 생각을 했다.

텅 빈 손으로 그저 웃을 수밖에 없었던 우리는 둘 다 아무 말도 하지 않았다. 날이 밝으면 우리 두 사람은 실체도, 사진도, 우리가 그날 밤에 호수에 있었음을 증명할 그 무엇도 없이 동료들에게 무용담을 자랑할 것이다. 당연히 동료들은 오늘 밤 이곳에서 있었던 일을 이해하고, 인정해줄 것이다.

이제 애디론댁 산맥에서는 아비에게 총을 쏘아도 안 되고 송어를 대량으로 잡아도 안 된다. 아비와 송어는 생태계가 과학의 영역으로 들어오기 전부터, 사람의 진화 과정이 모든 생명과 연결되어 있다는 사실이 지금처럼 잘 알려지기 전부터 사람이 생태계를 대해왔던 태도를 반영하고 있다. 과거에 우리가 이 두 생물종에게 행했던 일들을 그저 구시대적인 행동이었다고 비난하는 데에 그치지 말고, 상당히 짧은 시간에 우리가 어떤 일을 해낼 수 있는지를 평가하는 기준으로 삼을 수도 있을 것이다.

애디론댁 산맥은 무분별한 벌목과 부주의한 산불 때문에 많이 훼손되었던 100년 전에 비하면, 현재는 대체로 나아지고 있다. 면적이 240만 헥타르에 달하는 애디론댁 주립공원에는 작은 마을이 100여 곳 있어서 사유지와 공유지를 합해서 13만 명에 달하는 영구 거주자들과 그보다 2배는 많은 계절 방문객들을 감당한다. 공원 중심부에는 해발 1,600미터가 넘는 뉴욕 주에서 가장 높은 마시 산을 비롯하여 높이가 1,220미터가 넘는 봉우리가 46곳이나 있다. 정확하게 몇 개가 있는지는 모르지만 공원에 있는 호수와 연못의 수는 3,000개 정도 되리라고 추정된다. 숲과 산처럼 호수와 연못도 수세기 전과 지금의 모습이 거의 같을 테고 그때나 지금이나 사람들이 먼 곳에서 공원을 즐기러 찾아오지만, 매력적인 겉모습과 달리 실제로 공원이 처해 있는 상황은 안심하기 힘들다.

1987년, 폴스미스 대학 교수로 부임했을 당시에 내가 이 지역의 호수에 관해서 아는 것이라고는 수가 많고 아름답다는 것뿐이었다. 그러나 세인트레지스 카누 지역에서 전혀 훼손되지 않은 태고의 호수처럼 보이는 곳에서 퇴적물 코어를 채취했을 때, 나는 무엇인가 이상한 점이 있음을 알게 되었다.

봄과 가을에 애디론댁 산맥에 있는 호수의 수층이 뒤바뀌면서 한데 섞일 때는 산소가 바닥 퇴적물에 들어 있는 철 화합물을 산화시키는 경우가 많다. 철이 산화되면 진한 퇴적물 위에 엷은 산화층이 생기는데, 투명한 코어 채집통으로 보면 선명하게 대조를 이룬 두 층을 볼 수 있다. 그런데 애디론댁 산맥의 호수에서는 그런 모습이 보이지 않았다. 맨 위에 쌓인 새로운 퇴적물이 밑에 쌓인 퇴적물보다 훨씬 더 진했다. 그것은 바닥의 물이 그 무렵에 정체되었다는 증거일 수도 있다.

그 발견 덕분에 나는 다른 사실도 알게 되었다. 애디론댁 산맥의 호수는 반쯤 길들여진 물고기를 풀어둔 곳이 많은데, 이 물고기들

대부분이 1년을 온전히 살기가 힘들다는 사실이었다. 더구나 사람에게 쓸모가 없는 어종은 로테논이나 톡사펜을 뿌려서 죽이는 호수도 있었다. 새로 쌓인 퇴적물이 짙은 색인 이유는 먹이사슬이 변하고 물고기 살이 썩는 등 플랑크톤의 증식을 촉진하는 이런 요인들 하나 혹은 전부가 작용한 결과일 수도 있었다.

주변에 있는 호수가 간직하고 있는 이야기들을 깊이 들여다볼수록 더 많은 문제점들이 드러났다. 멀리 있는 마을이나 고속도로에서 흘러드는 물속에는 도로에 뿌린 제설제가 들어 있는데, 애디론댁 산맥에 있는 호수는 모두 이 제설제에 오염되어 있었다. 석회가 가득한 호수도 있었는데, 비 때문에 변한 호수의 산성도를 잠시 바꾸려고 제산제를 뿌렸기 때문이다. 발전소를 세우거나 목재를 공장으로 내려보내려고 막은 댐 때문에 수면이 상승하여 호수 가장자리가 보다 깊이 잠기면서 조류가 먹고 사는 영양물질이 더 많이 녹아든 곳도 있었다.

심지어 야생 생물도 보기와는 다른 경우가 상당히 많았다. 테드는 옛날 사람들은 그저 호수의 모습을 보는 것만으로도 그곳에서 민물송어를 잡을 수 있을지 없을지 알았다고 했다. 그리고 호수마다 독특한 품종이 살아서, 호수에 따라서 송어들은 색의 밝기와 생김새, 색상도 차이가 난다고 했다. 그러나 우리 두 사람이 낚시 여행을 하는 동안 마주친 민물송어는 대부분 부화장에서 부화한 뒤에 호수에 방류된 송어였다. 내가 즐겨 잡던 무지개송어와 브라운송어는 낚시용으로 호수에 넣은 외래종이었고, 스플레이크(splake)는 호수송어와 민물송어를 교배해서 만든 잡종 송어로 불임이었다. 심지어 지금 살고 있는 비버와 흰머리수리도 이곳에 사는 고유종이 덫에 걸리거나 총에 맞거나 서식지를 잃거나 살충제 때문에 완전히 사라진 뒤에 서쪽 주에서 잡아온 동물들의 후손이었다.

나의 고생태학 수업 시간에 오랫동안 이런 슬픈 이야기를 하고 있었는데, 한 학생이 "그렇다면 훼손되지 않은 호수가 한 곳도 없다는 말인가요?"라고 물었다. 수사학적인 질문이었지만 그 때문에 한 가지 좋은 생각이 떠올랐다. 계속해서 우울한 사례만 나열할 것이 아니라 암울한 가운데서도 희망을 찾을 수 있는 긍정적인 사례를 찾아보려는 노력을 하지 않을 이유가 없다는 생각을 말이다. 모조 보석으로 가득 찬 인조 야생에도 어쩌면 진짜 보석이 남아 있을지도 모르니까. 전혀 손상되지 않은 호수는 그 자체로 귀중한 보물일 테지만, 과학적 관점에서 보았을 때에도 그런 호수는 다른 호수에서 일어난 생태 변화를 측정할 수 있을 뿐만 아니라 손상된 생태계를 복원할 때에 참고할 수 있는 귀중한 표본이라는 소중한 가치가 있다.

그때부터 애디론댁 산맥에 전혀 훼손되지 않은 호수가 남아 있는지는 내가 강박적으로 매달린 주요 관심사가 되었지만, 이런 문제를 고민했던 사람이 내가 처음은 아니었다. 소로가 월든 호수에 오두막을 지은 뒤로 13년이 흘렀을 때, 랠프 월도 에머슨은 스위스에서 태어난 과학자 루이 아가시를 비롯해서 보스턴 대도시권의 유명인사 8명과 애디론댁 산맥의 여행안내인 여러 명과 함께 폴렌스비 호수 옆에서 며칠 동안 야영을 했다. 에머슨의 "철학자들의 캠프"는 에머슨의 시 "애디론댁 산맥(The Adirondacs)"과 이 야영의 기획자 윌리엄 스틸먼의 수필과 그림("애디론댁 산맥에서의 철학자들의 캠프")

으로 역사 속에 기록을 남겼다.

에머슨의 철학자들의 캠프는 당시 예술과 과학을 이끌던 지도자들이 애디론댁 산맥에서 사람이 자연에서 자리한 위치를 고민하고 훗날 현대 환경 운동이 될 지적 노정을 닦게 되는 변화가 일어난 사건으로 묘사될 때가 많다. 물론 사실 이 모임은 철학자들의 모임이라기보다는 사냥과 야생에서의 모험을 즐기는 사람들의 모임이었으며, 철학자들의 캠프라는 이름을 붙인 사람들도 손님인 유명인사들이 아니라 안내를 맡은 여행안내인들이었지만, 그렇다고 해도 이 야영 경험이 에머슨과 아가시에게 최고수위선(밀물에서 썰물로 변할 때에 가장 높은 수위에 도달한 수면선/옮긴이)에 도달한 효과를 낸 것은 사실이었다. 에머슨은 자연과 야생이 살아 있던 이상적인 에덴 동산에 관한 글을 쓰고 이야기를 하면서 명성을 얻은 사람이었다. 그런 에머슨에게 폴렌스비 호수는 자신이 가본 곳 가운데 이상적인 에덴 동산을 가장 많이 닮은 곳이었다. 그 무렵에 아가시는 노아의 홍수가 아니라 빙하가 만든 홍수가 북쪽 경치를 결정했다는 주장으로 최고의 명성에 도달했지만, 다윈의 진화론을 반대하면서 그 영광을 잃기 시작하고 있었다. 그는 모든 인종은 각기 다른 창조 과정을 거쳤다고 믿었는데, 철학자들과 야영을 하던 무렵에는 그 주제를 다룬 아가시의 책이 노예 소유주가 사람에 대한 속박을 정당화하는 근거로 활용되고 있었다.

철학자들의 캠프는 개척 시대는 끝나가고 남북전쟁이 발발하려는 조짐이 보이면서 미국 문화에 엄청난 지각변동이 일어나기 직전에 폴렌스비 호수를 찾아왔다. 철학자들의 캠프는 지금까지도 영향을

폴렌스비 호수(사진 : 커트 스테이저)

미치고 있는 야생과 자연, 사람의 조건에 관한 과거의 시각을 독특한 시선으로 들여다볼 수 있는 기회를 제공했으며, 나 자신이 찾고자 하는 질문을 어디에서 보아야 하는지를 알려주었다.

1858년에는 애디론댁 산맥에 들어오는 일이 쉽지 않았다. 그 사실은 폴렌스비 호수에서 당시 철학자들의 캠프가 한 경험을 지금은 할 수 없게 만든다. 사랑스러운 애디론댁 산맥의 호수 옆에서 아비의 울음소리를 들으며 잠에서 깨는 일은 확실히 즐거운 경험이었겠지만, 가장 가까운 도시도 병원 시설도 며칠은 가야 하는 거리에 있는 호수에서 잠을 잔다는 것은 아주 복잡한 경험이었음이 분명하다. 19세기 중반까지만 해도 산에 들어가는 사람은 퓨마나 재규어, 늑대를 걱정해야 했고 상처 부위가 감염되거나 정제되지 않은 물을 마셔서 이질에 걸렸다가는 죽을 수도 있었다. 제대로 닦인 길도 거의 없어서 경험이 부족한 야영자가 혼자 돌아다녔다가 영원히 길을 잃을 수도 있었다. 현대인들 대부분에게 미국의 야생은 상당히 안락하고 안전한 즐거운 곳이다. 그러나 1858년에 야생은 죽을 가능성이 많은 곳이었다.

애디론댁 산맥에서 벌써 몇 번이나 여름을 보낸 스틸먼은 철학자들의 캠프에 참가하기로 한 사람들에게 보스턴에서 폴렌스비 호수까지는 아주 편안하게 즐기면서 갈 수 있다고 설득했다. 호수에 도달하기까지의 과정의 어려움은 오직 여행에 매력을 더할 뿐이라고 했다. 8월 초에 철학자들의 캠프 사람들은 섐플레인 호수 서쪽 연안에서 증기선에서 내렸고, 그곳에서 승합 마차를 타고 환영 인파가 모인 키스빌까지 6킬로미터를 이동했다. 환영 인파의 대부분은 아가시 때문에 온 사람들이었다. 그 무렵에 아가시는 미국 언론의 총아가 되어 있었는데, 하버드 대학교에서 근무하려고 파리 식물원 원장 자리를 거부했다는 것도 그런 인기를 얻는 데에 한몫했다. 인파 속에서 한 사람이 아가시의 초상화가 그려진 신문을 번쩍 들면서 외쳤다. "맞아, 저 사람이야!" 감격한 사람들이 아가시를 둘러싸고 환호하는 동안 에머슨과 다른 사람들은 각자 자기 짐을 들고 따로 떨어져 있어야 했다.

그곳에서 일행은 사륜마차에 짐을 싣고 거친 길을 달렸고 오세이블 지류를 지나서 블랙 천으로 올라갔다. 일행은 몇 시간 뒤에 프랭클린 폭포에서 몇 시간 머물렀을지도 모른다. 그 고지대를 지나는 사람들은 보통 프랭클린 폭포에 있는 소박한 호텔에서 밤을 보냈으니까. 다음 날 사륜마차는 새러낵 강을 따라서 마틴스까지 갔다. 마틴스는 새러낵 호수가 있는 제재소 마을의 외곽에 있는 고층의 고급 숙소이다. 셋째 날에는 여행 전문 안내인이 노를 젓는 작은 나무 배 소함대가 여행자들을 태우고 새러낵 강의 하류에서 중류를 지나서 상류까지 올라가서 인디언 캐리에 있는 시골 분위기가 물씬 나는 휴게소로 이동했다. 넷째 날에는 사륜마차가 배를 싣고 라케트 강으로 갔고, 그곳에서 다시 몇 시간 이상 노를 저어서 폴렌스비 호수에 도착했다. 철학자들의 캠프 참가자들이 4일에 걸쳐서 이동한 키스빌에서부터 라케트 강까지는 지금은 포장도로를 따라 달리면 2시간도 되지 않아 도착할 수 있다.

폴렌스비 호수를 유람한 이야기는 스틸먼의 그림과 산문에 자세히 적혀 있지만, 이것보다는 덜 정확하다고 하더라도 훨씬 더 감동적인 작품은 에머슨이 남긴 시이다. 에머슨은 과학자가 아니기 때문에 세부 사항을 상세하게 묘사하는 데에는 그다지 관심이 없었던 것 같다. 그는 "경험과학은 시야를 흐리게 할 때가 많다. 기능과 과정을 정확하게 아는 바로 그 지식 때문에 전체적으로 사색하는 능력을 잃을 수도 있다"라고 쓴 적도 있다. 에머슨의 시에서는 실제로는 남쪽으로 향하는 일행이 북쪽으로 노를 저어가고, 그 때문에 그들이 마주친 동식물도 잘못 기술된 경우가 있다. 그러나 그 시는 에머슨이 처음이자 유일하게 직접 야생에 깊이 들어가서 받았던 감동을 선명하게 묘사한다.

폴렌스비 호수는 구불구불한 만곡에 있는 무성한 습지를 따라서 굽이쳐 흐르는 하구와 연결된 개울을 통과해서 들어간다. "골풀, 부

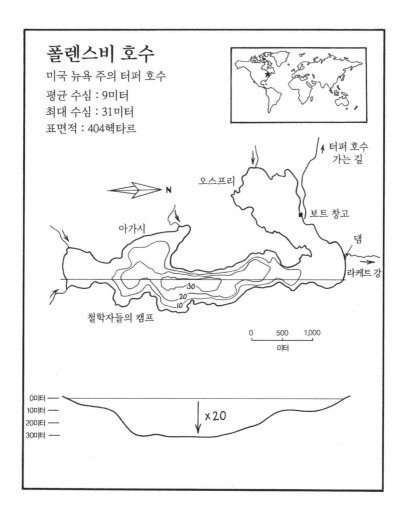

폴렌스비 호수

미국 뉴욕 주의 터퍼 호수

평균 수심 : 9미터
최대 수심 : 31미터
표면적 : 404헥타르

터퍼 호수
가는 길

오스프리

N

보트 창고

아가시

댐

라케트 강

철학자들의 캠프

0   500   1,000
미터

0미터
10미터
20미터
30미터

×20

엽, 해면동물을 헤치면서 2마일을 가야지만 폴렌스비의 물, 아비들의 호수에 도착한다." 스틸먼은 뒤에 아가시가 과학계에 알려져 있지 않은 민물해면을 한 종 발견했다고 썼는데, 사실 그 발견은 물에 잠긴 나뭇가지에 끌려나온 녹색 물체보다는 지질학과 물고기에 더 능통했던 아가시에게만 새로운 발견이었을 가능성이 크다. 그때 아가시가 발견한 해면은 그곳에서 흔히 볼 수 있는 스폰질라 라쿠스트 리스(*Spongilla lacustris*)였을 것이다.

폴렌스비 호수는 하구에서 남쪽으로 거의 4.5킬로미터가량 길게 뻗은 물줄기 때문에 모양이 마치 낚싯바늘처럼 생겼다. 여행안내인들은 손님들을 스틸먼이 먼저 사전 답사를 다녀온 남동부 연안에 있는 안전한 호숫가로 데려갔다. 에머슨의 시에서 그 장면은 "숲속 정오의 황혼기에" 사람들이 호숫가로 다가가자 "이곳 메아리들로서는 처음 듣는 도끼 소리가 울려 퍼지기" 시작했다고 표현되었다. 에머슨은 그곳에 살았던 원주민은커녕 자신보다 앞서 같은 호수 근처에서 사냥하고 물고기를 잡고 야영을 한 유럽계 미국인조차 떠올리지 못한 것이다. 함께 간 사람들이 인근 터퍼 호수 마을로 가서 필요한 물품을 사고 유럽과 북아메리카 대륙 사이에 처음으로 해저 전선을 연결한다는 소식을 듣고 왔다는 사실조차 신경 쓰지 않은 것이다. 벌목을 한 곳도 없고 도로조차 나지 않은 울창한 숲속 호숫가는 에머슨의 고향 콩코드에 있는 월든 호수와는 전혀 달랐다. 에머슨처럼 안전한 도시에 사는 사람에게 고립감은 적절한 위험이 첨가된 유쾌하고 즐거운 경험이었다.

울창한 나무 아래에 세운 "캠프 메이플" 옆에는 마지막 빙하기가 남긴 커다란 바위가 있었는데, 아가시라면 분명히 그 나무에 관심을 가지고 제대로 평가할 수 있었을 것이다. 키 큰 소나무들과 단풍나무들이, 나무껍질로 지붕을 덮고 뾰족한 침엽수 가지로 장식한 숙소에 그늘을 드리웠다. 그늘진 호수는 시원한 물을 제공했고 여행안내인들은 손님들이 송어를 잡을 수 있도록 호수에 낚싯대를 놓았다. 밤이

윌리엄 스틸먼의 그림 "캠프 메이플"(매사추세츠 주 콩코드, 콩코드 박물관 소장)

면 "구름처럼 멀리 떠서 단풍나무 가지 사이로 보이는 별들이 마치 우리가 피어놓은 불처럼" 보였고, 바닥에 떨어진 통나무에서 자라는 발광성 균류는 "달빛 부스러기처럼 인광을 내는 작은 조각들이 바닥을 비추고 있었다."

그러나 풍경이 아름답다고 해서 그 사람들이 오늘날 많은 사람들이 얼굴을 찌푸릴 만한 취미 생활을 즐기지 않은 것은 아니다. 그들은 개를 풀어서 사슴을 쫓았고 횃불을 들고 사슴에게 총을 쏘았다. 물수리 둥지를 발견했을 때에는 여행안내인 한 사람에게 높은 나무로 올라가서 알을 훔쳐오게 했다. 에머슨은 시인인 제임스 러셀 로웰도 "물수리를 쏘아 떨어뜨릴 기회를 엿보았지만 물수리는 아주 높이 날아오르더니 내려오지 않았다"라고 했다.

에머슨은 계속해서 말한다. "시간은 어떻게 흘러갔는가? 하루 종일 호수를 훑고 다니고 호숫가를 샅샅이 탐색하고……, 송어를 잡으려고 거친 수면으로 낚싯대를 날리고, 오후에는 바위에서 물속으로 뛰어들어서 멱을 감았다. 총과 고함소리로 메아리에게 도전하고 아비의 웃음소리에 귀를 기울였다. 저녁이면 붉은 노을이 사라질 때까지 일렬로 늘어선 소나무를 감상했다."

아가시는 자신만큼이나 유능한 과학자였던 제프리스 와이먼과 함께 곤충을 연구하고 사슴을 해부하고 송어의 뇌 무게를 측정하면서 바쁘게 보냈다. 두 사람은 진화가 옳은지, 창조가 옳은지에 관해서는 의견이 일치하지 않았지만 함께 일하는 데에는 아무 문제가 없어서 잠자리, 도마뱀 할 것 없이 움직이는 모든 동물을 채집했고, 식물 표본실을 차려도 좋을 정도로 많은 식물을 모았다. 에머슨은 "언덕에 난 구멍으로 호수들과 작은 강들을 아낌없이 먹이는 물이 쏟아져 들어가고, 자연은 풍요의 뿔 밖으로 모든 아름다움을 아낌없이 발산한다"라고 했다. 그로부터 150년이 흐른 뒤에 국제자연보호협회가 후원하는 바이오블리츠(생물 다양성) 탐사는 철학자들의 캠프가 끝난 뒤에 발생한 생태 재앙에도 불구하고 폴렌스비 호수의 생물 다양성은 아주 풍부하다고 밝혔다. 전문 자연주의자와 아마추어 자연주의자로 구성된 탐사팀은 이 호수에서 동물과 식물, 균류와 미생물을 500종 이상 발견했다.

스틸먼은 훗날 "거의 바뀐 것이 없는 에덴 동산으로 돌아간 것" 같았다고 썼다. 그러나 수필 끝에서 그는 결국 "우리의 낙원은 에덴 동산이 아니었다"라고 시인했다. 철학자들의 캠프가 끝난 뒤에 에머슨의 시와 같은 빛나는 묘사와 스틸먼의 그림들에 이끌린 수많은 관광객들이 수십 년 동안 폴렌스비 호수를 찾아왔다. 무절제한 벌목, 우발적인 산불, 숯과 잿물 제조, 철 채광, 지나친 사냥과 물고기 남획은 애디론댁 산맥의 상당 부분을 여기저기 파헤쳐진 황무지로 만들어버렸다. 1800년대 말이 되면 허드슨 강 상류에서 잘라낸 통나무가 1년에 100만 개 이상 강을 타고 내려왔다. 말년에 회고록을 쓰려고 폴렌스비 호수로 돌아온 스틸먼은 자연이 파괴된 모습을 보고 경악했다. 호숫가 곳곳에 야영지가 세워져 있었고, "비열한 얼간이들"은 송어를 먹는 강꼬치고기(대부분 노던파이크였을 것이다)를 라케트 강으로 마구 쏟아붓고 있었고, 그곳이 캠프 메이플이라는 것을 나타내는 거석만 있을 뿐 이미 산불과 벌목으로 알아보지 못할 정도로 황폐해져 있었다.

크리스토퍼 쇼나 제임스 슈레트 같은 후대 작가들이 증언한 것처럼 철학자들의 캠프 이야기에는 생각해볼 거리가 많다. 철학자들의 캠프 이야기는 호수에 관해서, 우리가 자연계와 맺는 관계에 관해서 무슨 말을 하고 있을까?

철학자들이 묘사한 호수에는 지금도 사람들이 가장 바람직한 호수라면 갖추고 있어야 한다고 생각하는 요소들이 있다. 무엇보다도 호수는 멋있어야 한다. 그러려면 야생이 살아 있어야 한다. 사람이 있다거나 사람의 영향을 받았다는 명백한 흔적이 없어야 한다. 그러나 캠프 메이플의 경우에서 알 수 있듯이, 이 모든 요소들을 갖출 수 있는 환상은 받아들일 수 있는 현실의 대안일 때가 많다. 1858년에 폴렌스비 호수는 좋은 호수로 평가받을 수 있는 모든 조건을 갖추고 있었지만 에머슨을 비롯한 많은 사람들의 찬사를 이끌어낸 것은 호수가 아니라 숲과 산과 하늘이었다. 폴렌스비 호수는 대부분은 배경으로만 받아들여졌을 뿐인데, 호수는 흔히 그런 위치에 놓인다.

가치가 있으려면 희귀해야 하기 때문에 완벽한 야생 호수는 도달하기 어려워야 하며 아주 놀라울 정도로 깨끗해야 하고 수질이 좋아야 한다. 스틸먼은 폴렌스비 호수는 소로의 호수보다 더 광대하고 뛰어난 야생을 가지고 있다고 자랑했는데, 그가 내세운 근거는 개인 사냥터를 방어하려는 사람의 것과 비슷했다. 그는 「센추리(*The Century*)」에 기고한 글에서 "이곳은 매일같이 들려오는 게으름뱅이들과 호기심 많은 사람들의 발자국 소리를 알지 못하는 새, 나뭇잎, 나무는 단 하나도 없는 월든 호수의 고독을 간직한 곳이 아니라 우리가 쏜 총소리가 다른 사람의 귀에는 전혀 들리지 않는 원시림이다"라고 했다. 그러나 폴렌스비 호수와 그 주변에서는 지역 주민들이 활동할 때가 많았기 때문에 실제로 그들이 쏜 총소리는 다른 사람이 들을 수밖에 없었다. 그런데도 스틸먼과 함께 야영한 사람들은 순수하고 완벽한 곳에 와 있다는 환상을 품을 수 있다는 것만으로도 충분히 만족했다.

그러나 그토록 멋진 폴렌스비 호수도 철학자들에게 완벽한 호수는 아니었다. 호수에 에덴 동산 같은 영애를 부여하려면 결국 사람들이 도달할 수 없는 곳이라는 또 한 가지 조건이 필요했다. 가까이에 있는 언덕만 하나 넘으면 사람들의 발길이 닿지 않은 호수가 있다는 소문을 철학자들이 들었다면, 그들은 하루 종일 아무 소득도 없이 숲속을 헤매고 다닐 수도 있었을 것이다. 에머슨은 손에 잡히지 않는 호수를, 그 무렵에 너대니얼 호손이 발표한 이야기 속 마법의 가닛에

빗대어서 자신들의 "큰 종기"라고 했다. 호손의 이야기에서 그 보석이 내는 빛을 쫓아서 산으로 들어간 사람들은 모두 죽거나 눈이 멀거나 안개 속에서 길을 잃었다. 마침내 선한 부부가 그 호수에 도달했는데, 두 사람은 그 호수를 만지지 않고 그대로 두기로 했다. 얄궂게도 그 때문에 큰 종기는 사라졌다.

진정한 야생 호수를 찾으려면 야생 호수가 어떤 모습이어야 하는지부터 정의해야 한다. 단순히 사람의 손길이 닿지 않은 곳을 야생 호수라고 한다면, 순결한 야생 호수는 사람들이 생각하는 것보다 훨씬 더 많다. 미시적인 규모에서 종 다양성은 전 세계적으로 여전히 번성하고 있으며 전 세계 어디에서나 활동하고 있다. 심지어 우리 몸 안에도 있는 작은 유기체들은 우리가 감지하지 못할 뿐만 아니라 우리와 함께 살고 있다는 단서 또한 찾지 못하는 경우가 대부분이다.

우주적 규모에서도 야생은 이 우주에서 언제나 가장 많은 부분을 차지한다. 미국 국립우주항공국 과학자들은 최근에 우리 은하에만 해도 지구형 행성이 100억 개 이상 있으리라고 추정했는데, 그런 행성들에 있는 수십억, 수백억 개의 호수들에는 사람이 절대로 영향을 미치지 못한다. 그 누구도 손을 대지 않은 자연을 갈망한다면, 그것도 아주 많이 갈망한다면 그 소원은 충분히 이룰 수 있다. 정말로 야성이 살아 있는 야생의 깊은 곳을 보고 싶다면 아주 맑은 날 은하수를 쳐다보기만 하면 된다. 밝은 빛을 따라서 아주 먼 곳으로 여행할 수 있다.

그러나 야생 호수를 찾고 싶다는 소원을 실현하려면, 태고의 호수는 적어도 사람이 갈 수는 있어야 한다. 지구에도 분명히 사람의 손길이 닿지 않은 호수가 몇 군데 있지만, 그런 호수들은 대부분 아주 깊은 동굴 안에 있거나 두툼한 극지방 얼음 밑에 갇혀 있다. 그밖에 다른 호수들은 매서운 알래스카의 노스슬로프에 있는 호수도, 비에 젖은 티에라델푸에고 끝에 있는 호수도 현대 대기에 노출되어 있기 때문에, 이 호수들에도 핵무기 실험이 만들어낸 방사성 낙진, 화석연료에서 나온 탄소 화합물 같은 사람이 만든 물질이 녹아 있다.

학생들과 나는 이 문제를 가장 효율적으로 풀어보기 위해서 한 발 뒤로 물러나서 절대로 찾을 수 없는 완벽하게 순수한 호수가 아니라 사람의 영향을 가장 적게 받은 "충분히 좋은 상태"인 호수를 찾아보기로 했다. 후보 호수들의 상태를 비교 평가할 수 있도록 시간대도 구체적으로 설정했다. 충분히 좋은 상태인 호수로 선정되려면 대기 오염이 아직 전 세계적으로 문제가 되지 않았고 유럽계 미국인이 대거 도착하지 않은 1800년과 동일한 상태를 유지해야 했다.

애디론댁 산맥에 있는 수천 개의 호수 가운데 우리는 사람의 영향을 받은 흔적이 뚜렷한 호수는 제외했다. 가장 큰 호수들에는 부화장에서 가져온 물고기가 가득했고 그곳은 모터보트, 댐, 주택, 야영장, 마을과 관계가 있었기 때문에 모두 제외했다. 1980년대에 애디론댁 산맥 호수측량국(ALSC)이 오염 정도를 살피고 외래종의 유무나 기타 환경문제를 측정하려고 진행한 1,000개가 넘는 호수의 조사 자료도 참고했다. 외래종이 있는 호수뿐만 아니라 산성비 때문에 산성도가 낮아진 호수도 제외했다. 뉴욕 주립환경보존국 수산업자원부에서 알려준 로테논이나 톡사펜을 살포한 호수 100여 곳도 제외했고 석회

울프 호숫가에 서 있는 커트 스테이저와 학생들(사진 : 브렌던 윌츠)

나 제설제에 오염된 호수도 걸러냈다. 이런저런 이유로 거의 모든 호수를 걸러내자, 나는 과연 기준에 맞는 호수를 찾을 수 있을지 의심이 되기 시작했다.

그러나 그동안에도 호수측량국 연구부 책임자인 캐런 로이와 나는 프로젝트 이름까지 지으면서 오염되지 않은 호수 찾기에 집중했다. 우리 두 사람은 아주 평범한 부화장 어류와 애디론댁 산맥의 유산인 고유종 민물송어를 구별하겠다던 뉴욕 주립환경보존국의 아이디어를 빌려와서 우리의 사냥감에 "유산 호수(heritage lake)"라는 이름을 붙였다. 이 프로젝트에 관한 소문이 지역 공동체로 퍼져나가자 사람들은 호수측량국 자료에는 실리지 않은 새로운 호수들을 알려오기 시작했다.

첫 번째 행운은 1996년 여름에 찾아왔다. 그 여름에 생태학자 딕 세이지는 나를 애디론댁 산맥 중앙에 있는 헌팅턴 야생 생물 삼림으로 초대했다. 436명이 살고 있는 뉴컴 마을에서 몇 분만 차를 타고 가면 되는 곳이었다. 1930년대에 자선가 아처 헌팅턴과 애나 헌팅턴 부부가 뉴욕 주립대학교에 기증한 6,070헥타르 넓이의 그 숲에서 뉴욕 주립대학교 교수와 학생들은 상당히 많은 시간을 들여서 숲과 호수와 야생 생물을 연구했다. 나의 프로젝트에 관한 이야기를 들었을 때, 딕은 자신이 연구하는 숲에 조사해볼 가치가 충분한 호수가 한 곳 있다고 했다.

길이는 1.5킬로미터 정도에, 수심은 11미터쯤 되는 울프 호수는 허드슨 강의 수원 가운데 한 곳으로 아주 좁은 비포장도로로만 갈 수 있다. 기록된 자료대로라면 울프 호수는 20세기 중반에도 애디론댁 산맥의 다른 많은 호수들과 달리 산성화된 적이 없으며 댐이 건설되거나 다른 어류를 방류하거나 로테논은 물론이고 그 어떤 물질로도 "교정한" 적이 없었다. 그러니까 모든 조건이 좋았다.

울프 호수로 가기 위해서 좁고 구불구불한 숲길을 따라서 20분간 달리는 동안 딕은 그곳에서 진행되고 있는 다른 연구 프로젝트의 흔적들을 가리켰다. 길옆에 세워져 있는 자동차만 한 나무틀은 흑곰을 산 채로 잡는 장비였다. 어슬렁거리면서 우리 앞을 걸어가는 사슴은 귀에 노란색 인식표를 달고 있었다. 길가에 차를 세운 딕은 마치 샐러드를 잔뜩 채운 것처럼 보이는 사각형 철책이 있는 곳으로 나를 데려갔다. 사슴이 들어가지 못하게 막은 청장이었다. 애디론댁 산맥의 숲은 네발 달린 정원사가 주로 관리하는데, 이 정원사들이 끊임없이 식물을 먹어치우지 않는다면 단풍나무와 자작나무가 자라는 수목지역은 정글처럼 변하고 말 것이다.

주요 도로에서 벗어난 우리는 전나무와 가문비나무가 자라고 있는 호수 옆에 있는, 반짝이는 빛이 체로 친 것처럼 떨어지는 탁 트인 풀밭에 차를 세웠다. 경사진 길을 조금 내려가자 예전에는 과학자들의 쉼터였지만 지금은 호저(porcupine)가 사용하고 있는 버려진 통나무 오두막이 보였고, 그곳에서 몇 미터 더 가자 길이 끝나는 곳에 크림색 모래로 덮인 좁은 물가가 나왔다. 물가 왼쪽과 오른쪽으로는 녹음이 우거진 언덕이 호수를 감싸고 있었고 호수에는 아비 한 쌍이 유유히 헤엄치고 있었다. 아비들은 곧 저녁을 먹을 생각인지 동시에 물속으로 사라졌다.

"울프 호수에 오신 것을 환영합니다." 딕이 웃으면서 말했다.

그다음 해에 나는 호수에 서식하는 외래종을 점검하려고 학생들과 조사팀을 꾸렸다. 톰, 코리, 존에게 울프 호수를 보여준 날은 차갑고 습한 일요일 오후였다. 호수의 물은 하늘만큼이나 흐렸고 우리를 둘러싼 언덕은 단풍나무의 붉은색과 자작나무의 노란색으로 물들어 있었고 습한 공기는 낙엽의 향긋함과 숲속 바닥의 축축한 매캐함을 실어나르고 있었다. 우리는 호숫가에 돌아다니는 물고기를 잡을, 주머니가 끝에 달린 그물망을 수십 미터가량 길게 늘어뜨렸다. 다음날 아침, 주머니에는 물고기가 가득 들어 있었다.

우리의 주머니 속에서 꿈틀거리는 물고기는 대부분 측면이 은색이고 입술이 축 처진 30센티미터 정도 되는 카토스토무스(Catostomus)에 속하는 빨대잉어였다. 주머니에서 꺼내어 한 마리씩 호수로 돌려

보낸 물고기 가운데에는 빨대잉어 말고도 가시가 있는 선피시, 작고 통통한 황어, 긴 수염이 난 동자개, 작은 민물송어도 있었다. 일반인들에게 이 물고기는 그다지 특별할 것이 없어 보이겠지만 우리에게는 엄청난 발견이었다. 그물망에 잡힌 물고기는 모두 고유종이었다. 내가 가본 적이 있는 애디론댁 산맥 호수에서는 처음으로 변화가 전혀 없는 물고기 공동체를 찾은 것이다. 이 물고기들은 애디론댁 산맥에서 송어를 관리하는 방식에 관해서 널리 퍼져 있는 몇 가지 믿음이 잘못되었다는 사실도 알려주고 있었다.

19세기의 여행 작가들이 애디론댁 산맥 호수들에는 민물송어가 많이 살고 있다는 글을 발표하자 이 지역은 낚시꾼들의 천국이 되었다. 이렇게 한 종만을 콕 집어서 쓴 글들 때문에 이곳 야생 호수들은 송어를 많이 잡을 수 있다는 사실만이 중요한 의미를 가지는 단일 문화권이 되어버렸다. 훗날 무분별한 남획으로 송어가 줄어들자, 그동안은 그저 무시되었던 물고기들이 송어와 경쟁을 한다는 평가를 받으면서 비난의 대상이 되었다. 빨대잉어와 동자개는 그때나 지금이나 송어의 알을 먹거나 송어와 먹이를 두고 경쟁하는 물고기라는 평가를 받고, 더 좋은 물고기를 잡으려면 제거해야 하는 해로운 동물로 취급받는다. 그러나 울프 호수는 19세기 애디론댁 산맥이 간직하고 있던 진짜 물고기 공동체가 어떤 모습이었는지, 호수가 물고기 양식장이 아닌 야생 생태계로 존재할 때 얼마나 다양한 생물종이 함께 살아갈 수 있는지를 보여주었다.

우리가 찾은 민물송어는 낚시꾼 집의 벽을 장식할 정도로 크지는 않았지만 아직 기록이 되지 않은 고유 유산 종으로 울프 호수에 적합

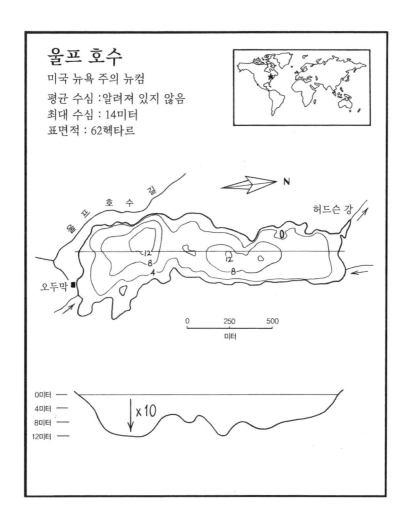

울프 호수

미국 뉴욕 주의 뉴컴
평균 수심 : 알려져 있지 않음
최대 수심 : 14미터
표면적 : 62헥타르

피 호 수 길

N

허드슨 강

오두막

0   250   500

미터

0미터
4미터
8미터
12미터

×10

하게 적응한 송어 같았다. 애디론댁 산맥에 서식하는 다른 고유종 송어처럼 울프 호수송어도 훗날 불안정한 미래에 생존할 수 있게 도와줄 다양한 유전자를 보유하고 있을 가능성이 높았다. 얼마 전에 코넬 대학교의 생물학자들은 계속 높아지는 수온으로 애디론댁 산맥 민물송어가 번식하기 힘들어지고 있는데, 그 때문에 지구 온도가 올라갈수록 열을 견딜 수 있는 토종 송어가 중요해질 수 있다고 했다.

나중에 학생들과 나는 울프 호수의 빨대잉어에게는 우리가 처음에 생각한 것보다 더 놀라운 점이 많다는 사실을 알았다. 뉴욕 주립환경보존국 생물학자 더그 칼슨은 울프 호수의 빨대잉어들 가운데 몇 종은 애디론댁 산맥에서만 발견할 수 있는 고유종이라고 했다. 앞서 진행한 그물망 연구에서, 초여름에 부화하는 일반적인 빨대잉어(*Catostomus commersonii*)보다 조금 늦게 부화하는 "난쟁이 흰색 빨대잉어"도 발견했다. 애디론댁 산맥의 다른 호수에서 비슷한 물고기를 꼼꼼하게 살펴본 다음, 난쟁이 흰색 빨대잉어는 고유종(*Catostomus utawana*)이라는 결론을 내렸다.

울프 호수도 상당히 큰 애디론댁 호수들 대부분과 같은 방식으로 관리를 한다면 처음부터 호수에서 살았던 토종 물고기들, 유산 송어, 빨대송어 등이 이루고 있는 귀중한 생물 다양성이 사라지고 말 것이다. 많은 수산업 관리자들은 울프 호수가 잡어로 오염되어 있으니 교정을 하고 이로운 어류를 방사해야 한다고 생각한다. 그러나 뉴욕 주립환경보존국이 울프 호수를 보존한다는 결정을 내린다고 해도 울프 호수는 여전히 취약한 상태이기 때문에 리틀 터퍼 호수가 처한 슬픈 운명을 맞게 될 수도 있다.

1998년에 맨해튼 크기만 한 애디론댁 사유지를 뉴욕 주에 매각하면서 누구나 리틀 터퍼 호수에 가게 되었다. 뉴욕 주립환경보존국이 경쟁자나 포식자가 될 수 있는 외래종으로부터 호수의 유산인 송어를 보호하려고 살아 있는 미끼를 사용하지 못하게 금지하자, 그 지역의 한 낚시꾼이 분노했다. 그 낚시꾼과 친구였던 나의 친구에게 전해

듣기로는, 정부가 물고기 잡는 방법에 관여한다는 이유로 화가 난 그는 호수에 송어를 잡아먹는 배스를 몰래 풀었다고 한다.

유산 호수임을 인식하지 못한 뉴욕 주립환경보존국의 관리 정책과 한 사람의 이기적인 행동이 생태계와 진화가 수천 년간 해온 일을 단번에 훼손할 수 있는 상황에서, 물고기 개체군의 상태가 전혀 흐트러지지 않은 울프 호수를 찾았다는 사실은 정말 기적처럼 보였다. 그런데 그 기적을 이룬 것은 신의 행위가 아니라 문(gate)이었다.

우리는 물고기 공동체는 변함이 없다는 것을 확인했지만, 호수도 전혀 변한 것이 없는지는 확인하지 못했다. 문서로 기록된 기간은 70년밖에 되지 않았기 때문에 울프 호수가 19세기 초에 어떤 모습이었는지는 제대로 알 수 없었다. 나의 학생인 톰 생어는 어려운 도전을 받아들여서, 울프 호수의 가장 깊은 곳에서 퇴적물 코어를 채취하여 분석하는 과제를 졸업 논문 주제로 선택했다.

톰은 퇴적물 코어를 몇 센티미터씩 살펴보면서 울프 호수의 퇴적물 속에 들어 있는 규조류를 확인했다. 퇴적물 표본은 모두 방사성 플랑크톤인 사이클로텔라, 디스코스텔라가 대부분이었고, 터진 산탄이 긴 통 안에 쭉 늘어서 있는 것 같은 아우라코세이라(*Aulacoseira*)와 레몬처럼 생긴 아크난테스(*Achnanthes*) 같은 깨끗한 호수 바닥에 사는 규조류들이 비슷한 비율로 들어 있었다. 납 210 동위원소 연대 측정 결과, 코어 바닥에 있는 가장 오래된 퇴적물은 1700년대 후반에서 1800년대 초반에 쌓였음을 알 수 있었다. 마침내 첫 번째 유산 호수를 찾아낸 것이다.

일단 발견한 유산 호수는 어떻게 해야 할까? 호수를 보존하는 일

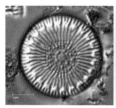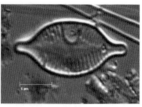

울프 호수 퇴적물 코어에 들어 있는 규조류들. 왼쪽 : 플랑크톤성 규조류(*Cyclotella bodanica*), 가운데 : 반플랑크톤성 규조류(*Aulacoseira distans*, *Aulacoseira lirata*), 오른쪽 : 호수 바닥에 사는 아크난테스(사진 : 커트 스테이저)

과 호수가 자기 목소리로 우리에게 하는 말에 귀를 기울이고 인정해 주는 일 외에는 아무것도 해서는 안 된다. 헌팅턴 야생 생물 삼림의 직원들은 사람이 울프 호수에 영향을 미치지 못하도록 극도로 세심하게 관리하고 있다. 아무나 쉽게 접근할 수 없도록 규제하며 낚시는 절대로 할 수 없고 호수로 들어갈 수 있는 배는 과학자들을 위해서 호숫가에 준비해둔 카누와 노 젓는 배뿐이었다. 모두 무임승차를 하려는 종들이 호수로 들어오는 것을 막는 중요한 규칙들이다. 호수를 조작하는 것이 아니라 다른 호수를 훨씬 잘 이해할 수 있도록 울프 호수가 가르쳐주는 교훈을 배우는 일이 중요했다.

국립과학재단의 지원을 받아서 나와 학생들, 온타리오 주의 퀸스 대학교에서 온 동료들 몇 명은 좀더 깊은 곳에 있는 코어를 채취했다. 깊은 곳에 묻혀 있던 코어에는 규조류 분포에 조금 변화가 있었는데, 이는 900년에서 1,200년 전쯤에는 오랫동안 울프 호수 주변이 가물었다는 뜻이고, 19세기 중반부터 플랑크톤성 규조류가 조금 늘어났다는 사실은 호수 수역에서 소규모 벌목 작업이 진행되있다는 뜻이었다. 그런 소소한 변화가 가끔 나타나기는 했지만 긴 코어 전반에서 울프 호수의 규조류 형태는 수천 년 동안 바뀐 것이 거의 없었다.

유산 호수를 찾겠다는 우리의 시도는 성공했지만 그 성공은 곧 비통함으로 바뀌었다. 오랫동안 찾아다녔던 호수를 발견했을 때는 그 호수가 우리에게서 이미 멀어지고 있음을 미처 알지 못했다. 최근에 생성된 퇴적물에 플랑크톤성 규조류가 많이 들어 있다는 점은, 지금에서야 분명하게 문제를 드러냈지만 사실은 앞에서 행한 벌목 활동이 수질에 문제가 생길 여건을 조성해주었을 수도 있다.

2015년 5월에 울프 호수는 아주 끔찍한 녹색으로 바뀌었다. 너무나도 맑아서 투명도판을 8미터 아래로 내려도 흰색이 보였던 호수는 이제 2미터만 내려도 보이지 않았다. 호숫물을 실험실로 가져가서 현미경으로 들여다보자 그 전까지는 많지 않았던 녹색 시아노박테리아(크루코커스[*Chroococcus*])가 잔뜩 증식해 있음을 확인할 수 있었다. 처음에 나는 그런 현상이 봄이 되어서 수층이 바뀌면서 잠시 나타나는 극단적인 현상이라고 생각했지만, 울프 호수는 여름이 지나고 가을이 되었을 때까지도 맑아지지 않았다. 그렇다면 혹시 외래종 물고기가 침입하여 식물성 플랑크톤의 개체 수를 조절해야 하는 동물성 플랑크톤을 먹어치워서 먹이사슬에 문제가 생긴 것은 아닐까 하는 생각이 들었다.

나는 수년 동안 울프 호수의 물고기 생태계를 관찰해온 뉴욕 주립대학교의 킴 슐츠 교수에게 이메일을 보냈다. 킴은 그물망에 잡히는 새로운 어종은 없다고 확인해주었다. 그런데 최근에 뉴욕 주립대학교의 생태학자 콜린 베이어는 현재 울프 호수에서 얼음이 어는 시기가 1970년대보다 몇 주일 정도 짧아졌다는 연구 결과를 발표했다.

따라서 전례 없는 녹조 현상은 외래종의 침입보다 훨씬 더 광범위하고 골치 아픈 문제를 반영하고 있는지도 몰랐다.

사람이 호수를 부양하는 대기를 바꾸면서 전 세계 호수들은 색을 띠어가고 있다. 늘 얼어 있는 캐나다 북극의 호수들도 이제는 여름이면 녹아서 처음으로 태양을 사랑하는 플랑크톤이 번성할 수 있게 되었다. 열대 아프리카는 더욱 따뜻해지면서 더 확고하게 층상 구조를 이룬 호수 속에서 시아노박테리아 개체 수가 크게 증가하는 일이 많아졌다. 전에는 묽고 맑았던 미국 로키 산맥의 고산 호수들은 도시와 농장에서부터 공기에 실려온 영양물질 때문에 점점 더 진해지면서 층상 구조를 이루게 되었고, 그 때문에 바닥의 진흙에 들어 있던 인이 정체된 물속으로 녹아들고 있다.

2016년 9월에도 울프 호수는 여전히 녹색이었는데, 그때 실시한 정기 플랑크톤 실태 조사는 울프 호수의 역사에 새로운 장을 열었다. 뉴욕 주립대학교 과학자들은 채취한 표본에 떠 있는 이상한 생명체를 보고 경악했다. 엄지손톱만 한 투명하고 색이 없는 원반 형태의 생명체는 뿌연 액체 위에서 맥동하듯이 움직이고 있었다. 바로 담수해파리였다.

이 새로운 주민(*Craspedacusta sowerbii*)은 고향이 아시아인데, 지난 세기 동안 아주 은밀하게 북아메리카 대륙 전역으로 퍼져나갔다. 이 해파리들은 보통 오염된 배에 묻어서 호수로 들어오거나 어항이나 정원의 연못을 비울 때에 호수나 하천으로 흘러든다. 울프 호수에는 이동하는 물새의 다리나 깃털에 유생 상태로 붙어왔을 것이다. 애디론댁 산맥의 아비들도 자신도 모르는 사이에 담수 해파리 같은 생명체들을 울프 호수로 데리고 들어와서 자신들이 대표하게 된 야생이 사라지는 데에 공헌하고 있는지도 모른다. 이 담수 해파리는 사람에게는 아무런 해를 끼치지 않지만 동물성 플랑크톤을 먹는다. 따라서 울프 호수에 녹조가 심해진 이유는 최근에 유입된 해파리가 먹이사슬을 위에서 아래로 교란했기 때문일 수도 있다.

이 글을 쓰고 있는 지금, 우리는 아직도 울프 호수의 플랑크톤 공동체에 일어난 일을 정확하게는 밝혀내지 못했으며 이 녹조 현상이 영원히 지속될 것인지도 알지 못한다. 그러나 한 가지는 분명하게 알고 있다. 아무리 외진 곳에 있어도 아무리 힘껏 보호한다고 해도 이제 사람의 영향력에서 벗어날 수 있는 호수는 없으며, 울프 호수가 유산이었다는 점은 이제 역사가 되었다는 사실 말이다.

우리가 찾은 첫 번째 유산 호수를 잃었다는 사실은 너무나도 슬프지만, 과학자로서 나는 산업시대 이전의 상태를 영원히 간직하고 있는 야생 호수는 거의 있을 수 없으며 호수의 상태가 변한다고 해서 반드시 부자연스러운 것은 아니라는 사실을 잘 알고 있다. 기후가 변하고 동식물이 오가고 생물이 진화하는 동안 호수는 끊임없이 변하며 보호 지역에서 일어나는 환경 변화에 어떻게 반응하는 것이 최선인지에 관해서는 활발하게 논쟁이 벌어지고 있다.

바뀐 생태계는 복원해야 한다는 것이 알도 레오폴드의 『모래 군의 열두 달』에 나오는 주요 개념 가운데 하나이며, 복원이야말로 사람이 자연에게 가한 위해를 보상하는 방법이라고 생각하는 사람들이 많다. 그러나 이제는 기후변화와의 싸움이 장기전이 되고 있으며, 자연을 복원하려고 해도 그럴 자원이 없거나 실제로 자연의 옛 모습이 어떠했는지를 분명하게 알 수 있는 방법이 없으니 복원은 쓸모없는 일이 될 수 있다고 우려하는 사람들도 있다. 그들에게 복원이란 정원 가꾸기, 이미 구식이 된 에덴 동산에 관한 신화, 결코 존재하지 않았던 안정된 균형을 유지하는 자연이라는 환상에 지나지 않는다.

울프 호수의 경우, 호수를 영원히 변하지 않는 상태로 남겨둔다는 결정은 개입하지 않고 관찰만 한다는 유산 호수에 관한 기본 원칙에 어긋날 수 있다. 울프 호수가 간직한 과학적 가치는 울프 호수의 생태계와 함께 진화할 것이다. 이제 울프 호수는 태고의 자연을 그대로 간직한 유산 호수가 아니라 탄광 속 카나리아처럼 애디론댁 산맥에 있는 다른 호수들에 닥쳐올 일을 경고하는 파수꾼이라는 새로운 역할을 맡게 되었다.

다행히도 멀리 내다보는 지혜로운 사람들은 인간이 야기하는 환경 변화가 이미 시작되었음을 알고 있고, 이 불안정한 세상에서 자연을 지킬 수 있는 방법을 모색하고 계획을 세우고 있다. 가장 좋은 계획은 일류 과학의 도움을 받아서 변화하는 미래를 예측하고 준비하는 것이고 생태계 대부분에서 우리 사람이 중요한 역할을 하고 있음을 이해하는 것이다. 산성비나 기후법처럼 주 정부와 산업계의 우선순위가 공익과 부딪칠 경우에는 연방 정부 차원에서 관리를 해야할 수도 있다. 그러나 폴렌스비 호수의 경우처럼 연방 정부의 개입이 부적절하거나 불가능한 경우에는 주 정부나 민간 조직이 환경문제를 더 잘 다룰 수도 있다.

폴렌스비 호수는 몹시 변해버린 에덴 농산일 수도 있지만, 1800년 대 말에 스틸먼이 아주 슬퍼하면서 떠나간 뒤로 야성의 매력을 상당

부분 되찾았다. 호수를 감싼 숲은 다시 무성해졌고, 하구에 댐을 쌓았기 때문에 호수의 수면이 좀더 높아졌지만 전체 모습은 캠프 메이플에 머물렀던 사람들에게 익숙한 모습으로 돌아갔다.

수십 년 동안 사유지였던 폴렌스비 호수와 호수 주변의 땅은 2008년에 매물로 나왔다. 역사적으로 중요하고 빼어나게 아름다운 그 땅의 가치를 알고 있던 국제자연보호협회 애디론댁 지부는 뉴욕 주가 예산을 마련해서 다시 매입할 수 있는 시간을 벌어주려고 5,910헥타르의 땅을 1,600만 달러에 사들였다. 그러나 뉴욕 주가 폴렌스비 사유지에 배정한 예산이 줄어들면서 국제자연보호협회는 막대한 돈을 들여서 구입한 이 독특한 호수를 소유하게 되었고, 그 때문에 폴렌스비 호수는 미국 북동부에서 가장 큰 민간이 소유한 호수가 되었다.

현재 폴렌스비 호수에 접근할 수 있는 사람은 과학자들과 국제자연보호협회 직원들뿐이며 터퍼 호수 마을에서 폴렌스비 사유지로 들어가는 진입로에는 출입문이 세워져 있다. 그러나 보호 프로그램 책임자인 더크 브라이언트는 내가 그 유명한 호수를 탐사하고 퇴적물 코어를 채취할 수 있도록 배려해주었다. 울프 호수에서 최근에 일어나고 있는 변화를 걱정하던 나는 폴렌스비 호수에서도 비슷한 변화가 일어나고 있는지 알고 싶었다.

2016년 6월의 따뜻하고 맑은 날, 나는 국제자연보호협회의 연구원이자 작가인 메리 틸을 따라서 폴렌스비 호수의 북쪽 기슭에 있는 나무로 만든 보트 창고로 갔다. 그곳에서 사유지 관리인인 톰 레이크가 우리를 기다리고 있었다. 가까운 마을에서 오랫동안 살아온 톰은 폴렌스비 사유지와 주변 숲, 그리고 주변 마을을 잘 아는 헌신적인 관리인이다. 그는 출입문이 제대로 닫혀 있는지, 라케트 강에서 늪지를 탐사하러 온 배들이 아무 흔적도 남기지 않고 곧바로 떠나는지를 살핀다. 폴렌스비 사유지가 다시 한번 야성이 살아 있는 에덴 동산이 된다면, 톰은 에덴 동산의 입구를 지키는 「창세기」에 나오는 무서운 천사라고 할 수 있을 것이다.

메리는 나의 학생이었던 브렌던 월츠가 만든 폴렌스비 호수의 등고선 지도를 펼쳤다. 브렌던은 최근에 국제자연보호협회를 위해서 상세한 음향측심 조사를 실시했다. 폴렌스비 사유지는 그저 멋진 야생 공원이 아니다. 따뜻한 세상에서 차가운 물이 필요한 물고기들에게 피난처를 제공하는 일종의 방주이기도 하다. 이 피난처에서 가장 중요한 생물은 에머슨과 아가시가 이 호수에서 "노를 저었을" 때만큼이나 지금도 그 수가 아주 많은 호수송어일 것이다.

톰이 우리가 타고 나갈 카누를 준비하는 동안 메리는 북아메리카 호수송어가 어떤 어려움에 처해 있는지 말해주었다. 호수송어는 산소가 풍부한 10-12도 사이의 물에서만 살기 때문에 여름이면 북쪽 호수 깊은 곳에서 머문다고 했다. 애디론댁 산맥에는 지나친 남획, 외래종의 침입, 수질 악화, 기후변화 같은 문제가 있기 때문에 오랫동안 적절하게 보호할 방법을 찾지 못한다면 이곳에서 호수송어가 사라질 수도 있는데, 폴렌스비 호수의 상황도 이와 다르지 않다고 했다.

애디론댁 산맥에서 지금도 호수송어가 서식하는 곳은 전체 호수 가운데 1퍼센트도 되지 않으며, 그 가운데 치어 방류 프로그램을 진행하지 않아도 호수송어가 자력으로 살아갈 수 있는 곳은 절반밖에 되지 않는다. 폴렌스비 호수에 사람의 손이 닿지 않은 호수송어 개체군이 많다는 사실은 오래된 거대한 나무들로만 이루어진 숲을 발견하는 것만큼이나 이 지역에서는 드문 일이다. 국제자연보호협회는 폴렌스비 호수에는 호수송어가 즐겨 먹는 "시스코"도 아주 많다고 했다. 그러나 무엇보다도 호수송어의 미래에 영향을 미칠 조건은 브렌던이 지도로 그린 호수의 물리적 형태일 것이다. 욕조처럼 생긴 거대하고 깊은 호수 분지에는 가을이 되어 물이 뒤섞이면서 다시 산소가 공급되기 전까지 여름철 열기를 피해서 송어가 숨어 있을 장소가 아주 많다.

메리와 나는 카누에 올라타고 선착장을 떠났다. 우리의 계획은 캠프 메이플이 어떤 모습인지 확인하는 것이었지만, 그 전에 철학자들이 호수로 갈 때에 배를 타고 올라갔던 시내를 보고 싶었다. 10분쯤 카누를 타고 가자 19세기 말에 한 목재 회사가 만든 댐에 도달했다. 수문을 열어서 통나무를 떠내려 보내는 용도로 만든 댐이었다. 댐을 건설해서 호수 수면의 높이를 몇 미터쯤 높일 수 있었기 때문에 주변 숲에서 벤 나무를 띄워 호수로 보내서 가공할 수 있었다. 방류량을 조절하는 수문 역할을 하던 판은 제거했지만 콘크리트로 만든 바닥 때문에 호수의 수면은 여전히 원래 높이보다 조금 높다.

댐 너머로는 사초과 식물, 관목, 야생화가 흐드러지게 핀 울창한 늪지가 북쪽으로 라켓 강까지 뻗어 있다. 우리는 반쯤은 노를 젓고, 반쯤은 모래 바닥에 닿는 카누를 밀면서 좁고 구불구불한 시내를 따라갔다. 아가시는 이 물길을 따라가면서 우둘투둘한 녹색 해면동물을 카누 위로 끌어올렸겠지 하는 생각을 했지만, 나는 그런 해면을 한 개체도 찾지 못했다. 6월은 겨울이면 모두 사라지는 해면이 다시 성장하기에는 너무 이른 시기였다. 뭐, 아무래도 상관없었다. 내 얼굴에 내리쬐는 따뜻한 햇살과 희미하게 들리는 잠자리 날갯소리, 늪지에서 핀 꽃들의 향기 덕분에 1858년에 대한 생각은 쉽게 달아나버렸으니까.

분명히 에머슨은 그런 나를 나무라지 않았을 것 같다. 수필『자연(Nature)』에서 에머슨은 새로운 미국에서 겪어야 하는 삶의 질을 판단해야 할 때, 과거(유럽이라는 구세계)의 삶에 지나치게 집중하는 사람들을 나무랐다. 그는 "태양은 오늘도 빛난다"라고 썼는데 나는 그 말에 전적으로 동의한다. 오늘날의 세계는 에머슨과 아가시가 알던 세상과는 사뭇 다르다. 그들과 우리 사이에 150년이라는 시간이 흐르는 동안 과학이 세상의 실제 모습을 더 많이 드러냈다는 사실도 그 한 가지 이유일 것이다.

호숫가로 돌아오자 밝은 햇빛에 반짝이는 검은색 입자들이 줄무늬를 이루고 있는 모습이 보였다. 나는 웅크리고 앉아서 줄무늬를 자세히 들여다보았다. 파도에 쓸려온 석영과 장석에서 떨어져 나온 무거운 철광석 입자들이 모래밭에 쌓이면서 진한 줄무늬를 남겼다. 철광석 퇴적물은 농도가 아주 진해서 한 움큼 집어서 동그랗게 뭉치니 부드럽고 묵직한 포탄처럼 변했다. 19세기의 진취적인 애디론댁 산맥 사람들은 이런 철광석을 얻으려고 여러 호숫가를 파보기도 했지만 철학자들은 그에 관해서 전혀 언급하지 않았다. 그러나 철학자들이 철광석 이야기를 했다고 해도 그들은 현대 과학이 이곳에서 무

폴렌스비 호수로 가는 카누(사진 : 커트 스테이저)

엇을 발견하게 될지는 몰랐을 것이다. 작아도 아주 작은 규모에서
말이다.

　레이첼 카슨은 "그곳에 있는 모든 모래 입자는 하나하나가 모두
지구 이야기를 담고 있다"라고 했는데, 폴렌스비 호숫가에서는 정말
맞는 말이다. 내가 들고 있는 따뜻한 모래들은 비와 서리의 침식 작
용으로 서서히 조각조각 부서져서 아주 오래 전에 사라져버린 여러
산들의 뼛가루이다. 이 모래들은 문자 그대로 호수의 형태를 형성한
시간의 모래들이다. 그러나 모래가 간직한 태양의 열기를 느끼다 보
면 모래가 더욱 깊은 곳에 간직하고 있는 이야기들을 들여다볼 수
있다.

　철 원자는 거대한 별(항성)의 중심부에서 생성되는데, 철을 생성

한 별은 폭발해서 생명을 만들 수 있는 잠재력을 갖춘 원소들을 우주 전역으로 날려 보낸다. 폴렌스비 호숫가에 모여 있는 이 작은 항성 파괴자들은 우리의 몸뿐만 아니라 우리 주변에 있는 모든 생명체와 공기, 호수를 구성하는 원시 물질들이 생성될 수 있게 도왔다. 원자 단계에서 지구와 태양은 몇몇 신화가 말하고 있는 것처럼, 우리의 어머니이자 아버지가 아니라 형제들이다. 수십억 년 전에 태양계를 만든 부모 별의 자손이다.

메리와 나는 물가로 걸어가서 손에 묻은 모래를 씻어냈다. 나는 정강이가 잠기는 곳까지 걸어 들어가서 몸을 숙이고 물그림자가 비친 수면을 손가락으로 쓸어보았다. 잔잔하게 퍼져가는 물결 밑으로 무엇인가가 눈에 띄어서 물속에 손을 넣어서 건져보았다. 깨진 부싯돌 조각이었다.

그 부싯돌 조각을 보니 이 호수에서 펼쳐진 사람의 역사도 좀더 깊은 곳에서 느낄 수 있었다. 그 작은 갈색 부싯돌은 철학자들의 캠프가 세워지기 훨씬 전에 이곳에 살았던 사람들을 생각나게 했다. 최근에 터퍼 호숫가에서 발견된 고대 작살 촉은 1만 년도 전에 빙하는 녹았지만 여전히 툰드라 지대였던 애디론댁 산맥 근처에서 살았던 순록 사냥꾼들에 관한 이야기를 전해준다. 사람은 이 숲속에 어느 날 갑자기 침입해온 방해꾼이 아니며, 에머슨과 동료들이 낭만적으로 생각했던 사람의 발길이 닿지 않는 야생은 그저 환상일 뿐이다. 고대인들이 이곳에 내린 뿌리는 나무들이 내린 뿌리보다 더 깊다.

우리 두 사람은 다시 카누를 타고 캠프 메이플이 있는 남쪽으로 내려갔다. 호수의 수면은 흠결 하나 없어서 내 앞에 있는 물은 마치 사라진 듯했고, 나는 흡사 서로를 비추는 시간의 우물 사이에서 둥둥 떠다니고 있는 것만 같았다. 아가시는 세상을 젊은 지구 창조설의 관점에서 보았기 때문에 그에게 역사의 웅덩이는 너무 얕아서 지구에 사는 모든 생명체가 진화라는 과정을 통해서 하나로 연결되어 있으리라는 생각은 전혀 할 수 없었다. 만약 아가시가 진화를 받아들일 수 있는 세계관을 지니고 있었다면, 분명히 그는 모든 생명체들이 맺고 있는 관계를 생각하면서 아주 행복해했을 것이다.

넓은 곳으로 들어가서 물속으로 코어 채취기를 내렸다. 나중에 나는 그때 채취한 코어를 현미경으로 관찰해서 월든 호수에서 찾은 것과 아주 비슷한 황조류가 최근에 폴렌스비 호수에서도 상당히 많이 증가했다는 사실 외에는 거의 바뀐 점이 없음을 확인하게 될 것이다. 황조류의 증가는 분명히 변화가 일어나고 있다는 증거였지만 아직은 그렇게 심각한 문제라고 할 수는 없었다. 코어 채취기를 내릴 때, 나는 그런 변화가 아니라 물밑에서 헤엄치는 호수송어를 볼 수 있을까 하는 생각을 하고 있었다. 얼마 전에 호수송어를 연구하는 맥길 대학교의 생물학자 멀리사 렌커는 호수에 살고 있는 전체 물고기 수라는, 나로서는 전혀 접해보지 못했던 수치를 국제자연보호협회에 보고했다. 렌커는 폴렌스비 호수에는 다 자란 호수송어가 적어도 2,000개체는 있으며 그 가운데 100개체 정도는 길이가 76센티미터가 넘는다고 했다.

폴렌스비 호수는 낚시꾼이라면 누구나 가보기를 꿈꾸는 호수이지만 현재 그곳에서는 종에 상관없이 물고기는 한 마리도 잡을 수가 없다. 성장 속도가 아주 느린 호수송어는 사람의 포식 활동에 극도로 민감한데, 국제자연보호협회의 목표는 먼 미래에도 호수송어가 그곳에서 자급자족하며 살아갈 수 있게 하는 것이다. 따라서 협회는 충분히 연구를 해서 호수에 미칠 영향이 가장 적은 계획을 세울 수 있을 때까지는 호수를 낚시터로 개방하지 않는 것이 최선이라는 결론을 내렸으며, 송어 개체군을 "어장"이 아니라 "공동체"라는 명칭으로 부르고 있다. 현재 국제자연보호협회는 타의 모범이 될 만한 바람직한 방법으로 폴렌스비 호수를 관리하고 있는데, 그 때문에 나는 협회의 처음 바람처럼 호수 관리권을 뉴욕 주립환경보존국이 가지게 되었다면 협회가 하는 것만큼 호수에 충분히 자원을 투자하고 호수를 현명하게 운영할 수는 없었으리라고 생각한다.

렌커는 물고기를 잡은 뒤에 놓아주는 낚시도 신중하게 관리하고 점검하지 않는다면 폴렌스비 호수에서 송어 개체 수는 크게 줄어들 수 있다고 했다. 맑고 투명한 폴렌스비 호수에는 먹이사슬을 지탱할 플랑크톤이 상당히 적어서, 송어가 제한된 먹이 자원을 활용해서 번식할 수 있는 상태가 되기까지는 10년도 넘게 걸린다. 더구나 다시 풀어준다고 해도 스트레스와 외상 때문에 한 번 잡혔던 물고기 중에서 15퍼센트는 결국 죽게 되었는데, 아주 깊은 곳에서 잡힌 물고기가 훨씬 더 취약하다. 깊은 곳에서 수면 위로 끌려오는 동안 물고기가 공포에 질리고 아주 지치는 데다가, 입과 아가미에 상처를 입거나 기체가 가득 들어 있는 부레가 갑자기 팽창하면서 터질 수도 있기 때문이다. 더구나 따뜻한 수면으로 올라오면 차가운 물을 사랑하는 물고기가 지나치게 열을 받을 수 있는데 호수를 보호하는 국제자연보호협회가 막고 싶어하는 것이 바로 그 문제이다. 호수와 호수송어는 이미 파괴된 뒤에 복구하는 것보다는 처음부터 보호하는 것이 더 쉬운데, 렌커는 일단 송어 개체군이 무너지면 복원되는 데에는 수십 년이 걸릴 수 있다는 분석 결과를 내놓았다.

그러나 내가 낚시를 하지 않기로 결심한 이유는 낚시 금지법 때문만은 아니다. 달이 빛나던 밤에 리틀롱 호수에서 테드 맥과 함께 호수송어를 잡은 뒤로 내 마음속에 점점 더 자리잡는 생각 때문이다. 물고기가 낚싯바늘에 걸려서 배에 끌려올 때면 고통을 느끼는 독특하고 개별적인 생명체라는 사실을 깨닫게 될수록, 낚시는 점점 더 재미없어졌다. 나의 생존에 필요 없는 활동을 하느라 내 공감 능력을 억제하는 대신에, 그런 공감 능력을 현대 사회에서 사람이라면 당연히 갖추어야 하는 진화 유산으로 발전시키고 싶다. 따라서 내 결정은 낚시가 물고기에게 하는 일뿐만이 아니라 나에게 하는 일 때문에 내린 것이다.

메리와 나는 철학자들이 야영을 한 남동쪽 호숫가에 있는 움푹 들어간 작은 내포로 가고 있었다. 톰이 우리에게 캠프 메이플을 찾는 방법을 알려주었지만 분명히 쉽지는 않을 터였다. 작은 샘과 커다란 바위는 그대로 남아 있겠지만 이미 캠프 메이플임을 알려주던 나무들은 모두 사라졌으며 배가 상륙하던 자리도 댐이 건설되면서 물에 잠겨버렸다.

우리는 카누를 삼나무 뿌리에 묶었다. 바위들이 줄줄이 깊은 물속으로 이어지는 모습이 호수에 놀러 온 사람들이 쉬기도 하고 다이빙도 하기에 적합한 곳 같았다. 거친 오르막이 키 큰 단풍나무와 자작나무, 벚나무가 바닥에 그늘을 드리우고 있는 평지로 이어져 있었다.

캠프 메이플 터에 있는 빙하가 남긴 거석(사진: 커트 스테이저)

양치류가 캐노피처럼 늘어진 곳 아래로 흐르는 작은 실개천은 에머
슨과 아가시가 술을 마셨던 곳인지도 몰랐다. 우리 두 사람은 스틸먼
의 그림에 나왔을 수도 있는 커다란 바위를 여러 개 찾아냈다. 어쩌
면 우리는 그림에 나온 진짜 바위를 찾지 못할 수도 있었다. 나는
아주 실력 있는 화가들이 작업하는 모습을 지켜본 적이 있어서 예술
가들이 현실을 해석하느라 세부 사항을 희생하기도 한다는 것을 알
고 있었다. 그러나 나는 그곳에 있는 모든 바위들을 만졌으니 진짜
캠프 메이플 바위도 분명히 만졌을 것이라고 확신했다.

우리의 목표는 철학자들의 캠프를 체험하는 것이 아니라 그 장소
를 음미하고 그 장소가 주는 교훈을 배우는 일이다. 다시 살아나고
있는 숲은 너무 어려서 캠프 메이플의 그늘에 가려질 수 없으며, 오

늘날 호수는 더 최근에 내린 빗방울이 채우고 있다. 지금을 살아가는 우리는 철학자들보다 이 장소에 관해서 더 많은 것들을 알고 있고 그 사람들보다 더 먼 미래를 내다볼 수 있다.

아가시는 폴렌스비 호수의 거석들이 빙하가 남기고 간 흔적이라는 유추를 해서 정당하게 인기를 얻었지만 현재 많은 과학자들은 그 이야기의 놀라운 속편을 준비하고 있다. 화석연료가 방출하는 온실기체인 이산화탄소는 앞으로 수만 년 동안 지구 대기를 오염시킬 것이다. 지구 자전축의 기울기와 요동, 궤도는 주기적으로 변하기 때문에 지금으로부터 5만 년 정도가 지나면 또다른 빙하기가 돌아와야 하지만, 이미 대기 속으로 들어가서 오랫동안 남아 있는 온실가스 때문에 미래의 대기는 충분히 냉각되지 않을 수도 있다. 에머슨이 사람이 자연보다 더 뛰어난 존재라고 말하는 것 같은 글을 쓴 이후로 사람은 다음 빙하기까지 막을 정도로 강력한 자연의 힘이 되었다. 다음 세기까지 우리가 남아 있는 모든 화석연료를 태운다면 폴렌스비 호수에 있는 빙하기 거석은 50만 년 동안 빙상을 보지 못할 수도 있다.

우리는 카누로 돌아와서 도시락 가방을 열었다. 메리의 휴대전화는 신호를 잡지 못했다. 아, 이 야생성이라니! 이제는 휴대전화가 터지지 않는 곳에 있으면 왠지 지구 끝에 와 있는 것 같은 느낌이 든다. 진화와 생태계와 원자들이 우리의 삶과 보이지 않게 연결되어 있는 것처럼 지구 행성에 있는 모든 사람들도 보이지 않는 전자로 연결되어 있는 것만 같다. 1858년에 대서양을 횡단하는 전선이 연결되었다는 소식에 열광했던 이곳에서도 우리는 끊임없이 우리를 쳐다보는 구름 너머에 있는 위성과 전 세계를 하나로 연결하는 통신망을 너무나도 당연하게 여긴다. 그런 기술 덕분에 세상은 감추고 있던 모습을 우리에게 아주 많이 드러냈지만, 현실 세계와 가상 세계를 혼동하는 등 아직 그런 기술에 완전히 적응하지 못한 우리에게 그 기술은 새로운 위험으로 다가오기도 한다.

나는 최근에 궤도를 도는 눈들의 도움을 받아서 철학자들이 시도했지만 결국 실패한 일을 해보았다. 노트북으로 구글 어스를 켜고 나무가 우거진 언덕을 확대해본 것이다. 캠프 메이플에서 야영을 했던 사람들이 자신들의 종기 호수를 찾으려고 시도했던 장소에서 멀지 않은 곳이었다. 컴퓨터 화면으로 철학자들이 탐험했던 언덕을 살펴서 내 방식대로 숨겨진 물웅덩이를 찾아내고 싶었던 것이다. 이런 방법은 속임수를 쓰는 일일까? 궁금했다. 확실히 그럴지도 모르겠다는 생각이 들었다. 거실에 앉아서 꿈의 호수를 찾으려는 시도는 양동이에서 엄청나게 큰 송어를 잡겠다는 것과 다르지 않을 수도 있었다. 꿈의 호수의 가장 큰 가치는 상상 속 에덴 동산처럼 동경하지만 절대 다다를 수 없는 이상향이라는 것인지도 모르겠다. 그러니 내가 화면에서 발견한 내용을 독자들에게 알려줄 생각은 없으며, 실제로 현장에 가보지는 못하더라도 가상 세계에서라도 자신이 직접 철학자들의 호수를 찾아볼 것인지 말 것인지는 독자들 모두 자신이 직접 결정해야 한다.

태양이 나뭇가지 위에 낮게 걸렸다. 이제는 떠날 시간이다. 잔잔한 물의 무게가 폴렌스비 호수의 표면을 끌어당기며 평평하게 만들고 있었고 풀을 비롯한 호수 위의 모든 존재들은 부드러운 황금빛 햇살에 흠뻑 젖어 있었다. 짙은 숲 그림자 위로 각다귀들이 반짝이고 잠자리들이 각다귀들 사이를 맹렬한 불꽃처럼 재빨리 날아다녔다. 숲과 하늘이 만나서 살며시 흔들리는 곳에서는 그늘과 빛이 서로 뒤섞여 있는 것이 마치 아비의 등에 그려진 바둑판무늬처럼 보였다. 규칙적으로 노가 물살을 가르는 소리를 들으며 앞으로 나가는 동안 따뜻한 공기가 상쾌하면서도 독특한 여러 냄새를 우리에게 실어왔다. 흙속에서 부서지는 낙엽 냄새 사이로 발삼전나무 냄새도 맡을 수 있었고 호수에서 방출하는, 어쩌면 우리 밑에서 떠다니는 플랑크톤이 내고 있을지도 모를 달콤한 향기도 맡을 수 있었다.

우리는 하늘을 담은 거울에 행성처럼 매달려 있는 커다란 빨간색 공 옆에서 잠시 멈추었다. 이 부표는 물기둥의 온도와 산소량을 연구하기 위해서 국제자연보호협회 과학자가 호수의 가장 깊은 곳에 설치해둔 감지기를 매달고 있었다. 감지기는 부표 밑에 있는 줄에 매달려 있었는데, 맑은 물과 물그림자가 내 눈을 속여서 마치 하늘 위에 동동 떠 있는 것처럼 보였다. 매혹적이지만 기만적이기도 한 가짜 하늘 밑으로 얼마나 깊은 물이 있는지를 알려주는 감지기들을 보고 있자니 우리가 만든 환상을 과학이 어떤 식으로 그 실체를 드러내는지가 생각났다.

과학 때문에 우리와 자연을 분리하고 있는 것처럼 보이는 낭만적인 환상이 사라진다면, 나는 그것이 참 통쾌하다고 말할 것이다. 신화 속 낙원이 사라진다는 사실을 애도하기보다는 "오늘도 태양은 빛난다"라고 한 에머슨의 말을 지지할 것이다. 에머슨이 살았던 시대처럼 우리 시대도 엄청나게 불확실하지만 또한 신중하면서도 희망을 가질 이유가 충분히 있고 찬란하게 변할 수 있는 발견의 시대이기도

(사진 : 커트 스테이저)

하다.

이제 우리는 사람과 자연계가 어떤 식으로 관계를 맺고 있는지를 모호한 비유만이 아니라 실제적으로 입증할 수 있는 방법으로도 알아내고 있다. 사람과 자연은 공동조상을 가지고 있을 뿐만 아니라 서로를 구성하는 입자 또한 동일한 원소들로 이루어져 있다. 생명은 우리가 있든지 없든지 간에 지속되겠지만 우리가 좀더 책임감 있고 더 많은 지식을 가진 우리 행성의 관리자가 되지 않는다면, 지구 생명계는 우리가 원하는 형태를 유지할 수 없을 것이다.

우리가 호수를 보호하고 연구하는 이유는 실용적인 목적도 있지만, 자신들만의 이유로 똑같이 호수를 사랑하고 호수에게서 많은 것들을 배운 옛 사람들처럼 우리도 호수를 사랑하고 호수에게서 많은 것들을 배우기 때문이다. 좋은 과학과 적절한 안목이 인도하는 바람직한 의도를 가지게 된다면, 우리는 앞으로 올 세대에게도 그들만의 빛나는 태양 아래에서 호수를 사랑하고 호수에게서 많은 것들을 배우는 멋진 호수를 남겨줄 수 있을 것이다.

용어 해설

고생대(Paleozoic) : 6억 년 전부터 2억5,000만 년 전까지의 지질시대.

고유종(endemic) : 특정 지역에 사는 독특한 생물. 그 지역에서 처음 발생해서 살아가는 생물을 나타낼 때에 사용한다.

교정(reclamation) : 원하지 않는 물고기종을 제거하고 선호하는 물고기를 방류하기 위해서 호수에 독성물질을 뿌리는 행위.

규조류(diatom) : 유리질 박편이 있는 황갈색 단세포 조류.

내부 부하(internal loading) : 보통은 극단적인 깊이나 부영양화 때문에 용존산소가 희박해졌을 때, 호수의 바다 퇴적물에서 질소나 인 같은 영양물질이 물속으로 녹아드는 현상.

녹조(bloom) : 플랑크톤성 조류나 시아노박테리아가 자신이 서식하는 물의 색을 바꿀 정도로 엄청나게 증식하는 현상.

대진화(macroevolution) : 진화를 통해서 새로운 종이 탄생하는 현상.

독립영양생물(autotroph) : 살아 있는 다른 유기체를 잡아먹지 않고 햇빛이나 무기화합물을 이용해서 직접 에너지를 만드는 유기체. 식물과 조류 등이 있다.

로테논(rotenone) : 남아메리카 대륙에 서식하는 식물에서 추출한 농약으로 정원에서 곤충을 제거하거나 호수와 강에서 물고기를 죽일 때에 사용한다.

박층퇴적흔(varve) : 계절마다 다른 색을 띠는 층을 비롯해서 호수나 대양에서 1년 동안 쌓인 퇴적물을 확인할 수 있는 퇴적층.

부영양화 상태(eutrophic) : 유기체가 엄청나게 증식할 수 있는 서식지 상태. 호수의 경우 플랑크톤이나 식물이 지나치게 많이 증식할 수 있는 상태를 의미한다.

브라운 운동(Brownian motion) : 아주 작은 입자가 주위에 있는 더 작은 물 분자와 부딪치면서 무작위로 열운동을 하면서 움직이는 현상.

빈영양화 상태(oligotrophic) : 부영양화 상태나 중영양화 상태에 비해서 플랑크톤이나 식물이 번식할 수가 없어서 아주 적은 수만이 살아갈 수 있는 서식지 상태.

산성비(acid rain) : 질소산화물(자동차 배기 가스에서 대부분 생성)과 황(주로 석탄을 가열하는 발전소에서 생성) 같은 산성 오염물질이 섞여 있는 비.

삼투압(osmosis) : 저농도 용액에서 소금 같은 물질이 녹아 있는 고농도 용액으로 물 분자가 무작위로 이동하는 물리 현상.

성선택(sexual selection) : 짝짓기 상대에게 매력적으로 보여서 자손을 번식하는 데에 가진 자원을 쏟아붓고, 자신에게 해가 되거나 낭비하는 것처럼 보이는 행동이나 신체 구조를 발달시켜서 자신의 유전형질을 자손에게 물려줄 가능성을 높이는 진화 전략. 구애 노래, 화려한 깃털, 짝짓기 가능한 상대를 두고 경쟁자와 벌이는 싸움 등이 성선택의 예이다.

세이시(seiche) : 호수의 수면(수면 세이시)이나 수면 아래의 밀도가 다른 내부의 물층이 만나는 지점(내부 세이시)에서 생기는 호수 내부에서 일어나는 파도 같은 요동 현상. 보통 강한 바람이 불 때 발생한다.

소진화(microevolution) : 새로운 생물종이 탄생하지는 않지만 진화를 통해서 새로운 유전형질이 생기는 현상.

수소결합(hydrogen bond) : 한 분자에서 양전하를 띠고 있는 수소 원자와 다른 분자에서 음전하를 띠고 있는 산소 원자의 인력으로 형성되는 분자들 사이의 약한 전기 결합.

시아노박테리아(cyanobacteria) : 식물이나 조류를 닮은 녹색 박테리아. 과거에는 "남조류"라고 잘못 알려져 있었다.

시클리드(cichlid) : 시클리드과(Cichlidae) 담수 물고기

심수층(hypolimnion) : 온도에 따라서 층이 나뉜 물에서 가장 아래에 있는 층. 보통 위쪽의 물보다 수온이 낮고 밀도가 높다.

엘니뇨(El Niño) : 열대 태평양에서 바람과 해수의 흐름이 바뀌면서 반주기적으로 발생하는 기후변동 현상. 전 세계의 다양한 지역에서 기후변동을 일으킬 때가 많다.

역전(overturn) : 계절이나 날씨 변화로 물의 밀도가 바뀌어서 호수의 상부층과 하부층이 서로 섞이는 과정. 온대지역은 계절에 따른 물의 역전현상이 봄과 가을에 일어난다.

영양분(nutrient) : 살아 있는 유기체의 몸을 만들고 유지하는 데에 필요한 영양물질. 호수에서 중요한 역할을 가장 많이 하는 원자는 인산염, 질산염, 암모늄 같은 다양한 분자를 만드는 인과 질소이다.

영양 종속(trophic cascade) : 먹이사슬, 포식자, 먹잇감의 순으로(하향식 영양 종속) 일어나거나 영양분에서 식물, 1차 소비자, 2차 소비자 순으로(상향식 영양 종속) 일어나는 생태계의 변화.

요각류(copepod) : 자유 유영하는 새우를 닮은 아주 작은 갑각류. 보통 지각류보다 몸이 더 길다.

원핵생물(prokaryote) : 박테리아나 박테리아와 가까운 친척 생물들(고

세균).

음부나(mbuna) : 동아프리카 말라위 호수의 바위가 많은 서식지에 사는 시클리드 물고기를 의미하는 현지어.

인류세(Anthropocene) : 아직 공식적으로 확정되지는 않았으나 현생 지질시대에 자연을 바꾸는 가장 큰 원인은 사람이라는 것을 가리키며 널리 쓰이는 새로운 지질시대 명칭. "사람의 시대(The Age of Humans)"라고도 한다.

자연선택(natural selection) : 다른 형질보다 유기체의 생존에 더 유리한 특정 유전형질을 미래 세대에게 전달하는 진화 과정.

잠자리목(odonate) : 잠자리나 실잠자리 같은 동물이 속한 동물의 무리.

조류(algae) : 원생생물계에 속하는 식물과 비슷한 유기체로, 대부분 녹색이나 갈색이며 물에 사는 미생물이다.

종속영양생물(heterotroph) : 다른 유기체를 잡아먹고 사는 생물.

중영양화 상태(mesotrophic) : 플랑크톤과 식물이 조금 많이 증식할 수 있는 서식지 상태를 의미하지만, 부영양화 상태만큼 과도하게 증식하지는 않는 상태.

지각류(cladoceran) : 자유 유영하는 새우를 닮은 아주 작은 갑각류.

지질 구조(tectonic) : 단층, 해저 확장, 대륙 이동 같은 지구의 대규모 이동과 관계가 있는 지형.

층상구조(stratification): 호수의 상부와 하부가 각기 다르게 가열되어 발생한 밀도 차이 때문에 층이 생기거나(열적 층상구조[thermal stratification]), 염분 같은 녹아 있는 물질 차이 때문에 층이 생기는 현상(화학적 층상구조[chemical stratification]).

타이가(taiga) : 가문비나무, 전나무, 잎갈나무, 소나무 같은 침엽수가 주로 서식하는 북부 온대림.

투명도판(Secchi disc) : 물의 투명도를 측정하기 위해서 물 밑으로 내려 보내는 흰색 혹은 흰색과 검은색이 섞인 원반. 19세기에 이탈리아 과학자 안젤로 세키가 발명했다.

표수층(epilimnion) : 온도에 따라서 층이 나뉜 물에서 가장 위에 있는 층. 보통 아래층보다 따뜻하며 밀도가 낮다.

플랑크톤(plankton) : 주변 물의 흐름에 저항할 수 없을 정도로 작아서 물의 흐름에 몸을 맡기고 떠돌아다니는 유기체들. 광합성을 하는 단세포 조류와 시아노박테리아는 "식물성 플랑크톤"으로 분류되고, 원생동물 같은 작은 유기체는 "동물성 플랑크톤"으로 분류된다.

pH : 용액 속에 들어 있는 수소 이온의 수와 관계가 있는 산성도 측정 방법. pH가 1 차이가 나면 실제 산성도는 10배 차이가 난다. 수소 이온의 수가 많을수록 산성도는 높고 pH 수치는 낮아진다.

혈연선택(kin selection) : 자신의 유전형질이 친척을 통해서 미래 세대로 전달될 가능성이 있을 때, 그 친척을 위해서 자원을 희생하거나 위험을 무릅쓰는 유기체들의 진화적 선택. 다른 개체를 위해서 경고음을 내거나 부모가 어린 개체를 돌보는 일이 혈연선택의 예이다.

호소학(limnology) : 호수를 연구하는 학문.

호수(lake) : 대양과 연결점이 전혀 없는 내륙에 위치한 수역. 담수일 수도 있고 염수일 수도 있다. 호소학자들은 "lake"와 "pond"를 구별하지 않고 모두 "호수"라는 의미로 사용하며, 대중적으로 두 용어를 일관성 있게 사용하지도 않는다. 그러나 보통 상당히 작고 물이 빠져나가는 배수구가 없는 수역은 lake보다는 pond라는 용어를 더 많이 사용한다.

호수(loch) : "호수"를 뜻하는 스코틀랜드어.

호수(pond) : 호수(lake) 참고.

호염성 박테리아(halobacteria) : 염도가 극단적으로 높은 서식지에 사는 박테리아.

황조류(chrysophyte) : 유리질 박편으로 덮여 있는 경우가 많고 채찍같이 생긴 편모로 헤엄치는 황갈색 단세포 조류. 시누라(*Synura*), 말로모나스(*Mallomonas*) 등이 있다.

감사의 글

『호수, 비밀의 세계』를 집필하던 2016년에 타계하신 3명의 훌륭한 분들에게 이 책을 바칩니다. 이 책은 의도하지는 않았지만, 그분들을 기리고 그분들 덕분에 훨씬 더 잘 이해하게 되고 잘 알게 된 자연의 세계를 기리는 기념비가 되었습니다.

듀크 대학교에서 나를 지도해주신 댄 리빙스턴은 나를 비롯해서 많은 과학자들을 길러냈습니다. 그분이 개척한 호수 연구는 계속해서 과학자들에게 정보를 주고 그분이 발산한 언어에 대한 사랑은 많은 사람들에게 영감을 불러일으킵니다. 그분이 돌아가시고 7개월 후에 그분의 대학원생이었던 조 리처드슨이 세상을 떠났습니다. 독자들은 댄과 조를 아프리카 호수 이야기에서 만나셨던 기억이 날 겁니다. 잠비아에 있는 호수를 연구하다가 악어 때문에 거의 죽을 뻔했던 이야기 말입니다. 조는 내가 과학자로 일하는 동안 나를 지지해주고 나에게 용기를 북돋아준 일류 과학자이자 교육가였고, 나처럼 아프리카를 사랑하는 사람이었습니다. 12월에 나의 아버지 제이 스테이저가 갑자기 세상을 떠나면서 나는 아주 친한 친구이자 소중한 조언자, 평생 동안 호수를 사랑하는 내 마음을 소중하게 아껴주었던 지원자를 잃었습니다. 331쪽의 사진은 아버지가 호수에서 찍어주신 어릴 적 내 모습입니다. 오랜 시간 동안 세 분과 함께 살아갈 수 있었다는 사실에 깊이 감사드립니다.

이 책에는 제가 과학을 좀더 제대로 전달할 수 있도록 도와준 능력 있는 많은 분들의 노고가 담겨 있습니다. 「내셔널 지오그래픽(*National Geographic Magazine*)」의 톰 캔비, 릭 고어, 크리스 존스, 토니 수아우, 「뉴욕 타임스(*New York Times*)」의 크리스 콘웨이, 노스컨트리 공영 라디오 방송국의 조엘 허드, 브라이언 만, 엘렌 로코, 「애디론댁 라이프(*Adirondack Life Magazine*)」의 벳시 폴웰, 크리스토퍼 쇼, 애니 스톨티, 메리 틸, 와일드센터의 롭 카와 스테파니 래트클리프, 애디론댁 작가 센터의 모리스 케니와 나탈리 틸, 엄청난 능력과 인내로 이 원고가 결국 책이 되어 나올 수 있게 이끌어준 산드라 데이크스트라 문학 에이전시의 정말 매력적인 샌디 데이크스트라와 직원들, 내 담당 편집자 W. W. 노턴 사의 존 글루스먼, 초고를 꼼꼼하고 세심하게 읽어주신 나의 어머니 아샤 스테이저와 새어머니 데보라 스테이저가 그분들이십니다.

매사추세츠 주 콩코드에 있는 콩코드 박물관은 소로가 그린 월든 호수 그림과 윌리엄 스틸먼이 그린 철학자들의 캠프를, 낸시 번스타인은 손으로 직접 그린 아름다운 지도를, 캐리 존슨, 로버트 켄들, 브렌던 월츠는 본문에 실을 사진을 제공했습니다. 머리말에 나오는 멋진 시는 폴스미스 대학의 학생인 한나 크로미의 작품으로 그녀의 허락을 받아서 실었습니다. 폴스미스 대학 학생들에게 감사의 말을 전하고 싶습니다. 켄 알톤, 제이슨 피츠제럴드, 로리 프레이저, 알렉스 개리건 필라, 더스틴 그르제식, 스코트 하댐, 매트 하자드, 칼린 헤일밀러, 엘리어트 루이스, 제롬 매드센, 조시 파라디스, 데이비드 프로서, 크리스틴 프리지와라, 션 레갈라도, 매트 스파도니, 벤 위라젠 모두 현장 연구와 실험실 연구는 물론이고 참신한 영감과 통찰력을 저에게 불어넣었습니다. 도움을 주신 카메룬의 은도니 상와 폴, 동아프리카의 케빈 왓킨스, 월든 호수의 브래드 후베니, 제니퍼 잉램, 재키 클로프트, 리처드 프리맥, 애디론댁 산맥의 콜린 베이어, 더크 브라이언트, 스튜어트 부커먼, 마이크 카, 샬롯 데머스, 존 패든, 에드 힉슨, 톰 레이크, 테드 맥, 브라이언 맥도널, 리치 프레알, 제이 슈와르츠, 메리 틸, 마크 윌슨에게도 감사를 전합니다.

나에게 생애 첫 현미경을 선물해서 나를 백합 연못의 세계로 인도한 개리 로퍼, 감사합니다. 크리스티나 아르세노, 콜린 베이어, 래리 카훈, 더그 칼슨, 브라이언 체이스, 짐 코프만, 앤디 코헨, 브라이언 커밍, 프랑수아 가스, 존 글루, 모시 고펜, 커트 하버얀, 톰 홀센, 톰 존슨, 존 로스럽, 진 말리, 마이클 마틴, 로드니 모드, 폴 마예위스키, 마이크 미도우스, 팀 메스너, 크레이그 밀레위스키, 브렌다 미스키민, 패 팔머, 조 리처드슨, 캐런 로이, 톰 생어, 크리스 슐츠, 존 스몰, 리 안 스폰, 브렌던 월츠, 수전 윈첼 스위니 등 많은 과학자 동료들 덕분에 많은 경험들과 생각들을 이 책에 담을 수 있었습니다. 래이 아그뉴, 캐롤린 루시, 세르게이 루시, 존 밀스, 폴 소더홀름, 낸시 소더홀름, 데이브 베라르도 같은 분들 덕분에 국립과학재단, 스카이마운튼펀드, A. C. 워커 재단, 폴스미스 대학 드레이퍼 루시 석좌제도의 지원금을 받아서 호수를 연구할 수 있었습니다.

책을 쓰는 동안 나의 아내 캐리 존슨은 내가 제대로 생각하고 열정을 가지고 용기를 내어서 많은 일을 할 수 있도록 가장 헌신적이고 믿음직한 조언자 역할을 해주었습니다. 특히 기쁨과 비극을 함께 맛보아야 했던 2016년에는 더 큰 도움을 주었습니다. 캐리는 어떤 일이 있어도, 가까운 곳이든 먼 곳이든 간에 나와 함께 호수를 찾아가 주었습니다. 그녀의 활기참과 이 책 곳곳에 실려 있는 아름다운 사진들은 정말로 저에게 기쁨을 주었고 자부심을 느끼게 해주었습니다.

참고 문헌

머리말

Dillard, A. 1974. *Pilgrim at Tinker Creek*. New York : Harper Collins.

Hutchinson, G. E. 1957. *A Treatise on Limnology. Volume I. Geography, Physics, and Chemistry*. New York : John Wiley.

_____. 1967. *A Treatise on Limnology. Volume II. Introduction to Lake Biology and the Limnoplankton*. New York : John Wiley and Sons.

_____. 1975. *A Treatise on Limnology. Volume III. Limnological Botany*. New York : John Wiley and Sons.

Hutchinson, G. E., and Y. H. Edmondson. 1993. *A Treatise on Limnology. Volume IV. The Zoobenthos*. New York : John Wiley and Sons.

Kimmerer, R. W. 2013. *Braiding Sweetgrass : Indigenous Wisdom, Scientific Knowledge and the Teachings of Plants*. Minneapolis: Milkweed Editions.

Stager, C. 2011. *Deep Future : The Next 100,000 Years of Life on Earth*. New York : St. Martin's Press.

_____. 2014. *Your Atomic Self : The Invisible Elements That Connect You to Everything Else in the Universe*. New York : Saint Martin's Press.

Thoreau, H. D. 1854. *Walden; or Life in the Woods. Boston* : Ticknor and Fields.

Wagner, M. 2015. "Do it for love". *Science* 348 : 1394.

Wetzel, R. G. 2001. *Limnology : Lake and River Ecosystems*. 3rd edition. London : Academic Press.

1. 월든

Anselmetti, F. S., D. A. Hodell, D. Ariztegui, M. Brenner, and M. F. Rosenmeier. 2007. "Quantification of soil erosion rates related to ancient Maya deforestation". Geology 35 : 915−918.

Blanke, S., and B. Robinson. 1985. "From Musketaquid to Concord : The Native and

European Experience". Concord Antiquarian Museum, Concord, MA.

Bonatto, S. L., and F. M. Salzano. 1997. "A single and early migration for the peopling of the Americas supported by mitochondrial DNA sequence data". *Proceedings of the National Academy of Sciences* 94 : 1866–1871.

Bostock, J., and H. T. Riley. 1855. *Pliny the Elder, The Natural History*. Perseus at Tufts, New York.

Burroughs, J. 1920. *Accepting the Universe : Essays in Naturalism*. New York : Houghton Mifflin.

Colman, J. A., and P. J. Friesz. 2001. "Geohydrology and limnology of Walden Pond, Concord, Massachusetts". US Geological Survey. *Water-Resources Investigations Report* 01–4137. Northborough, MA.

Deevey, E. S., Jr. 1942. "A re-examination of Thoreau's "Walden."". *Quarterly Review of Biology* 17 : 1–11.

Doucette, D. L. 2005. "Reflections of the Middle Archaic : A view from Annasnappet Pond". *Bulletin of the Massachusetts Archaeological Society* 66 : 22–33.

Douglas, M. S. V., J. P. Smol, J. M. Savelle, and J. M. Blais. 2004. *Prehistoric Inuit whalers affected Arctic freshwater ecosystems*. Proceedings of the National Academy of Sciences 101 : 1613–1617.

Ekdahl, E. J., J. L. Teranes, T. P. Guilderson, C. L. Turton, J. H. McAndrews, C. A. Wittkop, and E. F. Stoermer. 2004. "Prehistorical record of cultural eutrophication from Crawford Lake", Canada. *Geology* 32 : 745–748.

Ekdahl, E. J., J. L. Teranes, C. A. Wittkop, E. F. Stoermer, E. D. Reavie, and J. P. Smol. 2007. "Diatom assemblage response to Iroquoian and Euro-Canadian eutrophication of Crawford Lake", Ontario, Canada. *Journal of Paleolimnology* 37 : 233–246.

Feranec, R. S., N. G. Miller, J. C. Lothrop, and R. W. Graham. 2011. "The Sporormiella proxy and end-Pleistocene megafaunal extinction : A perspective". *Quaternary International* 245 : 333–338.

Greene, H. W. 2005. "Organisms in nature as a central focus for biology". Trends in *Ecology and Evolution* 20 : 23–27.

Haynes, G. 2007. "A review of some attacks on the overkill hypothesis, with special attention to misrepresentations and doubletalk". *Quaternary International* 169 : 84–94.

Holtgrieve, G. W., et al. 2011. "A coherent signature of anthropogenic nitrogen deposition to remote watersheds of the northern hemisphere". *Science* 334 : 1545–1548.

Köster, D., R. Pienitz, B. B. Wolfe, S. Barry, D. R. Foster, and S. S. Dixit. 2005. "Paleolimnological assessment of human-induced impacts on Walden Pond (Massachusetts, USA) using diatoms and stable isotopes". *Aquatic Ecosystem Health and Management* 8 : 117-131.

Lewis, S. L., and M. A. Maslin. 2015. "Defining the Anthropocene". *Nature* 519 : 171-180.

Maynard, W. B. 2004. *Walden Pond* : A History. New York: Oxford University Press.

Mayr, E. 1982. "Biology is not postage stamp collecting". *Science* 216 : 718-720.

McCutchen, C. W. 1970. "Surface films compacted by moving water : Demarcation lines reveal film edges". *Science* 170 : 61-64.

McDowell, R. S., and C. W. McCutchen. 1971. "The Thoreau-Reynolds ridge, a lost and found phenomenon". *Science* 172 : 973.

McLauchlan, K. K., J. J. Williams, J. M. Craine, and E. S. Jeffers. 2013. "Changes in global nitrogen cycling during the Holocene epoch". *Nature* 495 : 352-355.

McNeil, C. L., D. A. Burney, and L. P. Burney. 2010. "Evidence disputing deforestation as the cause for the collapse of the ancient Maya polity of Copan, Honduras". *Proceedings of the National Academy of Sciences* 107 : 1017-1022.

Munoz, S. E., K. Gajewski, and M. C. Peros. 2010. "Synchronous environmental and cultural change in the prehistory of the northeastern United States". *Proceedings of the National Academy of Sciences* 107 : 22008-22013.

Primack, R. B. 2014. *Walden Warming* : Climate Change Comes to Thoreau's Woods. Chicago : University of Chicago Press.

Ruddiman, W. F., E. C. Ellis, J. O. Kaplan, and D. Q. Fuller. 2015. "Defining the epoch we live in". *Science* 348 : 38-39.

Rühland, K. M., A. M. Paterson, and J. P. Smol. 2015. "Lake diatom responses to warming : reviewing the evidence". *Journal of Paleolimnology* 54, doi: 10.1007/s10933-015-9837-3.

Sandom, C., S. Faurby, B. Sandel, and J.-C. Svenning. 2014. "Global late Quaternary megafauna extinctions linked to humans, not climate". *Proceedings of the Royal Society B* 281 : 20133254.

Schindler, D. W. 2012. "The dilemma of controlling cultural eutrophication of lakes". *Proceedings of the Royal Society B*, doi : 10.1098/rspb.2012.1032.

Shattuck, L. 1835. *History of the Town of Concord, Middlesex County, Massachusetts, From Its Earliest Settlement to 1832*. Boston : Russell, Odiorne.

Shuman, B., J. Bravo, J. Kaye, J. A. Lynch, P. Newby, and T. Webb III. "Late-Quaternary water-level variations and vegetation history at Crooked Pond, southeastern

Massachusetts". 2001. *Quaternary Research* 56 : 401−410.

Sivarajah, B., K. M. Ruhland, A. L. Labaj, A. M. Paterson, and J. P. Smol. 2016. "Why is the relative abundance of *Asterionella formosa* increasing in a Boreal Shield lake as nutrient levels decline?" *Journal of Paleolimnology* 55 : 357−367.

Thackeray, S. J., I. D. Jones, and S. C. Maberly. 2008. "Long-term change in the phenology of spring phytoplankton : Species-specific responses to nutrient enrichment and climatic change". *Journal of Ecology* 96 : 523−535.

Thoreau, H. D. 1854. *Walden; or Life in the Woods.* Boston : Ticknor and Fields.

Waters, C. N., et al. 2016. "The Anthropocene is functionally and stratigraphically distinct from the Holocene". *Science* 351 : 137.

Willis, K. J., and H. J. B. Birks. 2006. "What is natural? The need for a longterm perspective in biodiversity conservation". *Science* 314 : 1261−1265.

Winkler, M. G. 1993. "Changes at Walden Pond during the last 600 years". In E. A. Schofield and R. C. Baron(eds.), *Thoreau's World and Ours : A Natural Legacy*, 199−211. Golden, CO : North American Press.

Wolfe, A. P., and B. B. Perren. 2001. "Chrysophyte microfossils record marked responses to recent environmental changes in high-and midarctic lakes". *Canadian Journal of Botany* 79 : 747−752.

Wolfe, A. P., et al. 2013. "Stratigraphic expressions of the Holocene-Anthropocene transition revealed in sediments from remote lakes". *Earth-Science Reviews* 1 : 17−34.

2. 삶의 물, 죽음의 물

Browne, D. R., and J. B. Rasmussen. 2009. "Shifts in the trophic ecology of brook trout resulting from interactions with yellow perch : an intraguild predator-prey interaction". *Transactions of the American Fisheries Society* 138 : 1109−1122.

Burroughs, J. 1871. *Wake-Robin.* New York : William H. Wise.

Cannings, S., and R. Cannings. 2014. *The New B.C. Roadside Naturalist : A Guide to Nature along B.C. Highways.* Vancouver : Greystone Books.

Carlson, D. M., and R. A. Daniels. 2004. "Status of fishes in New York : Increases, declines, and homogenization of watersheds". *American Midland Naturalist* 152 : 104−139.

Carpenter, S. R., J. F. Kitchell, and J. R. Hodgson. 1985. "Cascading trophic interactions and lake productivity". *BioScience* 35 : 634−639.

Demong, L. 2001. "The use of rotenone to restore native brook trout in the

Adirondack Mountains of New York—An overview". In Cailteux, R. L., et al. (eds.), *Rotenone in fisheries : Are the rewards worth the risks ?*, 29−35. American Fisheries Society, Trends in Fisheries Science and Management 1, Bethesda, MD.

George, C. J. 1981. "The fishes of the Adirondack Park". Publications Bulletin FW−P171, New York State Department of Environmental Conservation.

Grabar, H. 2013. "50 years after its discovery, acid rain has lessons for climate change". *Atlantic Citylab*, September 10, 2013. Accessed August 22, 2016. http://www.citylab.com/tech/2013/09/50-years-after-its-discovery-acid-rain-offers-lesson-climate-change/6837/.

Harig, A. L., and M. B. Bain. 1995. "Restoring the indigenous fishes and biological integrity of Adirondack mountain lakes". A research and demonstration project in restoration ecology. New York Cooperative Fish and Wildlife Research Unit, Department of Natural Resources, Cornell University, Ithaca, NY.

Johnson, W. D., G. F. Lee, and D. Spyridakis. 1966. "Persistence of toxaphene in treated lakes". *International Journal of Air and Water Pollution* 10 : 555−560.

Josephson, D. C., J. M. Robinson, J. Chiotti, and C. E. Kraft. 2014. "Chemical and biological recovery from acid deposition within the Honnedaga Lake watershed, New York, USA". *Environmental Monitoring and Assessment* 186 : 4391−4409.

Krieger, D. A., J. W. Terrell, and P. C. Nelson. 1983. "Habitat suitability information : Yellow perch". US Fish and Wildlife Service, FWS/OBS−82/10.55.

Lennon, R. E. 1970. Control of freshwater fish with chemicals. *Proceedings of the 4th Vertebrate Pest Conference*. Paper 25. http://digitalcommons.unl.edu/vpcfour/25.

Leopold, A. 1949. *A Sand County Almanac*. New York : Ballantine Books.

Mather, F. 1884. "Memoranda relating to Adirondack fishes with descriptions of new species from researches made in 1882". New York State Land Survey, Appendix E, 113−182.

Miskimmin, B., and D. W. Schindler. 1994. "Long-term invertebrate community response to toxaphene treatment in two lakes : 50-yr records reconstructed from lake sediments". *Canadian Journal of Fisheries and Aquatic Sciences* 51 : 923−932.

Miskimmin, B., P. R. Leavitt, and D. W. Schindler. 1995. "Fossil record of cladoceran and algal responses to fishery management practices". *Freshwater Biology* 34 : 177−190.

Mitchell, M. J., C. T. Driscoll, P. J. McHale, K. M. Roy, and Z. Dong. 2013. "Lake/watershed sulfur budgets and their response to decreases in atmospheric sulfur deposition : Watershed and climate controls". *Hydrological Processes* 27 : 710−720.

Muir, J. 1911. *My First Summer in the Sierra*. Boston : Houghton Mifflin.

Munro, C. L., and J. L. MacMillan. 2012. "Growth and overpopulation of yellow perch and the apparent effect of increased competition on brook trout in Long Lake, Halifax, Nova Scotia". *Proceedings of the Nova Scotian Institute of Science* 47 : 131–141.

Nakano, S., and M. Murakami. 2001. "Reciprocal subsidies : Dynamic interdependence between terrestrial and aquatic food webs". *Proceedings of the National Academy of Sciences* 98 : 166–170.

Oliver, R. L., and A. E. Walsby. 1984. "Direct evidence for the role of lightmediated gas vesicle collapse in the buoyancy regulation of Anabaena flos-aquae(cyanobacteria)". *Limnology and Oceanography* 29 : 879–886.

Post, J. R., M. Sullivan, S. Cox, N. P. Lester, C. J. Walters, E. A. Parkinson, A. J. Paul, L. Jackson, and B. J. Shuter. 2002. "Canada's recreational fisheries : The invisible collapse?" *Fisheries* 27 : 6–17.

Reynolds, C. S. , R. L. Oliver, and A. E. Walsby. 1987. "Cyanobacterial dominance : The role of buoyancy regulation in dynamic lake environments". *New Zealand Journal of Marine and Freshwater Research* 21 : 379–390.

Sepulveda-Villet, O. J., A. M. Ford, J. D. Williams, and C. A. Stepien. 2009. "Population genetic diversity and phylogeographic divergence patterns of the yellow perch(*Perca flavescens*)". *Journal of Great Lakes Research* 35 : 107–119.

Sepulveda-Villet, O. J., and C. A. Stepien. 2012. "Waterscape genetics of the yellow perch(*Perca flavescens*) : Patterns across large connected ecosystems and isolated relict populations". *Molecular Ecology* 21 : 5795–5826.

Stager, J. C. 2001. "Did reclamation pollute Black Pond?" *Adirondack Journal of Environmental Studies* 8 : 22–27.

Stager, J. C., P. R. Leavitt, and S. Dixit. 1997. "Assessing impacts of past human activity on water quality in Upper Saranac Lake, NY". *Lake and Reservoir Management* 13 : 175–184.

Stager, J. C., L. A. Sporn, M. Johnson, and S. Regalado. 2015. "Of paleogenes and perch : What if an "alien" is actually a native?" *PLOS ONE*, doi : 10.1371/journal.pone.0119071.

Vadeboncoeur, Y., E. Jeppesen, M. J. Vander Zanden, H.-H. Schierup, K. Christoffersen, and D. M. Lodge. 2003. "From Greenland to green lakes : Cultural eutrophication and the loss of benthic pathways in lakes", *Limnology and Oceanography* 48 : 1408–1418.

Winslow, R. 2015. "The one about the invading perch turns out to be a fish tale". *Wall Street Journal*, July 28, 2015. Accessed August 19, 2016. http://www.wsj.com/articles/

the-one-about-the-invading-perch-turns-out-to-be-a-fish-tale-1438123309.

3. 거울 나라의 호수들

Cael, B. B., and D. A. Seekel. 2016. "The size-distribution of Earth's lakes". *Nature Scientific Reports*, doi : 10.1038/srep29633.

Cooper, E. K. 1960. *Science on the shores and banks*. New York : Harcourt, Brace, and World.

Franssen, J. J. H., and S. C. Scherrer. 2008. "Freezing of lakes on the Swiss plateau in the period 1901−2006". *International Journal of Climatology* 28 : 421−433.

Kling, G. W. 1987. "Comparative limnology of lakes in Cameroon, West Africa". PhD diss., Duke University.

Klots, E. B. 1966. *The New Field Guide of Freshwater Life*. New York : G. P. Putnam's Sons.

Loizeau, J.−L., and J. Dominik. 2005. "The history of eutrophication and restoration of Lake Geneva". *Terre et Environnement* 50 : 43−56.

Miller, P. L. 1987. *Dragonflies*. Cambridge : Cambridge University Press.

Panneton, W. M. 2013. "The mammalian dive response : An enigmatic reflex to preserve life?" *Physiology* 28 : 284−297.

Thorpe, S. A. 1971. "Asymmetry of the internal seiche in Loch Ness". Nature 231 : 306−308.

_____. 1972. "The internal surge in Loch Ness". *Nature* 237 : 96−98.

Vincent, W. F., and C. Bertola. 2012. "Francois Alphonse Forel and the oceanography of lakes". *Archives des Sciences* 65 : 51−64.

Wedderburn, E. M. 1904. "Seiches observed in Loch Ness". *Geographical Journal* 24 : 441−442.

Wetzel, R. G. 2001. *Limnology : Lake and River Ecosystems*. 3rd edition. London : Academic Press.

Yen, J. 2000. "Life in transition : Balancing inertial and viscous forces by planktonic copepods". *Biological Bulletin* 198 : 213−224.

Yen, J., J. K. Sehn, K. Catton, A. Kramer, and O. Sarnelle. 2011. "Pheromone trail following in three dimensions by the freshwater copepod *Hesperodiaptomus shoshone*". *Journal of Plankton Research* 33 : 907−916.

4. 동아프리카 지구대

Allendorf, F. W., and J. J. Hard. 2009. "Human-induced evolution caused by unnatural selection through harvest of wild animals". *Proceedings of the National Academy of Sciences* 106 : 9987−9994.

Alos, J., M. Palmer, and R. Arlinghaus. 2012. "Consistent selection towards low activity phenotypes when catchability depends on encounters among human predators and fish". *PLOS ONE* 7 : e48030, doi:10.1371/journal.pone.0048030.

Balirwa, J. S., et al. 2003. "Biodiversity and fishery sustainability in the Lake Victoria basin : An unexpected marriage?" *BioScience* 53 : 703−715.

Beadle, L. C. 1981. *The inland waters of tropical Africa.* London : Longman.

Beuving, J. J. 2010. "Playing pool along the shores of Lake Victoria : Fishermen", careers and capital accumulation in the Ugandan Nile perch business. *Africa* 80 : 224−248.

Darwall, W. R. T., E. H. Allison, G. F. Turner, and K. Irvine. 2010. "Lake of flies, or lake of fish? A trophic model for Lake Malawi". *Ecological Modeling* 22 : 713−727.

Darwin, C. 1859. *On the Origin of Species.* London : John Murray.

Downing, A. S., et al. 2014. "Coupled human and natural system dynamics as key to the sustainability of Lake Victoria's ecosystem services". *Ecology and Society* 19 : 31. http://dx.doi.org/10.5751/ES−06965−190431.

Eccles, D. H. 1974. "An outline of the physical limnology of Lake Malawi(Lake Nyasa)". *Limnology and Oceanography* 19 : 730−742.

Eschenbach, W. W. 2004. "Climate-change effect on Lake Tanganyika?" *Nature* 430, doi:10.1038/nature02689.

Geheb, K. 1999. "Small-scale regulatory institutions in Kenya's Lake Victoria fishery". In Kawanabe, H., G. W. Coulter, and A. C. Roosevelt (eds.), *Ancient Lakes : Their Cultural and Biological Diversity*, 113−121. Ghent : Kenobi Productions.

Huckabay, J. D. 1983. "The fisheries of northern Zambia". In Ooi, J.−B. (ed.), *Natural Resources in Tropical Countries*, chapter 7. Singapore : Singapore University Press.

Kendall, R. L. 1969. "An ecological history of the Lake Victoria basin". *Ecological Monographs* 39 : 121−176.

Lewin, R. 1981. "Lake bottoms linked with human origins". Science 211 : 564−566.

Maan, M. E., Seehausen, O., and J. J. M. Van Alphen. 2010. "Female preferences and male coloration covary with water transparency in a Lake Victoria cichlid fish". *Biological Journal of the Linnean Society* 99 : 398−406.

O'Reilly, C. M., S. R. Alin, P.−D. Plisnier, A. S. Cohen, and B. A. McKee. 2003. "Climate change decreases aquatic ecosystem productivity of Lake Tanganyika, East Africa". *Nature* 424 : 766−768.

Pandolfi, J. M. 2009. "Evolutionary impacts of fishing : Overfishing's 'Darwinian debt'". *F1000 Biology Reports* 1 : 43−45.

Post, J. R., M. Sullivan, S. Cox, N. P. Lester, C. J. Walters, E. A. Parkinson, A. J. Paul, L. Jackson, and B. J. Shuter. 2002. "Canada's recreational fisheries : The invisible collapse?" *Fisheries* 27 : 6−17.

Pringle, R. M. 2005. "The origins of the Nile perch in Lake Victoria". *BioScience* 55 : 780−787.

Reynolds, J. E. and D. F. Greboval. 1989. "Socio-economic effects of the evolution of Nile perch fisheries in Lake Victoria : A review". Food and Agriculture Organization of the United Nations, CIFA Technical Paper 17.

Richardson, J., and D. Livingstone. 1962. "An attack by a Nile crocodile on a small boat". *Copeia* 1 : 203−204.

Rosendahl, B. R., and D. A. Livingstone. 1983. "Rift lakes of East Africa : New seismic data and implications for future research". *Episodes* 1 : 14−19.

Salzburger, W., T. Mack, E. Verheyen, and A. Meyer. 2005. "Out of Tanganyika : Genesis, explosive speciation, key-innovations and phylogeography of the haplochromine fishes". *BMC Evolutionary Biology* 5, doi : 10.1186/1471−2148−5−17.

Sarrazin, F., and J. Lecomte. 2016. "Evolution in the Anthropocene". *Science* 351 : 922−923.

Scholz, C. A., et al. 2007. "East African megadroughts between 135 and 75 thousand years ago and bearing on early-modern human origins". *Proceedings of the National Academy of Sciences* 104 : 16416−16421.

Seehausen, O. 2015. "Beauty varies with the light". *Nature* 521 : 34−35.

Seehausen, O., E. Koetsier, M. V. Schneider, L. J. Chapman, C. A. Chapman, M. E. Knight, G. F. Turner, J. M. van Alphen, and R. Bills. 2002. "Nuclear markers reveal unexpected genetic variation and a Congolese-Nilotic origin of the Lake Victoria cichlid species flock". *Proceedings of the Royal Society of London B* 270 : 129−137.

Seehausen, O., J. J. M. van Alphen, and F. Witte. 1997. "Cichlid fish diversity threatened by eutrophication that curbs sexual selection". *Science* 277 : 1808−1811.

Spinney, L. 2010. Dreampond revisited. *Nature* 466 : 174−175.

Stager, J. C., R. E. Hecky, D. Grzesik, B. F. Cumming, and H. Kling. 2009. "Diatom evidence for the timing and causes of eutrophication in Lake Victoria, East Africa". *Hydrobiologia* 636 : 463−478.

Stager, J. C., and T. C. Johnson. 2007. "The late Pleistocene desiccation of Lake Victoria and the origin of its endemic biota". *Hydrobiologia* 596, doi:10.1007/ 210750−007−9158−2.

Stager, J. C., D. R. Ryves, B. M. Chase, and F. S. R. Pausata. 2011. "Catastrophic drought in the Afro-Asian monsoon regions during Heinrich Event 1". *Science* 331 : 1299−1302.

Sutter, D. A., C. D. Suski, D. P. Phillipp, T. Klefoth, D. H. Wahl, P. Kersten, S. J. Cooke, and R. Arlinghaus. 2012. "Recreational fishing selectively captures individuals with the highest fitness potential". *Proceedings of the National Academy of Sciences* 109 : 20960−20965.

Van Valen, L. 1973. "A new evolutionary law". *Evolutionary* Theory 1 : 1−30.

Vonlanthen, P., D. Bittner, A. G. Hudson, K. A. Young, R. Muller, B. Lundsgaard-Hansen, D. Roy, S. Di Piazza, C. R. Largiader, and O. Seehausen. 2012. "Eutrophication causes speciation reversal in whitefish adaptive radiations". *Nature* 482 : 357−362.

Wallisch, P. 2016. "Unleashing the beast within". *Science* 351 : 232.

Weiner, J. 2005. "Evolution in action". *Natural History* 115 (9) : 47−51.

Weston, M. 2015. "Troubled waters : Why Africa's largest lake is in grave danger". *Slate*, March 27, 2015. Accessed August 22, 2016. http://www .slate.com/articles/ news_and_politics/roads/2015/03/lake_victoria_is_in_grave_danger_africa_s_larges t_lake_is_threatened_by.html.

Wilson, A. D. M., J. W. Brownscombe, B. Sullivan, S. Jain-Schlaepfer, and S. J. Cooke. 2015. "Does angling technique selectively target fishes based on their behavioral type?" *PLOS ONE* 10 : e0135848.

5. 갈릴리

Bartov, Y., M. Stein, Y. Enzel, A. Agnon, and Z. Reches. 2002. "Lake levels and sequence stratigraphy of Lake Lisan, the Late Pleistocene precursor of the Dead Sea". *Quaternary Research* 57 : 9−21.

Baruch, U. 1986. "The Late Holocene vegetational history of Lake Kinneret(Sea of Galilee), Israel". *Paleorient* 12 : 37−48.

Baruch, U., and S. Bottema. 1999. "A new pollen diagram from Lake Hula : vegetational, climatic and anthropogenic implications". In H. Kawanabe, G. W. Coulter, and

A. C. Roosevelt (eds.), *Ancient lakes : Their cultural and biological diversity*, 75−86. Ghent : Kenobi Productions.

Bar-Yosef, M. D. E., B. Vandermeersch, and O. Bar-Yosef. 2009. "Shells and ochre in Middle Paleolithic Qafzeh Cave, Israel : Indications for modern behavior". *Journal of Human Evolution* 56 : 307−314.

Ben David, A. 2012. "Once pristine, now polluted, there's hope yet for Jordan River". *Al-Monitor*(posted October 22, 2012). Accessed August 19, 2016. http://www.al-monitor.com/pulse/culture/2012/10/saving-the-jordan.html#.

Bergoglio, J. M. (Pope Francis). 2015. *Laudato Si. On Care for Our Common Home.* Encyclical Letter of Pope Francis. Accessed August 19, 2016. http://w2.vatican.va/content/francesco/en/encyclicals/documents/papa-francesco_20150524_enciclica-laudato-si.html.

Bocquentin, F., and O. Bar-Yosef. 2004. "Early Natufian remains : evidence for physical conflict from Mt. Carmel, Israel". *Journal of Human Evolution* 47 : 19−23.

Bodaker, I., O. Beja, I. Sharon, R. Feingersch, M. Rosenberg, A. Oren, M. Y. Hindiyeh, and H. I. Malkawi. 2009. "Archaeal diversity in the Dead Sea : Microbial survival under increasingly harsh conditions". *Natural Resources and Environmental Issues* 15, Article 25. http://digitalcommons.usu.edu/nrei/vol15/iss1/25.

Bowles, S. 2011. "Cultivation of cereals by the first farmers was not more productive than foraging". *Proceedings of the National Academy of Sciences* 108 : 4760−4765.

Bowles, S., and J. K. Choi. 2013. "Coevolution of farming and private property during the early Holocene". *Proceedings of the National Academy of Sciences* 110 : 8830−8835.

Campbell, J. 1988. *The Power of Myth.* New York : Doubleday.

Clarke, J., et al. 2016. "Climatic changes and social transformations in the Near East and North Africa during the 'long' 4th millennium BC : A comparative study of environmental and archaeological evidence". *Quaternary Science Reviews* 136 : 96−121.

Cole, T. 1836. "Essay on American scenery". *American Monthly Magazine* 1 (January) : 1−12.

Cordova, C. E. 2007. *Millennial Landscape Change in Jordan : Geoarchaeology and Cultural Ecology.* Tucson : University of Arizona Press.

Cronon, W. 1995. "The trouble with wilderness". In William Cronon (ed.), *Uncommon Ground : Rethinking the Human Place in Nature*, 69−90. New York :

W. W. Norton.

Degani, G., Y. Yehuda, K. Jackson, and M. Gophen. 1998. "Temporal variation in fish community structure in a newly created wetland lake (Lake Agmon) in Israel". *Wetland Ecology and Management* 6 : 151–157.

Dell 'Amore, C. 2011. "New life-forms found at bottom of Dead Sea". *National Geographic News*, September 30, 2011. Accessed August 19, 2016. http://news. nationalgeographic.com/news/2011/09/110928-new-life-dead-sea-bacteria-underwat er-craters-science/.

Doebley, J. 2006. "Unfallen grains : How ancient farmers turned weeds into crops". *Science* 312 : 1318–1319.

Drake, N. A., R. M. Blench, S. J. Armitage, C. S. Bristow, and K. H. White. 2011. "Ancient watercourses and biogeography of the Sahara explain the peopling of the desert". *Proceedings of the National Academy of Sciences* 108 : 458–462.

Eckert, W., K. D. Hambright, Y. Z. Yacobi, I. Ostrovsky, and A. Sukenik. 2002. "Internal wave induced changes in the chemical stratification in relation to the thermal structure in Lake Kinneret". *Verhandlungen des Internationalen Verein Limnologie* 28 : 962–966.

Frumkin, A., M. Margaritz, I. Carmi, and I. Zak. 1991. "The Holocene climatic record of the salt caves of Mount Sedom, Israel". *Holocene* 1 : 191–200.

Gaudzinski, S. 2004. "Subsistence patterns of Early Pleistocene hominids in the Levant— taphonomic evidence from the Ubeidiya Formation(Israel)". *Journal of Archaeological Science* 31 : 65–75.

Gibbons, A. 2016. "First farmers' motley roots". *Science* 353 : 207–208.

Gophen, M. 1986. "Fisheries management in Lake Kinneret(Israel)". *Lake and Reservoir Management* 2 : 327–332.

_____. 1989. "Utilization and water quality management of Lake Kinneret, Israel". *Toxicity Assessment* 4 : 353–362.

_____. 2000. "Lake Kinneret (Israel) ecosystem : Long-term instability or resiliency?" *Water, Air, and Soil Pollution* 123 : 323–335.

Goren-Inbar, N., C. S. Feibel, K. L. Verosub, Y. Melamed, M. E. Kislev, E. Tchernov, and I. Saragusti. 2000. "Pleistocene milestones on the Out-Of-Africa corridor at Gesher Benot Ya'aqov, Israel". *Science* 289 : 944–947.

Grosman, L., N. D. Munro, and A. Belfer-Cohen. 2008. "A 12,000-yearold shaman burial from the southern Levant(Israel)". *Proceedings of the National Academy of Sciences* 105 : 17665–17669.

Grosman, L., N. D. Munro, I. Abadi, E. Boaretto, D. Shaham, A. Belfer-Cohen, and O. Bar-Yosef. 2016. "Nahal Ein Gev II, a Late Natufian community at the Sea of Galilee". *PLOS ONE* 11 : e0146647.

Hambright, K. D., S. C. Blumenshine, and J. Shapiro. 2002. "Can filterfeeding fishes improve water quality in lakes?" *Freshwater Biology* 47 : 1−10.

Hambright, K. D., and T. Zohary. 1998. "Lakes Hula and Agmon : Destruction and creation of wetland ecosystems in northern Israel". *Wetlands Ecology and Management* 6 : 83−89.

Hammer, M. F., et al. 2000. "Jewish and Middle Eastern non-Jewish populations share a common pool of Y-chromosome biallelic haplotypes". *Proceedings of the National Academy of Sciences* 97 : 6769−6774.

Harari, Y. N. 2014. "Were we happier in the stone age?" *Guardian*, September 5, 2014. Accessed August 22, 2016. https://www.theguardian.com/books/2014/sep/05/were-we-happier-in-the-stone-age.

Hazan, N., M. Stein, A. Agnon, S. Marco, D. Nadel, J. F. W. Negendank, M. J. Schwab, and D. Neev. 2005. "The late Quaternary limnological history of Lake Kinneret (Sea of Galilee), Israel". *Quaternary Research* 63 : 60−77.

Hurwitz, S., Z. Garfunkel, Y. Ben-Gai, M. Reznikov, Y. Rotstein, and H. Gvirtzman. 2002. "The tectonic framework of a complex pull-apart basin : Seismic reflection observations in the Sea of Galilee, Dead Sea transform". *Tectonophysics* 359 : 289−306.

Johnson, D. D. P. 2016. "Hand of the gods in human civilization". *Nature* 530 : 285−286.

Klinger, Y., J. P. Avouac, N. Abou Karaki, L. Dorbath, D. Bourles, and J. L. Reyss. 2000. "Slip rate on the Dead Sea transform fault in northern Araba valley(Jordan)". *Geophysical Journal International* 142 : 755−768.

Langgut, D., F. H. Neumann, M. Stein, A. Wagner, E. J. Kagan, E. Boaretto, and I. Finkelstein. 2014. "Dead Sea pollen record and history of human activity in the Judean Highlands (Israel) from the Intermediate Bronze into the Iron Ages(2500−500 BCE)". *Palynology*, doi : 10.1080/01916122.2014.906001.

Leroy, S. A. G. 2010. "Pollen analysis of core DS7−1SC (Dead Sea) showing intertwined effects of climatic change and human activities in the Late Holocene". *Journal of Archaeological Science* 37 : 306−316.

Levi-Yadun, S., A. Gopher, and S. Abbo. 2006. "How and when was wild wheat domesticated?" *Science* 313 : 296.

Machlis, G., and M. McNutt. 2015. "Parks for science". *Science* 348 : 1291.

Maher, L. A., T. Richter, and J. T. Stock. 2012. "The pre-Natufian Epipaleolithic :

Long-term behavioral trends in the Levant". *Evolutionary Anthropology* 21 : 69–81.

Manning, K., and A. Timpson. 2014. "The demographic response to Holocene climate change in the Sahara". *Quaternary Science Reviews* 101 : 28–35.

McDermott, F., R. Grun, C. B. Stringer, and C. J. Hawkesworth. 1993. "Mass-spectrometric U-series dates for Israeli Neanderthal/early modern hominid sites". *Nature* 363 : 252–255.

Migowski, C., M. Stein, S. Prasad, J. F. W. Negendank, and A. Agnon. 2006. "Holocene climate variability and cultural evolution in the Near East from the Dead Sea sedimentary record". *Quaternary Research* 66 : 421–431.

Munro, N. D., and L. Grosman. 2010. "Early evidence (ca. 12,000 BP) for feasting at a burial cave in Israel". *Proceedings of the National Academy of Sciences* 107 : 15362–15366.

Nadel, D., E. Weiss, O. Simchoni, A. Tsatskin, A. Danin, and M. Kislev. 2004. "Stone Age hut in Israel yields world's oldest evidence of bedding". *Proceedings of the National Academy of Sciences* 101 : 6821–6826.

Nadel, D., et al. 2013. "Earliest floral grave lining from 13,700–11,700-y-oldNatufian burials at Raqefet Cave, Mt. Carmel, Israel". *Proceedings of the National Academy of Sciences* 110 : 11774–11778.

Neugebauer, I. 2015. "Reconstructing climate from the Dead Sea sediment records using high-resolution facies analyses". PhD diss., University of Potsdam.

Nof, D., I. McKeague, and N. Paldor. 2006. "Is there a paleolimnological explanation for 'walking on water' in the Sea of Galilee?" *Journal of Paleolimnology* 35 : 417–439.

Ostrovsky, I., Y. Z. Yacobi, P. Walline, and I. Kalikhman. 1996. "Seicheinduced mixing : Its impact on lake productivity". *Limnology and Oceanography* 41 : 323–332.

Payne, R. J. 2011/2012. "A longer-term perspective on human exploitation and management of peat wetlands : The Hula Valley, Israel". *Mires and Peat* 9 : 1–9.

Pollingher, U. 1986. Non-siliceous algae in a 5 meter core from Lake Kinneret (Israel). *Hydrobiologia* 143 : 213–216.

Pollingher, U., A. Ehrlich, and S. Serruya. 1986. "The planktonic diatoms of Lake Kinneret (Israel) during the last 5000 years-their contribution to the algal biomass". In M. Ricard(ed.), *Proceedings of the 8th International Diatom Symposium*, Koeltz, 459–470. Koenigstein, Germany.

Prange, M., H. Arz, and F. Lamy. 2012. "Comment on "Is there a paleolimnological explanation for 'walking on water' in the Sea of Galilee?'" *Journal of Paleolimnology* 38 : 589−593.

Rambeau, C. M. C. 2010. "Palaeoenvironmental reconstruction in the Southern Levant : Synthesis, challenges, recent developments and perspectives". *Philosophical Transactions of the Royal Society A* 368 : 5225−5248.

Rosen, A. M., and I. Rivera-Collazo. 2012. "Climate change, adaptive cycles, and the persistence of foraging economies during the late Pleistocene/Holocene transition in the Levant". *Proceedings of the National Academy of Sciences* 109 : 3640− 3645.

Rossignol-Strick, M. 1999. "The Holocene climatic optimum and pollen records of sapropel 1 in the Eastern Mediterranean, 9000−6000 BP". *Quaternary Science Reviews* 18 : 515−530.

Schiebel, V. 2013. "Vegetation and climate history of the southern Levant during the last 30,000 years based on palynological investigation". PhD diss., University of Bonn.

Schuster, M., C. Roquin, P. Duringer, M. Brunet, M. Caugy, M. Fontugne, H. T. Mackaye, P. Vignaud, and J.−F. Ghienne. 2005. "Holocene Lake Mega-Chad palaeoshorelines from space". *Quaternary Science Reviews* 24 : 1821−1827.

Schwab, M. J., F. Neumann, T. Litt, J. F. W. Negendank, and M. Stein. "Holocene palaeoecology of the Golan Heights (Near East) : Investigation of lacustrine sediments from Birkat Ram crater lake". *Quaternary Science Reviews* 23 : 1723− 1731.

Schwartzstein, P. 2014. "Biblical waters : Can the Jordan River be saved?" *National Geographic News*, February 22, 2014. Accessed August 19, 2016. http://news. nationalgeographic.com/news/2014/02/140222-jordan-river-syrian-refugees-water-e nvironment/.

Scudellari, M. 2015. "Myths that will not die". *Nature* 528 : 322−325.

Sender, R., S. Fuchs, and R. Milo. 2016. "Revised estimates for the number of human and bacteria cells in the body". *PLOS Biology*, doi : 10.1371/journal. pbio.1002533.

Sherwood, H. 2010. "Pollution fears at River Jordan pilgrimage spot". *Guardian*, July 26, 2010. Accessed August 19, 2016. https://www.the guardian.com/world/ 2010/jul/26/israel-closes-jordan-christ-baptism.

Shteinman, B., W. Eckert, S. Kaganowsky, and T. Zohary. 1997. "Seicheinduced resuspension in Lake Kinneret : A fluorescent tracer experiment". In *The Interactions Between Sediments and Water*, 123−131. Proceedings of the 7th

International Symposium, Baveno, Italy, 22–25 September, 1996. Springer, Netherlands.

Sufian, S. M. 2007. *Healing the Land and the Nation : Malaria and the Zionist Project in Palestine*, 1920–1947. Chicago : University of Chicago Press.

Van der Steen, E. 2014. *Near Eastern Tribal Societies During the Nineteenth Century : Economy, Society and Politics between Tent and Town.* New York : Routledge.

Weinberger, R., Z. B. Begin, N. Waldmann, M. Gardosh, G. Baer, A. Frumkin, and S. Wdowinski. 2006. "Quaternary rise of the Sedomdiapir, Dead Sea basin". *GSA Special Papers* 401 : 33–51.

Zohar, I., and R. Biton. 2011. "Land, lake, and fish : Investigation of fish remains from Gesher Benot Ya'aqov (paleo-Lake Hula)". *Journal of Human Evolution* 60 : 343–356.

6. 하늘의 물

Ballantyne, C. K., and J. O. Stone. 2011. "Did large ice caps persist on low ground in north-west Scotland during the Lateglacial Interstade?" *Journal of Quaternary Science* 27 : 297–306.

Bennett, S., and A. J. Shine. 1993. "Review of current work on Loch Ness sediments". *Scottish Naturalist* 105 : 56–63.

Bhatla, A. 2011. "Body water cycle linked to global water cycle?" Accessed August 23, 2016. http://indigenouswater.blogspot.com/2011/08/body-water-cycle-linked-to-global-water.html.

Brusatte, S. L., et al. 2015. "Ichthyosaurs from the Jurassic of Skye", Scotland. *Scottish Journal of Geology*, doi : 10.1144/sjg2014–018.

Cooper, M. C. 1998. "Laminated sediments of Loch Ness, Scotland : Indicators of Holocene environmental change". PhD thesis, University of Plymouth, United Kingdom.

Ellis, W. S. 1977. "Loch Ness-The lake and the legend". *National Geographic*, June, 758–779.

Fitzgerald, E. 1921. *Rubaiyat of Omar Khayyam.* 1st edition. New York : Thomas Y. Crowell.

Gier, N, F. 1986. *God, Reason, and the Evangelicals : Case Against Evangelical Rationalism.* Lanham, MD : Rowman and Littlefield.

Gleick, P. H. 1996. "Water resources". In S. H. Schneider(ed.), *Encyclopedia of*

Climate and Weather, 817–823. New York : Oxford University Press.

Goudzari, S. 2006. "Alaskan lakes dry up". *LiveScience*, October 12. Accessed August 17, 2016. http://www.livescience.com/1093-alaskan-lakes-dry.html.

Grey, J. 2000. "Tracing the elusive *Holopedium gibberum* in the plankton of Loch Ness". *Glasgow Naturalist* 23 : 29–34.

Griffiths, H. I., D. S. Martin, A. J. Shine, and J. G. Evans. 1993. "The ostracod fauna(Crustacea, Ostracoda) of the profundal benthos of Loch Ness". *Hydrobiologia* 254 : 111–117.

Jaxybulatov, K., N. M. Shapiro, I. Koulakov, A. Mordret, M. Landes, and C. Sens-Schonfelder. 2014. "A large magmatic sill complex beneath the Toba caldera". *Science* 346 : 617–619.

Kintisch, E. 2015. "Earth's lakes are warming faster than its air". *Science* 350 : 1449.

Leeming, D. 2015. *The Handy Mythology Answer Book*. Detroit : Visible Ink Press.

Livingstone, D. A. 1954. "On the orientation of lake basins". *American Journal of Science* 252 : 547–554.

Martin, D., and A. Boyd. 1999. *Nessie : The Surgeon's Photograph Exposed*. London : Thorne Printing.

Montgomery, D. R. 2012. *The Rocks Don't Lie : A Geologist Investigates Noah's Flood*. New York : W. W. Norton.

Mueller, D. R., P. van Hove, D. Antoniades, M. O. Jeffries, and W. F. Vincent. 2009. "High Arctic lakes as sentinel ecosystems : Cascading regime shifts in climate, ice cover, and mixing". *Limnology and Oceanography* 54 : 2371–2385.

Normile, D. 2016. "Nature from nurture". *Science* 351 : 908–910.

O'Reilly, C., et al. 2015. "Rapid and highly variable warming of lake surface waters around the globe". *Geophysical Research Letters* 42 : 10773–10781.

PhysicalGeography.net. Accessed August 22, 2016. Chapter 8 : Introduction to the Hydrosphere. b. The Water Cycle. http://www.physicalgeography.net/fundamentals/8b.html.

Roy-Leveillee, P., and C. R. Burn. 2010. "Permafrost conditions near shorelines of oriented lakes in Old Crow Flats, Yukon Territory, 1509–1516". *GEO2010*, Canadian Geotechnical Conference, Calgary. Accessed August 17, 2016. http://pubs.aina.ucalgary.ca/cpc/CPC6–1509.pdf.

Sarangerel, O. 2000. "Riding Windhorses : *A Journey Into the Heart of Mongolian Shamanism*". Rochester, VT : Destiny Books.

Scudellari, M. 2015. Myths that will not die. *Nature* 528 : 322–325.

Sissons, J. B. 1979. The Loch Lomond Stadial in the British Isles. *Nature* 280 :

199−202.

Smol, J. P., et al. 2005. "Climate-driven regime shifts in the biological communities of arctic lakes". *Proceedings of the National Academy of Sciences* 102 : 4397−4402.

Stager, C. 2014. *Your Atomic Self : The Invisible Elements That Connect You to Everything Else in the Universe*. New York : St. Martin's Press.

Thackeray, S. J., J. Grey, and R. I. Jones. 2000. "Feeding selectivity of brown trout (*Salmo trutta*) in Loch Ness, Scotland". *Freshwater Forum* 13 : 47−59.

Tierney, J. E., M. T. Mayes, N. Meyer, C. Johnson, P. W. Swarzenski, and J. M. Russell. 2010. "Late-twentieth-century warming in Lake Tanganyika unprecedented since AD 500". *Nature Geoscience*, doi : 10.1038/NGEO865.

University of Arizona. 2005. "Growth secrets of Alaska's mysterious field of lakes". *ScienceDaily*, June 28, 2015. www.sciencedaily.com/releases/ 2005/06/050627233 623.htm.

Verpoorter, C., T. Kutser, D. A. Seekell, and L. J. Tranvik. 2014. "A global inventory of lakes based on high-resolution satellite imagery". *Geophysical Research Letters* 41 : 6396−6402.

Warren, D. R., J. M. Robinson, D. C. Josephson, D. R. Sheldon, and C. E. Kraft. 2012. "Elevated summer temperatures delay spawning and reduce redd construction for resident brook trout(*Salvelinus fontinalis*)". *Global Change Biology* 18 : 1804−1811.

Watanabe, Y., and V. V. Drucker. 1999. "Phytoplankton blooms in Lake Baikal, with reference to the lake's present state of eutrophication". In H. Kawanabe, G. W. Coulter, and A. C. Roosevelt (eds.), *Ancient Lakes : Their Cultural and Biological Diversity*, 217−225. Ghent : Kenobi Productions.

Wikipedia. Accessed August 23, 2016. Wind Horse. https://en.wikipedia.org/wiki/ Wind_Horse.

Williamson, C. E., J. E. Saros, W. F. Vincent, and J. P. Smol. 2009. "Lakes and reservoirs as sentinels, integrators, and regulators of climate change". *Limnology and Oceanography* 54 : 2273−2282.

Williamson, G. R. 1988. "Seals in Loch Ness". *Scientific Reports of the Whales Research Institute*, No. 39 (March 1988). Tokyo.

Willis, M. J., B. G. Herried, M. G. Bevis, and R. E. Bell. 2015. "Recharge of a subglacial lake by subsurface meltwater in northeast Greenland". *Nature* 518 : 223−226.

Winemiller, K. O., et al. 2016. "Balancing hydropower and biodiversity in the

Amazon, Congo, and Mekong". *Science* 351 : 128−129.

Wu, Q., et al., 2016. "Outburst flood at 1920 BCE supports historicity of China's Great Flood and the Xia dynasty". *Science* 353 : 579−582.

7. 유산(遺産) 호수

Adrian, R., et al. 2009. "Lakes as sentinels of climate change". *Limnology and Oceanography* 54 : 2283−2297.

Balcombe, J. 2016. "Fish have feelings too". *New York Times*, May 14, 2016, Opinion Pages.

_____. 2016. *What a fish knows : The Inner Lives of Our Underwater Cousins*. New York : *Scientific American*/Farrar, Straus, and Giroux.

Beier, C. M., J. C. Stella, M. Dovčiak, and S. A. McNulty. 2012. "Local climatic drivers of changes in phenology at a boreal-temperate ecotone in eastern North America". *Climatic Change*, doi : 10.1007/s10584−012−0455−z.

Carlson, D., R. Morse, and E. Hekkala. 2015. "Late-spawning suckers of New York's Adirondack Mountains". *American Currents* 40 : 10−14.

Chandroo, K. P., I. J. H. Duncan, and R. D. Moccia. 2004. "Can fish suffer? Perspectives on sentience, pain, fear and stress". *Applied Animal Behaviour Science* 86 : 225−250.

Chandroo, K. P., S. Yue, and R. D. Moccia. 2004. "An evaluation of current perspectives on consciousness and pain in fishes". *Fish and Fisheries* 5 : 281−295.

Emerson, R.W. 1847. *Poems*. Boston : J. Munroe.

Holtgrieve, G. W., et al. 2011. "A coherent signature of anthropogenic nitrogen deposition to remote watersheds of the northern hemisphere". *Science* 334 : 1545−1548.

Johnson, B. M., and P. J. Martinez. 2000. "Trophic economics of lake trout management in reservoirs of differing productivity". *North American Journal of Fisheries Management* 20 : 127−143.

Lenker, M. A., B. C. Weidel, O. P. Jensen, and C. T. Solomon. 2016. "Developing recreational harvest regulations for an unexploited lake trout population". *North American Journal of Fisheries Management* 36 : 385−397.

Merton, T. 1994. *Witness to Freedom : Letters in Times of Crisis*. Selected and edited by W. H. Shannon. New York : Harcourt Brace.

Mueller, D. R., P. V. Hove, D. Antoniades, M. O. Jeffries, and W. F. Vincent.

2009. "High Arctic lakes as sentinel ecosystems : Cascading regime shifts in climate, ice cover, and mixing". *Limnology and Oceanography* 54 : 2371–2385.

Oelschlaeger, M. 2007. "Ecological restoration, Aldo Leopold, and beauty : An evolutionary tale". *Environmental Philosophy* 4 : 149–161.

Pinchot, G. 1907. "The conservation of natural resources". *Outlook* 87 : 291–294.

Robinson, J. M., D. C. Josephson, B. C. Weidel, and C. E. Kraft. 2010. "Influence of variable summer water temperatures on brook trout growth, consumption, reproduction and mortality in an unstratified Adirondack lake". *Transactions of the American Fisheries Society* 139 : 685–699.

Ruhland, K. M., A. M. Paterson, and J. P. Smol. 2015. "Lake diatom responses to warming : Reviewing the evidence". *Journal of Paleolimnology*, doi : 10.1007/ s10933–015–9837–3.

Scheffer, M., et al. 2015. "Creating a safe operating space for iconic ecosystems". *Science* 347 : 1317–1319.

Schlett, J. 2015. *A Not Too Greatly Changed Eden : The Story of the Philosophers' Camp in the Adirondacks*. Ithaca, NY : Cornell University Press.

Shaw, C. 2011. "Return to the source : The case for saving Follensby Pond and the Philosophers' Camp". *Adirondack Life* (July/August), 60–71.

Stager, J. C., B. F. Cumming, K. Laird, A. Garrigan-Piela, N. Pederson, B. Wiltse, C. S. Lane, J. Nester, and A. Ruzmaikin. 2016. "A 1600 year record of hydroclimate variability from Wolf Lake, NY". *Holocene*, doi : 10.1177/095968361 6658527.

Stager, J. C., and T. Sanger. 2003. "An Adirondack "Heritage Lake"". *Adirondack Journal of Environmental Studies* 10 : 6–10.

Stillman, W. 1893. "The Philosophers' Camp : Emerson, Agassiz, and Lowell in the Adirondacks". *Century* 46 : 598–606.

Thackeray, S. J., I. D. Jones, and S. C. Maberly. 2008. "Long-term change in the phenology of spring phytoplankton : Species-specific responses to nutrient enrichment and climatic change". *Journal of Ecology* 96 : 523–535.

Thill, M. 2014. "Lake trout and climate change in the Adirondacks : Status and long-term viability". Survey Report, Adirondack Chapter of The Nature Conservancy.

Watson, J. 2016. "Bring climate change back from the future". *Nature* 534 : 437.

Williamson, C. E., J. E. Saros, W. F. Vincent, and J. P. Smol. 2009. "Lakes and reservoirs as sentinels, integrators, and regulators of climate change". *Limnology and Oceanography* 54 : 2273–2282.

역자 후기

호수이몽(湖水異夢)

몇 달째 자연을 보지 못하고 책상과 의자에만 매여 있다 보니 아주 소박한(?) 꿈이 생겼다. 하얀 구름이 수평선에서 저 높이 하늘 위로 뭉게뭉게 피어오르는 날에 넓은 호숫가 카페에 앉아서 카푸치노 한 잔 마시면서 하루 반나절 책을 읽다 오고 싶다는 것. 그저 호수가 아니라 주변이 온통 나무로 둘러싸여 나무 그림자가 호수에 비친 또 다른 세상을 만든 호숫가에 앉아서 책을 마시고 하늘을 쳐다보고 싶다는 것.

책 한 권을 모두 읽으면 기지개를 켜고 일어나 호숫가로 내려가 맑은 물을 들여다보고, 숨을 쉬러 뽀글뽀글 물방울을 만들며 수면으로 올라오는 자라와 인사도 나누고 싶다. 쫓고 쫓기는 잠자리와 파리의 경주를 응원도 해주고 싶고 호수 안으로 들어가 호수 밑도 마음껏 탐색해보고 싶다.

지금 당장 호수로 달려갈 수 있다면 어디로 갈 수 있을까? 나는 시멘트로도 콘크리트로도 둘러싸여 있지 않아서 흙을 밟으며 걷다가 그대로 물에 발을 담글 수 있는 호수를 보고 싶다. 그곳에서 살아가는 생물들을 보고 싶다. 하지만 지금 당장은 그저 어떤 호수든지 보

355

고 왔으면 좋겠다. 그럼 어디로 가야 할까? 나는 커트 스테이저가 가르쳐준 대로 구글 어스로 들어갔다. 구글 어스에는 지구 표면 위에 존재하는 넓은 수역이 모두 표시가 되어 있으니까. 구글 어스로 찾아보니 내가 있는 곳에서 가장 가까운 넓은 호수는 의왕시 백운호수이거나 광명시 노온사 근처에 있는 아방리 낚시터인 것 같았다.

백운호수와 아방리 낚시터 가운데 그래도 숲을 보고 생물을 보고 넓은 카페를 즐기려면 백운호수로 가야 하겠지, 하는 생각을 하다 보니 문득 나라는 사람의 이중성에 웃음이 나왔다. 내가 즐기고 싶은 호수는 사람의 흔적이 없는 곳. 물속 생물의 휴식을 깨뜨리며 시끄럽게 돌아다니는 모터보트도 없고 물고기에게 스트레스를 주면서 굳이 물 밖으로 끌고 나왔다가 상처를 입힌 채 다시 물속으로 돌려보내는 낚시인도 없는 곳이라고 생각하면서도 카페라는 전적으로 사람만을 위한 장소를 원한다는 사실을 깨달았기 때문이다. 자연을 생각하는 환경 친화적인 인간이라고 스스로 믿으면서도 내 낭만을 위해서는 호숫가에 카페가 있는 것이 당연하다고 생각하는 인간이라니.

생태계와 관계가 있는 모든 일이 그렇겠지만 사람은 호수 생태계를 지키고 사람의 이익과 함께 살아가는 생명체들의 이익을 지키려고 애쓸 때면 늘 이런 이중성에 부딪치는 것 같다. 낚시인들이 좋아하는 물고기를 기르려고 호수에 독약을 살포하는 일은 안 되고 해로운 외래종을 박멸하려고 호수에 독약을 살포하는 일은 된다고 한다거나, 어류의 이동을 막는 댐은 설치하면 안 되지만 홍수를 막는 보는 반드시 설치를 해야 한다거나 하는 식으로, 자연에 변형을 가할 때면 내가 더 중요하게 생각하는 가치관을 항상 내세우다 보니 일관성이라는 것을 애초에 버리게 되는 것이다.

하지만 내가 이중적인 태도를 취하고 있다고 해서 모든 일이 이리 보면 이렇고 저리 보면 저렇고 하는 식으로 어떤 결정이든 장단점이 있는 것이니 아무렇게나 결정하고 판단하면서 호수를 바꾸고 생태계를 바꾸고 자연을 바꿀 수는 없는 일이다. 어처구니없는 세상에서도 그래도 가장 올바른 방법을 택하려면 우리는 알아야 한다. 숲을 지키려면 숲을 알아야 하고, 도시를 지키려면 도시를 알아야 하고, 호수를 지키려면 호수를 알아야 한다. 아주 좁게는 사람을 지키려면 숲을, 호수를, 자연을, 도시를, 생명을 두루 알아야 한다. 아니 거창하게 무엇인가를 지킨다는 의미가 아니더라도 힘든 날 마음을 탁 트이게 해줄 호수로 가려면 최소한 우리 곁에 냄새가 나지 않는 맑고 투명한 호수가 자리잡고 있어야 한다. 그러려면 호수의 생태와 특성을 알아야 하고, 무엇보다도 호수 자체를 알아야 한다. 호수의 과학을 알아야 하고 우리가 호수를 대할 때 갖추어야 하는 올바른 태도를 알아야 한다. 한 사람 한 사람의 행동이 결국 호수의 모습을 결정하게 될 테니까.

커트 스테이저는 호수가 무엇인지를 정의해주고 여러 호수의 특징, 현재 사람들이 호수에 미치고 있는 영향, 호수와 사람이 맺고 있는 관계 등을 아주 가끔은 농담도 섞지만 보통은 아주 진지한 태도로 이야기해준다. 호수를 알면 사람을 알 수 있고, 사람의 역사를 알 수 있고, 더불어 자연의 역사도 알 수 있다.

커트 스테이저에게는 백합 연못이 있었다. 생각해보니 나에게는 한우물이 있었다. 이제는 숨을 헉헉거리면서 한참을 올라가야 하고,

어쩔 때는 올라가기를 포기하게 되는 관악산 꼭대기에 조선시대 역사를 담은 한우물이 있다. 콘크리트로 둘러싸인 조그만 연못이지만 그래도 한때는 저기에 용이 살았거나 용이 아니면 이무기라도 살았을 것이라고 생각하게 되는 조그만 연못은 내가 살던 곳에서 오래전에 살았던 조상들의 역사를, 내 어린 시절의 추억을 담고 있다.

아마도 누구에게나 기억 속 아름다운 호수가, 혹은 연못이 한 군데씩은 있지 않을까? 여러분도 커트 스테이저의 안내를 받으며 아름다웠던 그 기억 속으로 다시금 돌아갈 수 있기를 기원한다. 빈 곳이 많은 역자를 나무라지 않고 열심히 안내해준 까치글방 권은희 편집장과 이예은 편집자에게는 호수처럼 맑은 평온함이 함께 하기를 정말로 간절히 바라며 이 여름 모두 행복하기를 소망한다.

2019년 7월에
관악산 끝자락에서 김소정

인명 색인